近可积系统的轨道稳定性

从福仲　著

科 学 出 版 社

北 京

内 容 简 介

本书研究近可积系统的轨道稳定性问题,包括KAM环面的存在性、有效稳定性和拟有效稳定性等问题. 书中涉猎了Hamilton系统、扭转映射、辛映射等通常形式和参数形式的多种近可积系统. 从应用角度,书中探讨了扰动氢原子的Hamilton系统和近可积小扭转映射的轨道运行机制. 本书主要使用Cauchy积分估计技术和快速Newton迭代方法等分析工具. Newton迭代程序主要应用有限等步长迭代和无限迭代两种方案. 个别章节,也使用基于Diophantus逼近技术设计的迭代程序.

本书可供从事数学物理等非线性科学的科技工作者、研究生和高年级本科生阅读参考.

图书在版编目(CIP)数据

近可积系统的轨道稳定性 / 从福仲著. —北京:科学出版社,2024.1
ISBN 978-7-03-076571-0

Ⅰ. ①近… Ⅱ. ①从… Ⅲ. ①可积性–研究 Ⅳ. ①O152

中国国家版本馆 CIP 数据核字(2023)第 190626 号

责任编辑:李 欣 李 萍 / 责任校对:彭珍珍
责任印制:张 伟 / 封面设计:无极书装

科 学 出 版 社 出版
北京东黄城根北街 16 号
邮政编码:100717
http://www.sciencep.com
北京中石油彩色印刷有限责任公司 印刷
科学出版社发行 各地新华书店经销
*
2024年1月第 一 版 开本:720×1000 1/16
2024年1月第一次印刷 印张:13
字数:261 000
定价:108.00 元
(如有印装质量问题,我社负责调换)

前　言

　　在人类历史长河中, 探索宇宙奥秘一直是亘古不变的主题. 从远古的盲从到近现代的自觉探索, 从地心说到日心说再到宇宙大爆炸说, 人类对宇宙的每一次再认识, 都推动了社会的发展和进步. 我们生活的太阳系是稳定的吗? 星体之间会不会发生碰撞? 诸如此类问题一直困扰着人们, 促进人类思考, 引领社会进步。

　　太阳系是一个 N 体系统, 它可以用一个接近可积的 Hamilton 系统来近似描述. 这是 20 世纪初科学界的一个共识. 于是, 太阳系的稳定性问题就转化为研究近可积系统的稳定性问题. Poincaré 认为, 这是动力系统的基本问题. 这个稳定性的含义是什么? 如何刻画?

　　1954 年至 1963 年间, 苏联数学家 Kolmogorov, Arnold 和德国数学家 Moser 对两类近可积系统分别给出了对应可积系统的强非共振环面在近可积系统中的保持性定理, 创立了著名的 KAM 理论. 根据这一理论, 近可积系统保持的 "多数环面" 上的拟周期轨道是稳定的, 即轨道是 Lagrange 稳定的 (永恒稳定的). 进而说明, N 体系统的 "多数" 轨道是稳定的. 由此可以得到, N 体系统的轨道是 "大概率" 稳定的. 一个自然问题是, 其他轨道如何? Arnold 通过例子说明, 其他轨道可以 "沿着非共振环面的缝隙" 达到无穷远处. 这样看来, 尽管 KAM 理论在解决太阳系稳定性问题上迈出了一大步, 但它并没有完全解决这个问题.

　　1977 年, 苏联数学家 Nekhoroshev 建立了有效稳定理论, 他证明, 对于近可积 Hamilton 系统, 在满足陡性条件下, 所有轨道在 "大尺度时间" 内, 不发生 "明显的漂移". 这意味着近可积系统的轨道漂移的速度很慢, 只有在 "大尺度以上时间" 才有可能看到系统运动状态的 "明显变化". 人们通过例子说明, N 体系统轨道运动状态 "明显变化" 的时间尺度量级为光年级. 从这个意义上, 在宇宙光年尺度上太阳系是稳定的.

KAM 理论和有效稳定性统称为轨道稳定性. 轨道稳定性是非线性数学物理领域普遍存在的性质, 是动力系统轨道的运动机制之一. 2013 年, 我们出版了《KAM 方法和系统的 KAM 稳定性》一书, 主要总结了作者在近可积 Hamilton 系统 KAM 环面保持性方面的研究工作. 本书是上述专著的继续, 主要研究一般的近可积系统的轨道稳定问题, 包括不变环面的存在性和 Nekhoroshev 类稳定问题. 同时, 探讨 KAM 理论和有效稳定性之间的联系, 即从非退化性条件出发研究轨道的 Nekhoroshev 稳定性, 我们称之为拟有效稳定性.

本书共 4 章. 第 0 章主要介绍稳定性的基本概念, 包括 KAM 环稳定性、有效稳定性、拟有效稳定性等; 第 1 章介绍近可积系统的 KAM 理论, 包括近可积 Hamilton 系统、近可积辛映射、近扭转映射、近可积小扭转映射等, 以及高维环面、低维双曲环面、低维椭圆环面等的存在定理; 第 2 章讨论近可积映射, 包括含参数的形式和具有椭圆结构的近可积 Hamilton 系统的有效稳定性问题; 第 3 章研究拟有效稳定性问题, 包括近可积 Hamilton 系统、时间相关的近可积 Hamilton 系统、扰动氢原子 Hamilton 系统、近可积扭转映射和具有相交性质的小扭转映射等系统的拟有效稳定性, 从侧面揭示 KAM 理论和有效稳定性之间的联系.

各章的构成是通过主题关键词将研究工作连接在一起的. 为阅读方便, 本书各章节在写作上采取自封闭的方式, 除第 0 章外, 逻辑上没有前后的关系. 读者可根据需要和兴趣, 跳跃式阅读. 希望本书的出版能为有志于动力系统轨道稳定性研究的读者提供一个入门的参考.

本书的写作构思于 2019 年初. 由于教学和学术研究占用大部分时间, 写作只能点滴汇聚, 进度缓慢. 2022 年初, 我才拥有了大量的写作时间, 因此本书得以在 2022 年末迅速完成初稿.

本书的部分研究成果得到了国家自然科学基金的资助 (11171350, 10871203, 10571179, 10101030), 在此, 表示衷心的感谢! 感谢那些曾经与我们合作、讨论问题的同行, 感谢你们的支持和帮助!

作　者

于长春人民大街 7855 号

2023 年 1 月 6 日

目 录

第0章　引言和基本概念

近可积系统是数学物理领域一类重要的系统, 它可以是以天体力学为背景的接近可积的 Hamilton 系统, 也可以是接近可积的保体积映射; 它既可以是扰动氢原子的 Hamilton 系统, 也可以是 ABC 流模型. 这类系统在经典力学等非线性数学物理领域占有重要的地位, 是动力系统的重要研究内容.

本书主要研究近可积系统的轨道稳定性问题. 这里的稳定是指轨道的持久性, 即 Lagrange 稳定性或 "长时间轨道变化的不显著性". 进一步, 这种稳定包括 KAM 环稳定、Nekhoroshev 稳定、近不变环面和拟有效稳定. KAM 环稳定和 Nekhoroshev 稳定统称为 KAM 稳定.

在作者所著的《KAM 方法和系统的 KAM 稳定性》[Co1] 中, 详细研究了轨道的 KAM 稳定性. 本书侧重于研究轨道的 Nekhoroshev 类稳定性.

在本章中我们将详细介绍轨道稳定性的基本概念, 概括性介绍一些基本结论, 其中有些概念和结论将在后面的章节中用到. 部分结论的证明在 [Co1] 中已经给出, 为了避免重复, 这里略去.

0.1　KAM 环稳定性

KAM 环稳定性是指轨道在 KAM 环面附近具有某种 "粘滞" 性, 也就是轨道随时间演化比较缓慢. KAM 理论是研究 Hamilton 系统和其他相关系统拟周期运动存在性的扰动理论. Hamilton 系统是 1835 年由英国数学家 W. R. Hamilton 在研究几何光学时提出的, 后经 Jacobi 等完善, 被广泛应用到经典力学中, 成为与 Newton 力学、Lagrange 力学等价的力学系统. 较之 Newton 力学系统和 Lagrange 力学系统, 由于 Hamilton 系统可以在偶数维辛流形或 Poisson 流形上的向量场中公式化, 因此在应用上为人们提供了新的途径和方法. KAM 理论巧妙地结合了经典的平均法和形式积分方法, 通过构造一系列正则变换和某种快速迭代序列, 来证明系统在相空间的一个正测度子集上是可积的, 最终得到该系统拟周期运动的存在性结果. 本节的部分内容取材于文献[Ar1, Po3].

考虑 Hamilton 系统

$$\dot{y} = -\frac{\partial H_0}{\partial x}, \quad \dot{x} = \frac{\partial H_0}{\partial y}, \tag{1.1}$$

其中

$$H_0(y,x) = N_0(y) + \epsilon P_0(y,x), \tag{1.2}$$

这里 $y \in G \subset \mathbb{R}^n$, $x \in \mathbb{T}^n$, $\mathbb{T}^n = \mathbb{R}^n / \mathbb{Z}^n$ 是通常的 n 维环面, G 为有界闭区域, N_0 与 P_0 为定义在 $G \times \mathbb{T}^n$ 上的实解析函数, ϵ 为小参数, 并且, 相空间 $G \times \mathbb{T}^n$ 具有标准的辛结构

$$\upsilon = \sum_j \mathrm{d}y_j \wedge \mathrm{d}x_j.$$

Hamilton 向量场 X_{H_0} 满足 $\upsilon \lrcorner X_{H_0} = -\mathrm{d}H_0$.

当 $\epsilon = 0$ 时, 称系统 (1.1) 为可积系统; 当 $|\epsilon|$ 充分小但不为 0 时, 称系统 (0.1) 为近可积系统. 并且分别称 y 和 x 为作用变量和角变量. 对于可积的 Hamilton 系统, 即当 $\epsilon = 0$ 时, (1.1) 存在一族拟周期解

$$y = y_0, \quad x = \frac{\partial N_0}{\partial y}(y_0)t + x_0 (\mathrm{mod}1), \quad y_0 \in G. \tag{1.3}$$

对于所有的 $t \in \mathbb{R}$, (1.3) 所对应的周期或拟周期轨道全部落在某个频率为 $\omega(y_0) = \partial N_0(y_0) / \partial y$ 的 n 维环面 $\mathbb{T}_{y_0}$ 上. 由于可积系统的周期或拟周期运动具有稳定性及确定性, 因此, 可积系统的运动轨道可以通过不变环面进行描述. 在 Poincaré 以前, 数学家们总是试图通过寻求 Hamilton 系统的首次积分来得到相应的运动, 然而在现实问题中, 可积系统极其稀少, 即便对于经典的三体问题, 其对应的 Hamilton 系统一般也是不可积的. 于是, 数学家不得不另辟蹊径来研究近可积系统, 即其 Hamilton 函数可以写为一个可积函数加上一个小扰动函数. 现实世界中, 许多数学物理模型, 例如, N 体问题, 都可以通过近可积系统来描述. 在天体力学中, 太阳系八大行星间的相互作用、八大行星与其他彗星、卫星以及其他星体之间的相互作用相对于八大行星与太阳之间的相互作用微乎其微, 从而八大行星的运动便可以通过八个可积系统与小扰动的耦合来进行描述. 因此, 八大行星系统可以被看作近可积系统.

对于具有 n 个自由度的可积系统, 若运动有界, 则其必定是周期或拟周期的, 而且不存在不稳定的轨道. 根据能量守恒定律, 其轨道必然在 $2n-1$ 维等能面上. 进一步, 再根据可积性, 其运动又被限制在 n 维环面上. 当 $n \geqslant 2$ 时, 由于有些运动轨道不会到达等能面的所有区域, 所以其运动不具有遍历性. 然而对于引入扰动项后的近可积系统, 是否也在 n 维环面上做规则的周期或拟周期运动, 或者说有多少可积系统的不变环面在小扰动下被保持下来, 抑或扰动系统含有多少拟周期轨道? 这是天体动力学以及统计物理学领域 200 多年来悬而未决的问题, 后来被 Poincaré 称为动力学基本问题. 人们在通过扰动方法来寻求近可积系统拟周期解的过程中发现, 当可积系统的频率共振或者接近共振时, 级数发散, 进而导致线性化算子的逆是无界的. 这成为寻找近可积系统拟周期解的最大困难, 也就是困扰了人们近半个世纪的 "小分母" 问题.

1954 年, 在国际数学家大会 (ICM) 上, Kolmogorov 提出了可积 Hamilton 系统不变环面在小扰动下的保持性问题[Ko1]. 他认为, 关于近可积系统, 可积系统的 "多数" 不变环面在小扰动下可以被保持下来, 但是会发生微小的形变. 这里 "多数" 的含义是指所有被保持下来的不变环面的并, 形成一个正测度集合, 并且该集合的测度仅依赖于扰动尺度的大小. Kolmogorov 在 [Ko1] 中给出了该结论的证明梗概, 但之后却从未补充证明中的全部细节. 1962 年, Arnold[Ar1] 针对任意解析的 Hamilton 系统设计了一个迭代程序, 并且给出了该问题严格的数学证明. 与此同时, Moser 对于具有 333 次可微性的保面积映射证明了与 Hamilton 系统类似的问题, 详见 [Mo1, Mo2, Mo3]. 人们为纪念 Kolmogorov, Arnold 以及 Moser 在该领域所做出的贡献, 就将这套平均化方法命名为 KAM 理论[Ko1, Ar1, Ar2, Ar3, Ar4, Mo1, Mo2, Mo3].

KAM 方法的核心就是构造快速 Newton 迭代程序. 以 Hamilton 系统为例, KAM 方法主要包括以下两方面内容: 一方面是构造迭代程序, 在迭代的每一步, 通过辛变换并利用同调方程来 "消掉" Hamilton 函数中的不可积部分, 即含有角变量的部分, 使得当扰动参数趋于零时, 新产生的扰动项是上一步扰动项的高阶无穷小; 另一方面是构造收敛域, 在每次迭代中, 都要在作用变量的定义域中 "挖掉" 可能导致迭代不收敛的取值对应部分, 最终使迭代在一个正测度集合上收敛. 在 Arnold 的原始文章中, 迭代程序和收敛域的构造是同时进行的. 后来, Pöschel 改进了这种思想, 设计了一种将两个过程分开处理的方法[Po1, Po2, Po3]. 目前, 人们普遍采用的是 Pöschel 的迭代程序.

下面在 Hamilton 系统框架下, 介绍 KAM 迭代的主要思想. 考虑 Hamilton 函数 (1.2), 引入辛变换 $\Phi_0 : (Y, X) \to (y, x)$,

$$
\begin{aligned}
y &= Y + \epsilon \frac{\partial S_0(Y, x)}{\partial x}, \\
X &= x + \epsilon \frac{\partial S_0(Y, x)}{\partial Y},
\end{aligned}
\tag{1.4}
$$

其中 S_0 待定, 并称函数 $Yx + \epsilon S_0(Y, x)$ 为发生函数, 变换 (1.4) 也被称为近恒等变换. 根据辛几何的基本知识可知, 辛变换 (1.4) 将 Hamilton 系统 (1.1) 化为如下系统:

$$
\begin{aligned}
\dot{Y} &= -\frac{\partial(H_0 \circ \Phi_0)}{\partial X}, \\
\dot{X} &= \frac{\partial(H_0 \circ \Phi_0)}{\partial Y}.
\end{aligned}
$$

一般地, 将扰动项 $P_0(y, x)$ 关于角变量 x 取空间平均后所得到的函数记为 $\langle P_0 \rangle^x$,

$$
\langle P_0 \rangle^x(y) = \int_{\mathbb{T}^n} P_0(y, x) \mathrm{d}x.
$$

由于 P_0 是实解析函数, 故其可以表示为 Fourier 级数形式

$$
P_0(y, x) = P_{00}(y) + \sum_{k \neq 0} P_{0k}(y) \exp(2\pi i \langle k, x \rangle),
$$

其中 $k \in \mathbb{Z}^n$, $\langle \cdot, \cdot \rangle$ 表示 n 维空间中两个向量的内积,

$$
P_{0k}(y) = \int_{\mathbb{T}^n} P_0(y, x) \exp(-2\pi i \langle k, x \rangle) \mathrm{d}x,
$$

从而 $P_{00}(y) = \langle P_0 \rangle^x(y)$. 记

$$
\omega_0(y) = \frac{\partial N_0}{\partial y}(y).
$$

它是定义在 G 上的 n 维向量函数. 称 $\omega_0 : \mathbb{R}^n \to \mathbb{R}^n$ 为频率映射. 记

$$
P_{0N_0}(y, x) = \sum_{0 < |k| \leqslant N_0} P_{0k}(y) \exp(2\pi i \langle k, x \rangle),
\tag{1.5}
$$

其中 N_0 为某自然数, 并且 $|k| = |k_1| + |k_2| + \cdots + |k_n|$. P_{0N_0} 为 P_0 的 N_0 截断函数减去 P_0 的平均函数. 取待定函数 S_0 使其满足如下同调方程:

$$
\left\langle \frac{\partial S_0}{\partial x}, \omega_0 \right\rangle + P_{0N_0} = 0.
\tag{1.6}
$$

注意到, 在方程 (1.6) 中, 每一个函数变量相同. 由 P_0 的 Fourier 表达式知, S_0 须满足

$$S_0(y,x) = -\sum_{0<|k|\leqslant N_0} \frac{P_{0k}(y)}{2\pi i\langle k,\omega\rangle}\exp(2\pi i\langle k,x\rangle). \tag{1.7}$$

于是, 变换后, Hamilton 函数 $H_1 = H_0 \circ \Phi_0$ 可以表示为

$$H_1(Y,X) = N_1(Y) + \epsilon^2 P_1(Y,X),$$

$$N_1(Y) = N_0(Y) + \epsilon\langle P_0\rangle^x(Y),$$

$$\epsilon^2 P_1(Y,X) = \left[N_0\left(Y+\epsilon\frac{\partial S_0}{\partial x}\right) - N_0(Y) - \epsilon\left\langle\frac{\partial N_0}{\partial Y},\frac{\partial S_0}{\partial x}\right\rangle\right] \tag{1.8}$$

$$+ \epsilon\left[P_0\left(Y+\epsilon\frac{\partial S_0}{\partial x},x\right) - P_0(Y,x)\right] + \epsilon\hat{P}_0(Y,x),$$

其中, $\hat{P}_0 = P_0 - P_{0N_0} - \langle P_0\rangle^x$. 由坐标变换 (1.4), 将上面的表达式中变量 x 表示成关于 Y 和 X 的函数, 并且, 所有的函数都是依赖于参数 ϵ 的. 为了简便起见, 我们略去了函数表达式中的 ϵ.

在 (1.8) 的第三个等式中, 通过 Taylor 公式, 右边第一项可以写成 $O(\epsilon^2)$, 利用中值定理, 第二项也可写成 $O(\epsilon^2)$. 至于第三项, 可以通过选取 $N_0 = N_0(\epsilon)$ 充分大, 将其写成 $O(\epsilon^2)$. 因此, 式 (1.8) 是有意义的.

归纳地, 经过 m 次辛变换后, 假设 Hamilton 函数具有如下形式:

$$H_m(y,x) = N_m(y) + \epsilon^{2^m} P_m(y,x). \tag{1.9}$$

类似地, 取正则变换 $\Phi_m : (Y,X) \to (y,x)$,

$$y = Y + \epsilon^{2^m}\frac{\partial S_m(Y,x)}{\partial x},$$

$$X = x + \epsilon^{2^m}\frac{\partial S_m(Y,x)}{\partial Y}, \tag{1.10}$$

其中 S_m 仍为一个待定的函数. 将 P_m 进行 Fourier 展开,

$$P_m(y,x) = P_{m0}(y) + \sum_{k\neq 0} P_{mk}(y)\exp(2\pi i\langle k,x\rangle).$$

取函数 S_m, 使其满足如下同调方程:

$$\left\langle\frac{\partial S_m}{\partial x},\omega_m\right\rangle + P_{mN_m} = 0, \tag{1.11}$$

其中, $\omega_m(y) = \partial N_m / \partial y(y)$. 同理, 根据 P_m 的 Fourier 展开式, S_m 应满足

$$S_m(y,x) = -\sum_{0<|k|\leqslant N_m} \frac{P_{mk}(y)}{2\pi i\langle k,\omega_m(y)\rangle}\exp(2\pi i\langle k,x\rangle). \tag{1.12}$$

于是, 新的 Hamilton 函数 $H_{m+1} = H_m \circ \Phi_m$ 可以表示为

$$
\begin{aligned}
&H_{m+1}(Y,X) = N_{m+1}(Y) + \epsilon^{2^{m+1}} P_{m+1}(Y,X),\\
&N_{m+1}(Y) = N_m(Y) + \epsilon^{2^m} \langle P_m \rangle^x (Y),\\
&\epsilon^{2^{m+1}} P_{m+1}(Y,X) = \left[N_m \left(Y + \epsilon^{2^m} \frac{\partial S_m}{\partial x} \right) - N_m(Y) - \epsilon^{2^m} \left\langle \frac{\partial N_m}{\partial Y}, \frac{\partial S_m}{\partial x} \right\rangle \right]\\
&\qquad\qquad\qquad + \epsilon^{2^m} \left[P_m \left(Y + \epsilon^{2^m} \frac{\partial S_m}{\partial x}, x \right) - P_m(Y,x) \right] + \epsilon^{2^m} \hat{P}_m(Y,x),
\end{aligned}
\tag{1.13}
$$

其中, $\hat{P}_m = P_m - P_{m N_m} - \langle P_m \rangle^x$. 经过坐标变换 (1.10), 将上面的表达式中的变量 x 表示为关于 Y 和 X 的函数. 同理, 基于前面的分析, (1.13) 中的第三个等式同样是有意义的.

通过上面的迭代过程发现, 每一步迭代中, 新的扰动项都是关于上一步扰动项的高阶无穷小. 称这样的迭代程序为快速 Newton 迭代程序. 令 $m \to \infty$, 则 $H_m(y,x) \to N_\infty(y)$. 最终的 Hamilton 函数 N_∞ 即为可积系统. 由于迭代过程中的变换为正则变换, 因此, 返回到 H_0, 可得 H_0 存在不变环面.

注意到, 存在 $y \in G$, 使得 0 是 (1.12) 中的分母 $2\pi i \langle k, \omega_m(y) \rangle$ 构成的数列的聚点. 在迭代过程中, 为了使变换收敛, 数列 $2\pi i \langle k, \omega_m(y) \rangle$ 不能 "太快" 收敛于 0. 为了克服这一困难, 在迭代过程的每一步中, 都需要在区域 G 中去掉一些使 $2\pi i \langle k, \omega_m(y) \rangle$ 趋于零 "太快" 的关于作用变量 y 的集合. 并且, 使迭代收敛的 y 一般应在集合

$$
O_m = \{ y : y \in G, |\langle k, \omega_m(y) \rangle| \geqslant \delta_m |k|^{-\tau}, \forall k \in \mathbb{Z}^n, 0 < |k| \leqslant N_m \}
$$

中. KAM 方法的一个重要的步骤就是估计集合

$$
G_\infty = \bigcap_{m=0}^{\infty} O_m
$$

的测度, 并且证明 G_∞ 具有正测度.

最后, 需要指出的是, 以上的 KAM 迭代程序还需要进一步完善, 例如, 收敛性的严格证明、扰动项的估计以及测度估计等都需要进一步给出. 由于技术原因, 关于每一步迭代, 系统扰动项的估计不会达到 $O(\epsilon^{2^m})$, 但是可以达到 $O(\epsilon^{\gamma^m})$, $1 < \gamma < 2$ 为某正常数.

KAM 理论是研究保守动力系统轨道永恒稳定的强有力工具. 从技术角度看, 周期轨道的研究相对容易, Poincaré 在 1892 年建立了著名的 Poincaré 定理,

说明天体系统中周期轨道的存在性. 对于拟周期轨道的研究, 为了解决 "小除数" 问题, KAM 理论发挥了里程碑式的作用.

KAM 理论应用的前提条件是可积系统应该满足某种非退化性假设. 对于 KAM 理论, 这个条件保证了频率映射具有某种可逆性. 一般地, 系统可积部分的 Hamilton 函数 N 应满足以下条件之一:

(1) 非退化性条件

$$\det\left(\frac{\partial^2 N}{\partial y^2}\right) \neq 0;$$

(2) 等能非退化性条件

$$\det\begin{pmatrix} \dfrac{\partial^2 N}{\partial y^2} & \dfrac{\partial N}{\partial y} \\ \left(\dfrac{\partial N}{\partial y}\right)^{\mathrm{T}} & 0 \end{pmatrix} \neq 0;$$

(3) Bruno 条件

$$\max_{G} \mathrm{rank}\left\{\frac{\partial N}{\partial y}, \frac{\partial^2 N}{\partial y^2}\right\} = n;$$

(4) Rüssmann 条件[Ru]

$$\mathrm{rank}\left\{\frac{\partial N}{\partial y}, \frac{\partial^\alpha}{\partial y^\alpha}\left(\frac{\partial N}{\partial y}\right) \middle| \forall \alpha \in \mathbb{Z}_+^n, |\alpha| \leqslant n-1\right\} = n.$$

上述非退化性条件作为近可积 Hamilton 系统 KAM 稳定性结论成立的前提条件, 它在近扭转映射不变环面的存在性等问题中也发挥着至关重要的作用.

0.2　Nekhoroshev 稳定性

扰动技术是研究保守动力系统轨道长时间演化机制的基本工具. KAM 理论和 Nekhoroshev 有效稳定性理论是现代扰动理论的重要内容之一. KAM 理论是研究保守动力系统下, 系统运动轨道永恒稳定的有力工具, 这里的稳定性指的是 Lagrange 稳定, 即轨道的有界性. 从 0.1 节中可以看出, KAM 理论得出的轨道稳定性不是对所有轨道的. 事实上, 对于 $y_* \in G \setminus G_\infty$, 轨道 $x = \partial N_0(y_*)/\partial y\, t + x_0 (\mathrm{mod}1)$, $y = y_*$ 在扰动下可能不是稳定的. Arnold 构造例子说明, 存在那样的轨道，当时间趋于无穷时，它可以通向无穷远处. 现在，这种现象被人们称为 Arnold 扩散. Arnold 扩散说明，近可积 Hamilton 系统一般是不稳定的. 通过研究探索，人们退而求其次，讨论近可积 Hamilton 系统的运动轨道在一个 "相当长" 时间内的稳定性问题.

1977年，Nekhoroshev 对近可积 Hamilton 系统建立了一个轨道长时间稳定性定理[Ne1]. 取 ϵ 为扰动参数. 他证明，近可积 Hamilton 系统所有运动轨道的作用变量部分在指数长时间 $\exp(\eta\epsilon^{-\alpha})$ 内，不会发生显著变化，并且其漂移尺度仅为 ϵ^{β}. 这里 α,β,η 为常数，称 α 和 β 为稳定指数. 这一工作说明，虽然近可积系统的运动轨道可能是不稳定的，并且会发生 Arnold 扩散，但扩散的速度是相当缓慢的. 人们称这种具有长时间稳定性质的轨道为 Nekhoroshev 稳定，也称为有效稳定.

自 Nekhoroshev 建立有效稳定性理论以来，随着人们利用这一理论成功解释了经典物理以及现代物理学中的一些现象和规律，这一理论受到了高度的关注，并成为动力系统和数学物理研究的热门课题之一[GZ, LN1, Lo1, Po2]. 本节将介绍这方面的基本概念和研究现状.

考虑以 y 和 x 为变量，ϵ 为参数的动力系统，其中 $y\in G\subset\mathbb{R}^m, x\in\mathbb{T}^n, \epsilon\in\mathbb{R}$. 称 y 为慢变量，x 为快变量.

定义 2.1 记系统的轨道为 $\{(y(t),x(t))\}, t\in\mathbb{R}$ 或 $t\in\mathbb{Z}$. 若存在与轨道及扰动参数无关的正常数 α,β,η 和 ϵ_0，使得当 $\epsilon\in(0,\epsilon_0)$ 并且 $|t|<\exp(\eta\epsilon^{-\alpha})$ 时，从 (y_0,x_0) 点出发的轨道 $\{(y(t),x(t))\}$ 满足

$$\| y(t) - y_0 \| \leqslant \eta\epsilon^{\beta},$$

则称动力系统具有指数为 α 和 β 的 **Nekhoroshev 稳定性**或**有效稳定性**，其中，称 $T(\epsilon)=\exp(\eta\epsilon^{-\alpha})$ 为**稳定时间**，$R(\epsilon)=\eta\epsilon^{\beta}$ 为**稳定半径**.

Nekhoroshev 稳定性成立的前提条件要求可积系统满足某种几何性条件，例如，陡性条件、拟凸性条件或射流条件. 对任意给定的 $y\in G$，按照 Nekhoroshev 的表示[Ne1]，记 λ 为过 y 点的超平面，且 λ 的维数不为 0；$\mathrm{grad}H_{\lambda}$ 为 H 的梯度 $\mathrm{grad}H$ 在 λ 上的投影. 记

$$m_{y,\lambda}(\eta) = \min_{y'\in\lambda,\| y'-y\|=\eta}\left\|\mathrm{grad}(H\mid_{\lambda})\mid_{y'}\right\|.$$

定义 2.2[Ne1] 如果存在常数 $c>0, \delta>0$ 和 $\alpha>0$ 使得

$$\max_{0\leq\eta\leq\xi} m_{y,\lambda}(\eta) > c\xi^{\alpha}, \quad \forall\xi\in(0,\alpha], \tag{2.1}$$

则称函数 H 在平面 λ 的 y 处是陡的, c 和 δ 称为**陡性系数**, α 称为**陡性指数**. 如果对于上面的常数 c,δ,α, 对任意过 y 点的超平面 λ, 都有不等式 (2.1) 成立, 则称函数 H 在 y 处是**陡**的.

定义 2.3[LN1] 对于任意 $y\in G$, 如果函数 N 满足下面的两个条件:

$$\left\|\frac{\partial N}{\partial y}\right\| > c,$$

$$\left|\left(\xi, \frac{\partial^2 N}{\partial y^2}\xi\right)\right| \geq c\|\xi\|^2, \quad \forall\xi\in\left\{\xi\left|\frac{\partial N}{\partial y}\xi=0\right.\right\},$$

则称函数 N 是**拟凸**的.

现在认为陡性是保证系统具有 Nekhoroshev 稳定性的最基本条件, 而拟凸函数是 "最陡" 的陡性函数. 由于陡性函数的数学表示非常复杂, 在考虑 Nekhoroshev 稳定性时, 需要对作用变量的定义域和环面的频率集合进行共振块分解, 这导致了 Nekhoroshev 的证明非常复杂, 并且稳定指数的表达式不够简洁. 20 世纪 80 年代, Benettin, Gallavotti 和 Giorgilli 等研究了拟凸函数, 并最终获得了该类近可积 Hamilton 系统的最佳稳定指数为 $1/2n$, 其中 n 为 Hamilton 系统的自由度, 细节详见[BGG1, BG1, GG1].

从技术的角度看, KAM 理论和 Nekhorohev 理论的共同之处在于, 它们都需要构造快速 Newton 迭代程序, 但前者的迭代是无限次的, 而后者是有限次的. 除此之外, 由于有限次迭代本质上不会导致小除数的出现, 因此, Nekhoroshev 理论不需要进行测度估计. 从轨道的性态看, KAM 理论考虑轨道的永恒稳定性问题, Nekhoroshev 理论研究的是轨道的大时间尺度上的稳定性问题. 前者考虑 "大部分轨道", 后者研究所有轨道.

0.3 扭转映射和近扭转映射

在本节中, 我们将介绍辛映射、扭转映射以及近可积映射的一些相关概念. 为方便起见, 所有映射均以作用角变量的形式给出, 并设其定义域为 $G\times\mathbb{T}^n$, 其中, $\mathbb{T}^n$ 为通常的 n 维环面, $G\subset\mathbb{R}^m$ 为有界连通开区域.

考虑可积映射 $\mathfrak{F}: G\times\mathbb{T}^n\to\mathbb{R}^m\times\mathbb{T}^n$,

$$\begin{cases} \hat{y} = y, \\ \hat{x} = x + \omega(y), \end{cases} \tag{3.1}$$

其中, $\omega : \bar{G} \to \mathbb{T}^n$ 为频率向量.

定义 3.1 如果频率 ω 为光滑函数, 并且在 $\bar{G}$ 上满秩, 即

$$\mathrm{rank}\left(\frac{\partial \omega}{\partial y}\right) = \min\{m, n\}, \tag{3.2}$$

则称映射 (3.1) 为**扭转映射**.

注意到, 在上述定义中, 并没有要求作用变量的维数 m 和角变量的维数 n 相等. 在应用中, 人们通常用较弱的 Rüssmann 条件

$$\mathrm{rank}\left\{\frac{\partial^\alpha \omega}{\partial y^\alpha} : \forall \alpha \in \mathbb{Z}_+^m, 0 < |\alpha| \leqslant \max\{m, n\}\right\} = n, \quad \forall y \in \bar{G} \tag{3.3}$$

代替上述条件 (3.2). 在 Rüssmann 条件下, 此时也称 (3.1) 为**扭转映射**.

设 f 和 g 是定义在 $G \times \mathbb{T}^n$ 上的光滑函数, $\epsilon > 0$ 为小参数. 如果频率向量 ω 满足 (3.2) 或 (3.3), 则称映射 $\widetilde{\mathfrak{F}} : (y, x) \to (\hat{y}, \hat{x})$,

$$\begin{cases} \hat{y} = y + \epsilon g(y, x), \\ \hat{x} = x + \omega(y) + \epsilon f(y, x) \end{cases} \tag{3.4}$$

为**近扭转映射**.

当 $m = n = 1$ 时, (3.2) 等价于

$$\frac{\mathrm{d}\omega}{\mathrm{d}y} > 0, \forall y \in \bar{G}, \quad \text{或者} \frac{\mathrm{d}\omega}{\mathrm{d}y} < 0, \forall y \in \bar{G}. \tag{3.5}$$

此时称 (3.1) 为**单调扭转映射**.

为简便起见, 取 $m = n$, 即作用变量和角变量具有相同维数. 设辛流形 $G \times \mathbb{T}^n$ 的二形式为 $\omega^2 = \sum_{i=1}^n \mathrm{d}y_i \wedge \mathrm{d}x_i$. 考虑扭转映射

$$\begin{cases} \hat{y} = y, \\ \hat{x} = x + \dfrac{\partial H}{\partial y}(y), \end{cases} \quad (y, x) \in G \times \mathbb{T}^n. \tag{3.6}$$

记频率向量 $\omega = \partial H / \partial y$. 显然, (3.6) 是一个辛映射. 考虑映射 (3.6) 的辛扰动

$$\widetilde{\mathfrak{F}} : (y, x) \to (\hat{y}, \hat{x}), \quad \begin{cases} \hat{y} = y + g(y, x), \\ \hat{x} = x + \omega(y) + f(y, x). \end{cases} \tag{3.7}$$

定理 3.1[Ar1] 映射 $\widetilde{\mathfrak{F}}$ 是辛映射的充分必要条件是存在一个定义于 $G \times \mathbb{T}^n$ 上的函数 h, 使得 $\widetilde{\mathfrak{F}}$ 可以隐式地表示为

$$\begin{cases} \hat{y} = y - \dfrac{\partial h}{\partial x}(\hat{y}, x), \\[2mm] \hat{x} = x + \dfrac{\partial H}{\partial \hat{y}}(\hat{y}) + \dfrac{\partial h}{\partial \hat{y}}(\hat{y}, x). \end{cases} \tag{3.8}$$

在定理 3.1 中, 称函数 $H + h$ 为发生函数. 根据上述定理知, 可以通过定义在 $G \times \mathbb{T}^n$ 上的函数来产生辛映射.

定理 3.2[Sh3]　若辛映射 $S, T : G \times \mathbb{T}^n \to \mathbb{R}^n \times \mathbb{T}^n$ 是由函数 $s, t : \mathbb{R}^n \times \mathbb{T}^n \to \mathbb{R}$ 产生的, 即

$$(\hat{y}_+, \hat{x}_+) = S(\hat{y}, \hat{x}), \quad \begin{cases} \hat{y}_+ = \hat{y} - \dfrac{\partial s}{\partial \hat{x}}(\hat{y}_+, \hat{x}), \\[2mm] \hat{x}_+ = \hat{x} + \dfrac{\partial s}{\partial \hat{y}_+}(\hat{y}_+, \hat{x}), \end{cases}$$

$$(\hat{y}, \hat{x}) \quad = T(y, x), \quad \begin{cases} \hat{y} = y + \dfrac{\partial t}{\partial \hat{x}}(y, \hat{x}), \\[2mm] \hat{x} = x - \dfrac{\partial t}{\partial y}(y, \hat{x}). \end{cases} \tag{3.9}$$

则 $\tilde{S} = T^{-1} \circ S \circ T$ 在其定义域上由下式给出:

$$(\tilde{x}, \tilde{y}) = \tilde{S}(y, x), \quad \begin{cases} \tilde{y} = y - \dfrac{\partial \tilde{s}}{\partial x}(\tilde{y}, x), \\[2mm] \tilde{x} = x + \dfrac{\partial \tilde{s}}{\partial \tilde{y}}(\tilde{y}, x), \end{cases}$$

其中

$$\tilde{s}(\tilde{y}, x) = s(\hat{y}_+, \hat{x}) + t(\tilde{y}, \hat{x}_+) - t(y, \hat{x}) - \left(\frac{\partial t}{\partial \hat{x}_+}(\tilde{y}, \hat{x}_+), \frac{\partial s}{\partial \hat{y}_+}(\hat{y}_+, \hat{x}) \right)$$

$$+ \left(\frac{\partial t}{\partial y}(y, \hat{x}_+), \frac{\partial t}{\partial \hat{x}_+}(\tilde{y}, \hat{x}_+) - \frac{\partial t}{\partial \hat{x}}(y, \hat{x}) + \frac{\partial s}{\partial \hat{x}}(\hat{y}_+, \hat{x}) \right),$$

这里 $\hat{y}_+, \hat{x}_+$ 和 $y, \hat{x}$ 作为 $\tilde{y}$ 和 x 的向量函数, 由 (3.9) 和映射

$$(\hat{y}_+, \hat{x}_+) = T(\tilde{y}, \tilde{x}), \quad \begin{cases} \hat{y}_+ = \tilde{y} + \dfrac{\partial t}{\partial \hat{x}_+}(\tilde{y}, \hat{x}_+), \\[2mm] \hat{x}_+ = \tilde{x} - \dfrac{\partial t}{\partial \tilde{y}}(\tilde{y}, \hat{x}_+) \end{cases}$$

给出.

0.4 近扭转映射的 KAM 稳定性及 Nekhoroshev 稳定性

1962年, Moser[Mo1]建立了保面积映射不变闭曲线的存在性定理. 这一著名定理成为KAM理论的三大基石之一. 从那时开始, 人们对这方面的研究日益重视, 并且得到了诸多深刻的结果.

准确地说, Moser考虑的是作用变量和角变量都是一维的近扭转映射. 后来, 人们就Moser的工作, 主要从以下几个方面着手研究. 首先是研究更一般的映射, 例如, Herman、程崇庆和孙义燧、夏志宏、尚左久, 在某种非退化条件下, 得到了含有一个作用变量、多个角变量的保体积映射不变环面的保持性定理, 详见 [He1, He2, CS1, Xi1, Sh2, Sh3]. 对于一般高维近扭转映射的研究, 见 [CLH1, Sv1, CLZ1]. 其次是降低扭转性条件. 对于高维近可积映射, 人们希望用 Rüssmann 条件来代替扭转频率 ω 所满足的非退化性条件, 这方面的工作见 [CLH1, Ru3, CLZ1, CS2, XYQ]. 最后是将Moser扭转定理推广到拟周期情形, 并将其应用到一些实际问题, 其中最著名的是 Littlewood, Levi 和 Zehnder, 以及 Zharnitsky 等将Moser扭转定理应用到Fermi-Pasta-Ulam问题和Littlewood猜测, 并得到了满意的结果[Li1, Le1, LZ1, Zh1, Bi1].

Moser[Mo1]在完成扭转定理证明的同时, 他相信在非退化条件下, 其工作可以推广到高维映射. 1977年, Svanidze[Sv1]考虑了具有积分不变量的一类映射, 并且获得了高维扭转映射的第一个结果. 1996年, 从福仲等[CLH1]研究了一般的近扭转映射, 在映射满足相交性条件下, 建立了该类映射不变环面的存在性定理.

考虑映射 $\Phi : G \times \mathbb{T}^n \to \mathbb{R}^m \times \mathbb{T}^n$,

$$\begin{cases} y_1 = y + g(y,x), \\ x_1 = x + \omega(y) + f(y,x), \end{cases} \tag{4.1}$$

其中 $G \subset \mathbb{R}^m$ 是有界连通开区域, $f(y,x)$ 和 $g(y,x)$ 是 $G \times \mathbb{T}^n$ 上的实解析函数. 与 (4.1) 相对应的可积映射 Φ_0 为

$$\begin{cases} y_1 = y, \\ x_1 = x + \omega(y). \end{cases} \tag{4.2}$$

若 $p : \Omega \to \mathbb{C}^k$, 记 $\| p \|_\Omega = \max\limits_{1 \leqslant i \leqslant k} \sup\limits_{x \in \Omega} | p_i(x) |$. 对于 k 阶矩阵, 有类似定义. 记 $l = \max\{m,n\}$. 对于给定的常数 $\rho > 0$, 记

$$\tilde{G} = \{y : \operatorname{Re} y \in G, |\operatorname{Im} y| < \rho\},$$
$$\Sigma_\rho = \{x : \operatorname{Re} x \in \mathbb{T}^n, |\operatorname{Im} x| < \rho\}.$$

假设

(H1) 映射 Φ 具有相交性质;

(H2) 映射 (4.2) 为扭转映射, 即 ω 在 G 上满足 Rüssmann 条件:

$$\operatorname{rank}\left\{\frac{\partial^q \omega}{\partial y^q} : \forall q \in \mathbb{Z}_+^m, 0 < |q| \leqslant l\right\} = n, \tag{4.3}$$

其中 $\partial^q \omega / \partial y^q = (\partial^{|q|}\omega_1 / \partial y^q, \cdots, \partial^{|q|}\omega_n / \partial y^q)^{\mathrm{T}}$, $q = (q_1, \cdots, q_n), |q| = q_1 + \cdots + q_n, q_i \in \mathbb{Z}_+$
$(i = 1, \cdots, n)$.

定理 4.1[CLH1]　假设 (H1) 和 (H2) 成立. 则存在常数 $\epsilon_* > 0$, 使得对于任意的 $\epsilon \in (0, \epsilon_*)$, 只要 $\|f\| + \|g\| < \epsilon$, 则存在正测度 Cantor 集 G_ϵ, 其测度满足

$$\operatorname{meas}(G \setminus G_\epsilon) \leqslant c\epsilon_*^{1/7(l(l+\tau+3))},$$

其中 $\tau > l(l+1) - 1, c$ 为正常数, 并且当 $y \in G_\epsilon$ 时, 映射 Φ 存在一族不变环面 $\mathbb{T}_y$, 并且其频率映射 $\omega^\infty(y)$ 满足如下估计:

$$\|\omega^\infty(y) - \omega(y)\| < 2\epsilon_*.$$

注意到, 在假设 (H1) 中, 要求映射 Φ 具有相交性质, 该性质对于上述定理的成立起到了至关重要的作用. 2004 年, 作者在[Co3]中, 对如下一类不具有相交性质的近扭转映射进行了研究:

$$\begin{cases} \hat{I} = I + \lambda l(I, \theta), \\ \hat{\theta} = \theta + \varpi(I) + \lambda h(I, \theta), \end{cases} \tag{4.4}$$

其中 $\varpi(I)$ 在 I_0 处满足 Diophantus 条件. 他证明了在 I_0 的某个邻域中, 存在一个坐标变换, 将 (4.4) 化为

$$\begin{cases} \hat{J} = J + \sqrt{\lambda}(L_*(J, \sqrt{\lambda}) + l_*(J, \vartheta, \sqrt{\lambda})), \\ \hat{\vartheta} = \vartheta + \varpi(I_0) + \Omega_{**}(J, \sqrt{\lambda}) + \sqrt{\lambda}h_*(J, \vartheta, \sqrt{\lambda}), \end{cases} \tag{4.5}$$

其中 $\Omega_{**} = O(\sqrt{\lambda}), L_* = O(1)$ 并且,

$$\|h_*\| + \|l_*\| \leqslant c \exp\left(-c\lambda^{-1/2(n+\tau+2)}\right),$$

其中, c 为某正常数, τ 为 Diophantus 指数. 在 (4.5) 中, 出现一个非线性项 $L_*(J, \sqrt{\lambda})$, 正是它的存在, 导致了 (4.4) 的轨道不可能具有近不变环面性质.

相对于 KAM 稳定性而言, 关于近可积映射的 Nekhoroshev 稳定性, 人们还没有得到足够多的结果.

考虑具有固定频率的近扭转映射 $(\hat{y},\hat{x}) = \Phi(y,x)$,

$$\begin{cases} \hat{y} = y + \epsilon g(y,x), \\ \hat{x} = x + \omega + \epsilon f(y,x), \end{cases} \tag{4.6}$$

其中 $y \in G \subset \mathbb{R}^m$, G 为有界连通域, $x \in \mathbb{T}^n$, ω 为常向量, $\epsilon > 0$ 为小参数. 假设

(H1) **Diophantus 条件** 频率向量 ω 满足

$$|(k,\omega) + k_0| \geqslant \gamma |k|^{-\tau}, \quad \forall 0 \neq k \in \mathbb{Z}^n, \quad \forall k_0 \in \mathbb{Z}, \tag{4.7}$$

其中 γ 与 τ 为正常数;

(H2) **解析性** 扰动项 f 与 g 为 $(G \times \mathbb{T}^n) + \delta$ 上的实解析函数, 其中 δ 为正常数;

(H3) **相交性** 映射 (4.6) 具有相交性质, 即对于任意 $y \in G + \delta$, 有

$$(\{y\} \times (\mathbb{T}^n + \delta)) \bigcap \Phi(\{y\} \times (\mathbb{T}^n + \delta)) \neq \varnothing$$

成立.

定理 4.2 若假设 (H1) — (H3) 成立, 则存在 $\epsilon_* > 0$, 使得当 $\epsilon \in [0, \epsilon_*]$ 时, 对任意的 $(y^{(0)}, x^{(0)}) \in G \times \mathbb{T}^n$ 和所有整数 $l \in [0, T(\epsilon)]$, 其中, $T(\epsilon) = c_1 \exp(c_2 \epsilon^{-1/(n+\tau+2)})$, 有如下不等式

$$|y^{(l)} - y^{(0)}| < c_3 \epsilon^{1/(n+\tau+2)} \tag{4.8}$$

成立, 其中 c_1, c_2, c_3 为独立于 ϵ 的常数, 并且 $(y^{(l)}, x^{(l)}) = \Phi^l(y^{(0)}, x^{(0)})$.

这个定理的证明见 [CL2].

0.5 拟有效稳定性

KAM 理论和 Nekhoroshev 有效稳定性理论是 Hamilton 动力系统轨道稳定性研究的重要内容. 经典的 KAM 理论说明, 在某种非退化条件, 例如, Rüssmann 非退化条件下, 近可积 Hamilton 系统的大多数不变环面都会保持下来. 于是, 不变环面内的轨道都是永恒稳定的. 然而, Nekhoroshev 的稳定性定理指出, 若可积系统满足某种陡性条件, 则该系统在小扰动下, 其作用变量在指数长时间内仅有微小的漂移.

KAM 理论和 Nekhoroshev 理论之间存在某种联系. 注意到, 对于一个近可积 Hamilton 系统, 无论是 KAM 型稳定性结果, 还是 Nekhoroshev 型有效稳定结果, 它们都要求系统可积部分满足某种凸性条件. 那么, 我们自然地想到, 在 KAM

型条件, 例如, Rüssmann 非退化条件下, 是否可以通过有限次KAM迭代来得到某种Nekhoroshev 型有效稳定性结果? 这是本节要介绍的内容.

考虑如下近可积Hamilton系统

$$\begin{pmatrix} \dot{y} \\ \dot{x} \end{pmatrix} = J\nabla H(y,x), \tag{5.1}$$

Hamilton函数为

$$\begin{aligned} H(y,x) &= h(y) + f_\epsilon(y,x), \\ f_\epsilon(y,x) &= \epsilon f_*(y,x,\epsilon), \end{aligned} \tag{5.2}$$

其中 ϵ 为小参数, 取 D 为 $\mathbb{R}^n$ 中的有界区域, $\mathbb{T}^n = \mathbb{R}/2\pi\mathbb{Z}^n$ 为通常的 n 维环面, $y \in D$ 为作用变量, $x \in \mathbb{T}^n$ 为角变量, H 关于其所有的变量是实解析的. 于是, 在相空间 $D \times \mathbb{T}^n \subset D \times \mathbb{R}^n$ 上, 系统 (5.1) 具有标准的辛结构 $\sum_{j=1}^n \mathrm{d}y_j \wedge \mathrm{d}x_j$.

当 $\epsilon = 0$ 时, 系统 (5.1) 是可积的, 其通解为

$$y(t) = y_0, \quad x(t) = x_0 + \omega(y_0)\,t\,(\mathrm{mod}2\pi),$$

其频率为 $\omega(y_0) = h_y(y_0)$.

定义 5.1[Ne1]　若存在正常数 $\beta, \gamma, \eta, \epsilon_0$, 以及常数 $\zeta \geqslant 0$, 使得当 $|t| \leqslant \exp(\eta\epsilon^{-\beta})$ 时, 对任意的 $0 \leqslant \epsilon \leqslant \epsilon_0$, 都有

$$|y(t) - y_0| \leqslant \eta\epsilon^\gamma$$

成立, 则称系统 (5.1) 中以 (y_0, x_0) 为起点的轨道 $\{(y(t), x(t))\}$ 是**有效稳定的**.

定义 5.2[PW, CHH]　如果存在正常数 $\beta, \gamma, \eta, \epsilon_0, \zeta \geqslant 0$, 以及定义于 $D \times \mathbb{T}^n$ 上的函数 ω_*, 使得当 $|t| \leqslant \exp(\eta\epsilon^{-\beta})$ 时, 对任意的 $0 \leqslant \epsilon \leqslant \epsilon_0$, 都有

$$|y(t) - y_0| \leqslant \eta\epsilon^\gamma,$$
$$|x(t) - x_0 - t\omega_*(y_0, x_0)| \leqslant \eta\epsilon^\zeta$$

成立, 则称系统 (5.1) 中以 (y_0, x_0) 为起点的轨道 $\{(y(t), x(t))\}$ 在指数长时间内具有**近不变环面的性质**.

对于一个给定的 $y_0 \in D$, 若 ω 满足如下小除数条件:

$$|\langle k, \omega(y_0) \rangle| \geqslant \alpha\,|k|^{-\tau}, \quad \forall k \in \mathbb{Z}^n \setminus \{0\}, \tag{5.3}$$

其中 α, τ 为某正常数, 则称环面 $\mathbb{T}_{y_0} = \{y_0\} \times \mathbb{T}^n$ 是Diophantus 的.

根据KAM理论, 当 ϵ 足够小时, 存在一个近恒等的坐标变换 Φ_ϵ, 将一个可积系统的Diophantus 不变环面 $\mathbb{T}_{y_0}$ 变换成扰动系统 (5.1) 的不变环面 $\Phi_\epsilon(\mathbb{T}_{y_0})$. 于

是, 得到如下定理.

定理 5.1[CLH1] 假设 $\omega(y_0)$ 满足 (5.3), 则存在 $\epsilon_0 > 0$, 使得当 $\epsilon \in (0, \epsilon_0)$ 时, 存在 y_0 的某邻域 O_ϵ, 并且对于任意的 $(y_*, x_*) \in O_\epsilon \times \mathbb{T}^n$ 时, 系统 (5.1) 以 (y_*, x_*) 为起点的轨道具有**近不变环面的性质**.

定义 5.3[CLH1] 如果存在正常数 $\beta, \gamma, \eta, \epsilon_0$, 以及 D 上的一个开子集 D_ϵ, 使得对任意的 $\epsilon \in [0, \epsilon_0]$, 都有如下结论成立:

(i) $\operatorname{meas} D_\epsilon = \operatorname{meas} D - O(\epsilon^\zeta)$;

(ii) 对于所有的 $(y_0, x_0) \in D_\epsilon \times \mathbb{T}^n$, 当 $|t| \leqslant \exp(\eta \epsilon^{-\beta})$ 时, 以 (y_0, x_0) 为起点的轨道 $\{(y(t), x(t))\}$ 满足如下估计:

$$|y(t) - y(0)| \leqslant \eta \epsilon^\gamma,$$

则称系统 (5.1) 是**拟有效稳定的**. 并且称 β, γ 为稳定指数, $T(\epsilon) = \exp(\eta \epsilon^{-\beta})$ 为**稳定时间**, $R(\epsilon) = \eta \epsilon^\gamma$ 为**稳定半径**.

从上述拟有效稳定性的定义中不难看出, 有效稳定性蕴含拟有效稳定性.

定理 5.1 中得到的近可积 Hamilton 系统近不变环面的性质是针对每一条起始于不变环面附近的轨道而言的. 在定理的证明过程中发现, 这种轨道的稳定性是通过有限次 KAM 迭代得到的. 然而每一步 KAM 迭代都依赖于某种小除数条件. 那么, 是否可以利用某种非退化条件, 通过测度估计, 将轨道的这种 "逐点" 的性质推广到在整个相空间上或者相空间中某个正测度子集上, 得到某种类似于 "一致" 的稳定性呢? 在 [CLH1] 中, 我们得到了如下拟有效稳定性定理.

若系统 (5.1) 是实解析的, 即存在一个常数 $\delta > 0$, 使得其在 $(D \times \mathbb{T}^n) + \delta$ 上解析, 并且, 存在某个正常数 M, 使得在区域 $(D \times \mathbb{T}^n) + \delta$ 上,

$$\max \left\{ \| g_\epsilon \|, \| f_\epsilon \|, \| h \|, \| \omega \|, \left\| \frac{\partial \omega}{\partial y} \right\| \right\} \leqslant \frac{1}{2} M,$$

其中 $\omega(y) = h_y(y)$.

进一步地, 假设 ω 满足 Rüssmann 非退化条件:

(H1)

$$\operatorname{rank} \left\{ \omega, \frac{\partial^\alpha \omega}{\partial y^\alpha} : \forall \alpha \in \mathbb{Z}_+^n, |\alpha| < n - 1 \right\} = n, \quad \forall y \in \operatorname{Re}(D + \delta),$$

其中 $\mathbb{Z}_+^n$ 表示 $\mathbb{Z}^n$ 的非负整数部分,

$$\frac{\partial^\alpha \omega}{\partial y^\alpha} = \frac{\partial^{|\alpha|} \omega}{\partial y_1^{\alpha_1} \cdots \partial y_n^{\alpha_n}}, \quad |\alpha| = \alpha_1 + \cdots + \alpha_n.$$

定理 5.2[CLH1]　假设 (H1) 成立. 则系统 (5.1) 是拟有效稳定的.

最近, 人们在 KAM 理论和 Nekhoroshev 有效稳定性理论研究中都得到了许多非常好的结果, 例如, Guzzo, Chierchia 和 Benettin[GCB], 在陡性条件下, 得到了 Nekhoroshev 估计的最优稳定指数. Bounemoura 和 Fischler[BF1]通过同步逼近而不是传统的小除数方法, 分别得到了扰动拟周期流的 KAM 稳定性和 Nekhoroshev 稳定性结果. 这种方法可以追溯到 Lochak 和 Neishtadt 在 1992 年得到的结果[LN1]. Schirinzi 和 Guzzo[SG]得到了自由度为 2, 3, 4 情形下的 4 阶陡性条件的纯代数形式. 关于其他结果, 详见[FW, KS]等.

以上介绍的是 Hamilton 系统框架下的拟有效稳定性结果. 为避免重复, 关于保体积映射和扭转映射的拟有效稳定性定理, 将在第 3 章中加以介绍.

第1章　近可积系统的 KAM 理论

Kolmogorov 在建立近可积 Hamilton 系统不变环面保持性定理的同时, 设计了一个证明的思路, 但他没有给出详细的论证[Ko1]. 1962 年, Arnold 给出了定理证明的详细过程, 这个证明并没有沿着 Kolmogorov 的思路. Arnold 设计了一个快速的 Newton 迭代程序, 迭代的每一步都将 Hamilton 函数的扰动部分分解为可积和不可积两项, 通过求解调和方程 "消掉" 不可积项的主要部分来达到使新 Hamilton 系统的扰动 "快速" 变小的目的. 同时, 在迭代的每一步, 必须对频率加以限制, 使其满足所谓的有限强非共振条件. 因此, 需要对频率的测度进行估计. 在这一迭代循环中, 解调和方程遇到了众所周知的 "小除数" 问题[Ar1, Ar2].

Pöschel 注意到, 在 Arnold 设计的证明框架中, 通过引入参数, 可以将测度估计从迭代中分离出来[Po1]. 这一方法大大简化了 KAM 定理的证明. Bounemoura 和 Fischler 利用有理逼近原理, 成功避免了在解调和方程时遇到的小除数问题[BF1, BF2].

1962 年, Moser 对保面积映射建立了一个不变闭曲线的存在性定理[Mo1], 这是 KAM 理论的另一个重要研究内容. 准确地说, Moser 考虑的是一种单调近扭转映射. 1996 年, 从福仲等研究了较为一般的近扭转映射, 建立了不变环面的存在性定理[CLH1].

本章介绍几类近可积系统 KAM 环面的存在性问题. 这些近可积系统包括辛映射、扭转映射、Hamilton 系统、广义 Hamilton 系统. 存在的不变环面包括低维环面、高维环面、双曲低维环面、椭圆低维环面. 本章的论证说明, 可积系统的各类不变环面, 在扰动下, 是大量存在的, 是近可积非退化系统的普遍现象, 是动力学的基本机制.

1.1　近可积辛映射不变环面的存在性

本节研究含有参数的近可积辛映射的不变环面问题[CL2]. 我们希望通过这个

工作, 探讨支持 KAM 定理的通常非退化条件的削弱问题.

1.1.1　引言和主要结果

众所周知, 在 KAM 理论中一个重要的条件是要求可积函数满足通常的非退化性, 即, 可积 Hamilton 函数的 Hessian 矩阵是满秩的. 削弱这一条件是 KAM 理论研究的一个重要内容. 这方面的研究工作可见 [Po3, Po5, Ru2, CS1, CS2, Xi1, XYQ]. 本节的研究同样适用于保体积映射.

考虑辛映射

$$(\hat{y}, \hat{x}) = F(y, x), \quad \begin{cases} \hat{y} = y \quad\quad + g(y, x, \omega_0), \\ \hat{x} = x + \omega_0 + f(y, x, \omega_0), \end{cases} \tag{1.1}$$

其中 $(y, x) \in G \times \mathbb{T}^n$, $\mathbb{T}^n = \mathbb{R}^n / \mathbb{Z}^n$ 是通常的 n 维环面, $G \subset \mathbb{R}^n$ 是有界开集; $\omega_0 \in \Theta$ 是参数, $\Theta \subset \mathbb{R}^n$ 是有界的连通闭域.

根据下面的引理 1.7, (1.1) 有下列等价的形式

$$(\hat{y}, \hat{x}) = F(y, x), \quad \begin{cases} \hat{y} = y \quad\quad - \dfrac{\partial h}{\partial x}(\hat{y}, x, \omega_0), \\ \hat{x} = x + \omega_0 + \dfrac{\partial h}{\partial \hat{y}}(\hat{y}, x, \omega_0), \end{cases} \tag{1.2}$$

其中 h 是一个给定函数. 下面我们将考虑 (1.2).

令

$$G' = \left\{ y : \operatorname{Re} y \in G, \, |\operatorname{Im} y| < \rho \right\},$$
$$\Sigma_\rho = \left\{ x : \operatorname{Re} x \in \mathbb{T}^n, \, |\operatorname{Im} x| < \rho \right\},$$

其中 $\rho > 0$ 是一个常数.

对于一个给定函数 $l : D \to \mathbb{R}^n$, 定义 $\|l\| = \max \sup |l_i(x)|$; 对于矩阵函数 $A(x)$, 定义 $\|A\| = \sup\limits_{|x| \neq 0} \|Ax\| / \|x\|$. 对于向量 x, 为了方便, 简记 $|x| = \|x\|$.

定理 1.1　假设 h 是 $G' \times \Sigma_\rho \times \Theta$ 上的实解析函数, $h(y, x+1, \omega_0) = h(y, x, \omega_0)$. 则存在 $\varepsilon_0 > 0$ 使得, 对于给定 $y_0 \in G$, 存在 $\Theta_* \subset \Theta$ 和微分同胚 U_∞, 当 $\|h\| \leqslant \varepsilon_0$ 时, 下列结论成立:

(i) Θ_* 满足估计

$$\operatorname{meas}(\Theta \setminus \Theta_*) = O(\varepsilon_0^{1/18(n+\tau+2)}), \tag{1.3}$$

其中 $\tau > 2n - 1$ 是一个整数;

(ii) 微分同胚 U_∞, 在以 ω_0 为频率的不变环面 $\{y_0\} \times \mathbb{T}^n$,

$$\begin{cases} \hat{y} = y_0, \\ \hat{x} = x + \omega_0 \end{cases} \tag{1.4}$$

上, 将映射 (1.2) 化为 $F_\infty = U_\infty^{-1} \circ F \circ U_\infty$,

$$\begin{cases} \hat{Y} = y_0, \\ \hat{X} = x + \omega_\infty(\omega_0), \end{cases} \tag{1.5}$$

其中 $\omega_\infty(\omega_0)$ 是 Θ_* 上的实解析函数, 并且满足估计

$$\| \omega_\infty(\omega_0) - \omega_0 \| \leqslant 2\varepsilon_0^{4/9}. \tag{1.6}$$

注记 1.1 (a)在定理 1.1 中, ε_0 与 y_0 无关; 集合 Θ_* 与 y_0 有关, 但其测度估计 (1.3) 是一致成立的.

(b) 更一般地, Θ 可以是 n 维流形.

(c) 记 $Y_1 = y$, $Y_2 = \omega_0$, 并且把变量 ω_0 视为作用变量. 则映射 (1.2) 可以写为

$$\begin{cases} \hat{Y}_1 = Y_1 & -\dfrac{\partial h}{\partial x}(\hat{Y}_1, \hat{Y}_2, x), \\ \hat{Y}_2 = Y_2, \\ \hat{x} = x + \hat{Y}_2 + \dfrac{\partial h}{\partial \hat{Y}_1}(\hat{Y}_1, \hat{Y}_2, x). \end{cases} \tag{1.7}$$

这是一个作用变量的维数多于角变量维数的映射. 根据定理 1.1, 给定 $Y_1 \in G$, 存在不变环面的集合 $\Theta_*(Y_1) \subset \Theta$. 令 $D_* = \bigcap_{Y_1 \in G} \Theta_*(Y_1) \times \mathbb{T}^n$. 则 D_* 是 n 维不变环面集合. 利用 Fubini 定理,

$$\mathrm{meas} D_* = O(\varepsilon_0^{1/18(n+\tau+2)}). \tag{1.8}$$

(d) 给定 $\omega_{0*} \in \Theta$. 令 $G_{\omega_{0*}}$ 表示 G 的子集, 满足对于每个 $y_1 \in G_{\omega_{0*}}$, 有 $\omega_{0*} \in \Theta_*(y_1)$. 则 $G_{\omega_{0*}} \times \mathbb{T}^n$ 是下列退化映射的不变环面的集合:

$$\begin{cases} \hat{y} = y & -\dfrac{\partial h}{\partial x}(\hat{y}, x, \omega_{0*}), \\ \hat{x} = x + \omega_{0*} + \dfrac{\partial h}{\partial \hat{y}}(\hat{y}, x, \omega_{0*}). \end{cases} \tag{1.9}$$

可以证明, 对于多数的 $\omega_{0*} \in \Theta$,

$$\mathrm{meas}(G \setminus G_{\omega_{0*}}) = O(\varepsilon_0^{1/18(n+\tau+2)}). \tag{1.10}$$

(e) 考虑辛映射

$$(\hat{y}, \hat{x}) = F(y, x), \quad \begin{cases} \hat{y} = y \qquad\qquad + g(y, x, \omega_0), \\ \hat{x} = x + \eta(y, \omega_0) + f(y, x, \omega_0), \end{cases} \tag{1.11}$$

其中 $\eta(y, \omega_0), f(y, x, \omega_0), g(y, x, \omega_0)$ 是 $G' \times \Sigma_\rho \times \Theta$ 上的实解析函数, 并且在 $G \times \mathbb{T}^n \times \Theta$ 上取实值. 由定理 1.1, 可以得到下面的定理.

定理 1.2　假设 $(y, \omega_0) \in G \times \Theta$, $\eta(y, \omega_0)$ 的值域构成一个 n 维流形. 则对于映射 (1.11), 当扰动 $f(y, x, \omega_0)$ 和 $g(y, x, \omega_0)$ 充分小时, 可积映射

$$\begin{cases} \hat{y} = y, \\ \hat{x} = x + \eta(y, \omega_0) \end{cases}$$

的不变环面的多数在扰动下存在.

证明　给定 $y_0 \in G$, 改写映射 (1.11) 的形式为

$$(\hat{y}, \hat{x}) = F'(y, x), \quad \begin{cases} \hat{y} = y \qquad + \tilde{g}(y, x, y_0, \omega_0), \\ \hat{x} = x + w + \tilde{f}(y, x, y_0, \omega_0), \end{cases} \tag{1.12}$$

其中

$$w = \eta(y_0, \omega_0),$$
$$\tilde{g}(y, x, y_0, \omega_0) = g(y + y_0, x, \omega_0),$$
$$\tilde{f}(y, x, y_0, \omega_0) = \eta(y + y_0, \omega_0) - \eta(y_0, \omega_0) + f(y + y_0, x, \omega_0).$$

显然, F' 是辛映射. 类似于定理 1.1 的证明, 存在非空的 Cantor 集 $\Omega \subset \mathrm{rang}\,\eta$, 使得每一个 $w \in \Omega$, F' 具有一个对应的不变环面. 证毕.

1.1.2　定理 1.1 证明的主要思路

不失一般性, 假设 $y_0 = 0 \in G \subset \mathbb{R}^n$. 从现在开始, $\|\cdot\|$ 的取值是关于变量 y, x 和 ω_0 在适当域上定义的. 由于变量 ω_0 是作为参数出现的, Θ 是 $\mathbb{R}^n$ 的有界闭子集, 在不引起混淆的前提下, 在函数取模的时候, 一般不指出参数及其所在的子集.

选择 ε_0 满足

$$0 < \varepsilon_0 < \min\left\{ \left(\frac{1}{90}\right)^{81}, \left(\frac{1}{25n}\right)^9, \left(\frac{1}{2}\right)^{162(n+\tau+2)}, \left(\frac{1}{2}\varepsilon_{00}\right)^{9/4}, \frac{1}{c_0^9}\left(\frac{1}{32}\rho\right)^{9(n+\tau+2)} \right\},$$

其中 c_0, ε_{00} 分别在引理 1.1 和引理 1.11 中给出; $\tau > 2n - 1$ 是一个整数; ρ 是前面给定的正数.

构造迭代数列,

$$\varepsilon_{i+1} = \varepsilon_i^{10/9},$$

$$\delta_i = c_0^{1/(n+\tau+2)} \varepsilon_i^{1/9(n+\tau+2)},$$

$$s_i = 9\varepsilon_i^{5/9},$$

$$\rho_{i+1} = \rho_i - 8\delta_i, \quad \rho_0 = \rho,$$

$$N_i = \left[\frac{1}{3\delta_i} \left(n \ln \frac{2n}{e} + (n+1) \ln \frac{1}{\delta_i} + \ln 5 + \frac{1}{9} \ln \frac{1}{\varepsilon_i} \right) \right] + 1,$$

$$i = 0, 1, 2, \cdots,$$

其中 $[\cdot]$ 表示实数的整数部分.

令

$$D_i = \left\{ y : y \in G', \ |y| < s_i \right\},$$

$$\Sigma_i = \left\{ x : \operatorname{Re} x \in \mathbb{T}^n, |\operatorname{Im} x| < \rho_i \right\}.$$

假设在 $D_i \times \Sigma_i$ 上,F_i 有下列形式

$$(\hat{y}_i, \hat{x}_i) = F_i(y_i, x_i), \quad \begin{cases} \hat{y} = y_i & - \dfrac{\partial h_i}{\partial x_i}(\hat{y}_i, x_i, \omega_i), \\ \hat{x}_i = x_i + \omega_i + \dfrac{\partial h_i}{\partial \hat{y}_i}(\hat{y}_i, x_i, \omega_i), \end{cases} \tag{1.13}_i$$

其中 h_i 和 ω_i 满足下列条件:

$(1)_i$ 在 $D_i \times \Sigma_i$ 上,

$$\| h_i \| < \varepsilon_i; \tag{1.14}_i$$

$(2)_i$ 在 $D_i \times \Sigma_i$ 上,

$$\omega_i = \omega_0 + \frac{\partial}{\partial y} \sum_{j=0}^{i-1} \left[h_j \right]_1 (y), \quad h_0 = h, \tag{1.15}_i$$

$$\| \omega_i \| < M_0 - 1,$$

其中 $[h_i](y) = \int_0^1 h_i(y, x) \mathrm{d}x$,$[h_j]_1(y)$ 表示 $[h_j](y)$ 在 $y = 0$ 附近展开的前两项之和;M_0 是在引理 1.9 中给定的常数.

改写 $h_i(y_i, x_i)$ 成下列形式:

$$h_i(y_i, x_i) = [h_i]_1(y_i) + T[h_i](y_i) + T_{N_i} h_i(y_i, x_i) + R_{N_i} h_i(y_i, x_i), \tag{1.16}_i$$

其中

$$[h_i](y) = \int_0^1 h_i(y, x) \mathrm{d}x,$$

$$[h_i]_1(y) = [h_i](0) + \frac{\partial [h_i]}{\partial y}(0)y,$$

$$T[h_i](y) = [h_i](y) - [h_i]_1(y),$$

$$T_{N_i} h_i(y, x) = \sum_{k \in \mathbb{Z}^n, 0 < |k| \leqslant N_i} h_{ik}(y) e^{2\pi \sqrt{-1} \langle k, x \rangle},$$

$$R_{N_i} h_i(y, x) = h_i(y, x) - T_{N_i} h_i(y, x).$$

令

$$\omega_{i+1} = \omega_i + \frac{\partial [h_i]_1}{\partial y}(y).$$

引进坐标变换 Φ_{i+1},

$$(y_i, x_i) = \Phi_{i+1}(y_{i+1}, x_{i+1}), \quad \begin{cases} y_i = y_{i+1} + \dfrac{\partial \phi_{i+1}}{\partial x_i}(y_{i+1}, x_i), \\[2mm] x_i = x_{i+1} - \dfrac{\partial \phi_{i+1}}{\partial y_{i+1}}(y_{i+1}, x_i), \end{cases} \tag{1.17}_i$$

其中 ϕ_{i+1} 满足

$$\phi_{i+1}(y, x + \omega_{i+1}) - \phi_{i+1}(y, x) + T_{N_i} h_i(y, x) = 0. \tag{1.18}_i$$

定义

$$\Theta_i = \left\{ \omega_0 : \omega_0 \in \Theta, |\langle k, \omega_{i+1} \rangle + k_0| \geqslant \delta_i |k|^{-\tau}, 0 \neq k \in \mathbb{Z}^n, k_0 \in \mathbb{Z}, |k_0| \leqslant M_0 |k| \right\}.$$

因此, 如果 $\omega_0 \in \Theta_i$, 则根据引理 1.1, $(1.18)_i$ 有唯一均值为零的实解析解. 这样, Φ_{i+1} 化 F_i 成

$$F_{i+1} = \Phi_{i+1}^{-1} \circ F_i \circ \Phi_{i+1},$$

并且保证, 在第 $i+1$ 步, $(1.13)_i$ —$(1.15)_i$ 成立. 定义

$$U_i = \Phi_1 \circ \Phi_2 \circ \cdots \circ \Phi_i,$$

则 $U_i^{-1} \circ F \circ U_i = F_i$. 令 $\Theta_* = \bigcap_{i=1}^{\infty} \Theta_i$. 如果 Θ_* 是非空的, 并且, 在 Θ_* 上, $\lim\limits_{i \to \infty} U_i$ 存在, 则 KAM 迭代程序可以进行下去. 取极限即可证明定理.

1.1.3　定理 1.1 的证明

1. 归纳迭代

只需要在 $D_i \times \Sigma_i$ 上构造满足 $(1.17)_i$ 和 $(1.18)_i$ 的映射 Φ_i, 使得 $(1.13)_i$ —$(1.15)_i$ 成立. 我们将从第 i 步到第 $i+1$ 步完成一个完整的迭代. 为了书写方便, 直接省去

下标 i, 分别用 $+$ 和 $-$ 表示指标 $i+1$ 和 $i-1$.

假设在 $D \times \Sigma$ 上, 映射 F 有下列形式:

$$(\hat{y}, \hat{x}) = F(y, x), \quad \begin{cases} \hat{y} = y \qquad -\dfrac{\partial h}{\partial x}(\hat{y}, x), \\[2mm] \hat{x} = x + \omega + \dfrac{\partial h}{\partial \hat{y}}(\hat{y}, x), \end{cases} \tag{1.19}$$

满足

(1)

$$\|h\| < \varepsilon_i; \tag{1.20}$$

(2)

$$\omega = \omega_- + \frac{\partial}{\partial y}[h_-]_1(y), \tag{1.21}$$

$$\|\omega\| < M_0 - 1.$$

改写 h 为

$$h(y, x) = [h]_1(y) + \tilde{h}(y, x),$$
$$\tilde{h}(y, x) = T[h](y, x) + T_N h(y, x) + R_N(y, x). \tag{1.22}$$

因此, (1.19) 能写为

$$(\hat{y}, \hat{x}) = F(y, x), \quad \begin{cases} \hat{y} = y \qquad -\dfrac{\partial \tilde{h}}{\partial x}(\hat{y}, x), \\[2mm] \hat{x} = x + \omega_+ + \dfrac{\partial \tilde{h}}{\partial \hat{y}}(\hat{y}, x), \end{cases} \tag{1.23}$$

其中

$$\omega_+ = \omega + \frac{\partial}{\partial y}[h]_1(y).$$

令 ϕ_+ 满足方程

$$\phi_+(y, x + \omega_+) - \phi_+(y, x) + T_N h(y, x) = 0. \tag{1.24}$$

如果 $\omega_0 \in \Theta_i$, 根据引理 1.1, (1.24) 有唯一的实解析解 ϕ_+, 满足 $[\phi_+] = 0$. 利用发生函数 ϕ_+ 构造变量变换 Φ_+,

$$(y, x) = \Phi_+(y_+, x_+), \quad \begin{cases} y = y_+ + \dfrac{\partial \phi_+}{\partial x}(y_+, x), \\[2mm] x = x_+ - \dfrac{\partial \phi_+}{\partial y_+}(y_+, x). \end{cases} \tag{1.25}$$

令 $F_+ = \Phi_+^{-1} \circ F \circ \Phi_+$，则

$$(\hat{y}_+, \hat{x}_+) = F_+(y_+, x_+), \quad \begin{cases} \hat{y} = y_+ \qquad\qquad - \dfrac{\partial h_+}{\partial x_+}(\hat{y}_+, x_+), \\[3mm] \hat{x}_+ = x_+ + \omega_+ + \dfrac{\partial h_+}{\partial \hat{y}_+}(\hat{y}_+, x_+). \end{cases} \tag{1.26}$$

根据引理 1.8, 我们有

$$\begin{aligned} h_+(\hat{y}_+, x_+) &= \tilde{h}(\hat{y}, x) + \phi_+(\hat{y}_+, \hat{x}) - \phi_+(y_+, x) - \left\langle \frac{\partial \phi_+}{\partial \hat{x}}(\hat{y}_+, \hat{x}), \frac{\partial \tilde{h}}{\partial \hat{y}}(\hat{y}, x) \right\rangle \\ &\quad + \left\langle \frac{\partial \phi_+}{\partial y_+}(y_+, x), \frac{\partial \phi_+}{\partial \hat{x}}(\hat{y}_+, \hat{x}) - \frac{\partial \phi_+}{\partial x}(y_+, x) + \frac{\partial \tilde{h}}{\partial x}(\hat{y}, x) \right\rangle \\ &= T[h](\hat{y}) + R_N h(\hat{y}, x) + T_N h(\hat{y}, x) + \phi_+(\hat{y}_+, \hat{x}) - \phi_+(y_+, x) \\ &\quad - \left\langle \frac{\partial \phi_+}{\partial \hat{x}}(\hat{y}_+, \hat{x}), \frac{\partial \tilde{h}}{\partial \hat{y}}(\hat{y}, x) \right\rangle \\ &\quad + \left\langle \frac{\partial \phi_+}{\partial y_+}(y_+, x), \frac{\partial \phi_+}{\partial \hat{x}}(\hat{y}_+, \hat{x}) - \frac{\partial \phi_+}{\partial x}(y_+, x) + \frac{\partial \tilde{h}}{\partial x}(\hat{y}, x) \right\rangle \\ &= T[h](\hat{y}) + R_N h(\hat{y}, x) + I_1 + I_2 + I_3, \end{aligned} \tag{1.27}$$

$$\omega_+ = \omega + \frac{\partial}{\partial y}[h]_1(y). \tag{1.28}$$

我们也有

$$(\hat{y}, \hat{x}) = \Phi_+(\hat{y}_+, \hat{x}_+), \quad \begin{cases} \hat{y} = \hat{y}_+ + \dfrac{\partial \phi_+}{\partial x}(\hat{y}_+, \hat{x}), \\[3mm] \hat{x} = \hat{x}_+ - \dfrac{\partial \phi_+}{\partial \hat{y}_+}(\hat{y}_+, \hat{x}). \end{cases} \tag{1.29}$$

根据引理 1.5, 映射 F 是 $(D - 5\varepsilon^{5/9}) \times (\Sigma - 5\delta)$ 上的微分同胚. 再根据引理 1.6, Φ_+ 是 $(D - 5\varepsilon^{5/9}) \times (\Sigma - 5\delta)$ 上微分同胚.

令 $(y_+, x_+) \in D_+ \times \Sigma_+$. 则

$$s_+ = 9\varepsilon_+^{5/9} = 9\varepsilon^{50/81} < \varepsilon^{5/9} \quad \left(由于 \varepsilon_0 < \left(\frac{1}{90} \right)^{81} < \left(\frac{1}{8} \right)^{9/10} \right), \tag{1.30}$$

$$\rho_+ = \rho - 8\delta < \rho - 5\delta. \tag{1.31}$$

因此,

$$D_+ \times \Sigma_+ \subset (D - 5\varepsilon^{5/9}) \times (\Sigma - 5\delta),$$

进而得到, Φ_+ 是 $D_+ \times \Sigma_+$ 上的微分同胚. 从 (1.7),

$$|\operatorname{Im} x| \leqslant |\operatorname{Im} x_+| + \left\| \frac{\partial \phi_+}{\partial y_+} \right\| \quad (\text{根据引理} 1.9)$$

$$\leqslant \rho_+ + \varepsilon^{8/9} \quad (\text{根据引理} 1.1)$$

$$\leqslant \rho - 7\delta \quad (\text{根据} \ \varepsilon_0 < 1 < c_0^{1/(8n+8\tau+15)}), \qquad (1.32)$$

$$|y| \leqslant |y_+| + \left\| \frac{\partial \phi_+}{\partial x} \right\|$$

$$\leqslant s_+ + \varepsilon^{8/9} \quad (\text{根据引理} 1.1)$$

$$\leqslant 2\varepsilon^{5/9} \quad (\text{根据迭代数列的构造}). \qquad (1.33)$$

根据 (1.19)，我们有

$$|\operatorname{Im} \hat{x}| \leqslant |\operatorname{Im} x| + \left\| \frac{\partial h}{\partial y} \right\|$$

$$\leqslant \rho - 7\delta + \frac{\varepsilon}{\varepsilon^{5/9}} \quad (\text{根据} (1.14) \ \text{和 Cauchy公式})$$

$$\leqslant \rho - 6\delta \quad (\text{根据} \ \varepsilon_0 < 1 < c_0^{1/(4n+4\tau+7)}), \qquad (1.34)$$

$$|\hat{y}| \leqslant |y| + \left\| \frac{\partial h}{\partial x} \right\|$$

$$\leqslant 2\varepsilon^{5/9} + \frac{\varepsilon}{\delta} \quad (\text{根据} (1.15) \ \text{和 Cauchy公式})$$

$$\leqslant 3\varepsilon^{5/9} . \qquad (1.35)$$

由(1.29)，得到

$$|\operatorname{Im} \hat{x}_+| \leqslant |\operatorname{Im} \hat{x}| + \left\| \frac{\partial \phi_+}{\partial y_+} \right\| \quad (\text{根据引理} 1.9)$$

$$\leqslant \rho - 6\delta + \frac{\varepsilon^{8/9}}{\varepsilon^{5/9}} \quad (\text{根据} (1.16) \ \text{和 Cauchy公式})$$

$$\leqslant \rho - 5\delta \quad (\text{根据} \ \varepsilon_0 < 1 < c_0^{1/(8n+8\tau+15)}), \qquad (1.36)$$

$$|\hat{y}_+| \leqslant |\hat{y}| + \left\| \frac{\partial \phi_+}{\partial x_+} \right\|$$

$$\leqslant 3\varepsilon^{5/9} + \varepsilon^{8/9} \quad (\text{根据} (1.17) \ \text{和引理} 1.1)$$

$$\leqslant 4\varepsilon^{5/9} . \qquad (1.37)$$

由(1.32)—(1.37)，我们获得，如果 $(y_+, x_+) \in D_+ \times \Sigma_+$，则

$$(y, x), (\hat{y}, \hat{x}), (\hat{y}_+, \hat{x}_+) \in (D - 5\varepsilon^{5/9}) \times (\Sigma - 5\delta).$$

利用引理 1.9，

$$\| \omega_+ \| \leqslant M_0 - 1.$$

令 $(y_+, x_+) \in D_+ \times \Sigma_+$. 下面估计 h_+. 类似于(1.32)—(1.37)的证明, 得到

$$|\hat{y}| \leqslant |y| + \left\| \frac{\partial h}{\partial x} \right\| \quad \text{(利用 (1.19))}$$

$$\leqslant |y_+| + \left\| \frac{\partial \phi}{\partial x} \right\| + \left\| \frac{\partial h}{\partial x} \right\| \quad \text{(根据 (1.25))}$$

$$\leqslant s_+ + \varepsilon^{8/9} + \frac{\varepsilon}{\delta} \quad \text{(根据引理 1.1 和 Cauchy 积分公式)}$$

$$\leqslant 3s_+ \quad \left(\text{根据 } \varepsilon_0 \text{ 的选择和 } \varepsilon^{5/9} < 9\varepsilon_+^5, \frac{\varepsilon}{\delta} \leqslant \varepsilon^{8/9} \right). \tag{1.38}$$

由于 $\|h\| < \varepsilon$, 得到 $\|[h]\| \leqslant \varepsilon$. 注意到

$$T[h](\hat{y}) = \sum_{k=2}^{\infty} [h]_k \, \hat{y}^k.$$

因此, 应用 Cauchy 公式和 (1.38) 得到

$$\|T[h]\| \leqslant \sum_{k=2}^{\infty} \frac{\|[h]\|}{s^k} (3s_+)^k$$

$$\leqslant \varepsilon \sum_{k=2}^{\infty} \left(\frac{3\varepsilon^{50/81}}{\varepsilon^{5/9}} \right)^k = \varepsilon \sum_{k=2}^{\infty} \left(3\varepsilon^{5/81} \right)^k$$

$$\leqslant \varepsilon \cdot 18\varepsilon^{10/81}$$

$$\leqslant \frac{1}{5} \varepsilon^{10/9}. \tag{1.39}$$

上式中用到不等式

$$0 < \varepsilon_0 < \left(\frac{1}{90} \right)^{81} < \left(\frac{1}{6} \right)^{81/5}.$$

根据引理 1.2 和 N 的定义,

$$\| R_N h \| < \left(\frac{2n}{e} \right)^n \frac{\|h\|}{\delta^{n+1}} e^{-3N\delta} < \frac{1}{5} \varepsilon^{10/9}. \tag{1.40}$$

不等式 $\|h\| < \varepsilon$ 和 Cauchy 公式蕴含估计

$$\left\| \frac{\partial h}{\partial y} \right\| < \frac{\varepsilon}{\varepsilon^{5/9}} = \varepsilon^{4/9},$$

$$\left\| \frac{\partial}{\partial y} [h]_1 \right\| < \varepsilon^{4/9},$$

$$\left\| \frac{\partial \tilde{h}}{\partial y} \right\| < 2\varepsilon^{4/9}.$$

这样，

$$\|I_1\| = \| T_N h(x,\hat{y}) + \phi_+(\hat{x},\hat{y}_+) - \phi_+(x,y_+) \|$$

$$\leqslant \| \phi_+(\hat{x},\hat{y}_+) - \phi_+(\hat{x},\hat{y}) \| + \| \phi_+(\hat{x},\hat{y}) - \phi_+(x+\omega_+,\hat{y}) \|$$

$$+ \| \phi_+(x,\hat{y}) - \phi_+(x,y_+) \| \quad (\text{根据 }(1.24))$$

$$\leqslant n \left\| \frac{\partial \phi_+}{\partial y} \right\| \|\hat{y}_+ - \hat{y}\| + n \left\| \frac{\partial \phi_+}{\partial x} \right\| \|\hat{x} - x - \omega_+\| + n \left\| \frac{\partial \phi_+}{\partial y} \right\| \| \hat{y} - y_+ \|$$

$$\leqslant n \left\| \frac{\partial \phi_+}{\partial y} \right\| \left\| \frac{\partial \phi_+}{\partial \hat{x}} \right\| + n \left\| \frac{\partial \phi_+}{\partial x} \right\| \left\| \frac{\partial \tilde{h}}{\partial y} \right\|$$

$$+ n \left\| \frac{\partial \phi_+}{\partial y} \right\| \left\| \frac{\partial h}{\partial x} \right\| + \left\| \frac{\partial \phi_+}{\partial x} \right\| \quad (\text{根据 }(1.19),\ (1.25) \text{ 和 }(1.29))$$

$$\leqslant n \frac{\varepsilon^{8/9}}{\varepsilon^{5/9}} \varepsilon^{8/9} + n \varepsilon^{8/9} \cdot 2\varepsilon^{4/9}$$

$$+ n \frac{\varepsilon^{8/9}}{\varepsilon^{5/9}} \left(\frac{\varepsilon}{\delta} + \varepsilon^{8/9} \right) \quad (\text{根据引理 1.1 和 Cauchy 公式})$$

$$\leqslant 5n\varepsilon^{11/9}$$

$$\leqslant \frac{1}{5}\varepsilon^{10/9} \quad \left(\text{由于} 0 < \varepsilon_0 < \left(\frac{1}{25n}\right)^9 \right); \tag{1.41}$$

$$\|I_2\| \leqslant n \left\| \frac{\partial \phi_+}{\partial x} \right\| \left\| \frac{\partial \tilde{h}}{\partial y} \right\|$$

$$\leqslant n\varepsilon^{8/9} \cdot 2\varepsilon^{4/9} \quad (\text{根据引理 1.1})$$

$$\leqslant \frac{1}{5}\varepsilon^{10/9} \quad \left(\text{根据} 0 < \varepsilon_0 < \left(\frac{1}{25n}\right)^9 < \left(\frac{1}{10n}\right)^{9/2} \right); \tag{1.42}$$

$$\|I_3\| \leqslant n \left\| \frac{\partial \phi_+}{\partial y} \right\| \left(2 \left\| \frac{\partial \phi_+}{\partial x} \right\| + \left\| \frac{\partial \tilde{h}}{\partial x} \right\| \right)$$

$$\leqslant n \frac{\varepsilon^{8/9}}{\varepsilon^{5/9}} \left(2\varepsilon^{8/9} + \frac{\varepsilon}{\delta} \right) \quad \left(\text{注意} \frac{\partial \tilde{h}}{\partial x} = \frac{\partial h}{\partial x} \right)$$

$$\leqslant n\varepsilon^{8/9} \cdot 2\varepsilon^{4/9}$$

$$\leqslant \frac{1}{5}\varepsilon^{10/9} \quad \left(\text{根据} 0 < \varepsilon_0 < \left(\frac{1}{25n}\right)^9 < \left(\frac{1}{10n}\right)^9 \right). \tag{1.43}$$

由(1.27), (1.39)—(1.43)得到

$$\| h_+ \| \leqslant \| T[h] \| + \|R_N h\| + \| I_1 \| + \| I_2 \| + \| I_3 \| < \varepsilon^{10/9} = \varepsilon_+. \tag{1.44}$$

这样, 我们完成了新扰动项的估计.

2. 测度估计

为了 KAM 迭代能够顺利进行, 我们必须选择

$$\omega_0 \in \bigcap_{i=1}^{\infty} \Theta_i.$$

根据 (1.15) 和 1.1.2 节开始的陈述,

$$\omega_i = \omega_0 + \sum_{j=1}^{i-1} \frac{\partial}{\partial y}[h_j]_1(y, \omega_0),$$

其中 $\dfrac{\partial}{\partial y}[h_j]_1(y, \omega_0)$ 与 y 无关, 并且关于 ω_0 是实解析的. 类似于引理 1.9 的证明, 我们获得

$$\left\| \sum_{j=1}^{i-1} \frac{\partial[h_j]}{\partial y}(y, \omega_0) \right\| \leqslant 2\varepsilon_0^{4/3} \leqslant \varepsilon_{00}.$$

上面的不等式证明中用到了

$$0 < \varepsilon_0 \leqslant \left(\frac{1}{2}\varepsilon_{00}\right)^{9/4}.$$

利用引理 1.1,

$$\mathrm{meas}\big(\Theta \setminus \Theta_i\big) \leqslant c_1 \delta_i^{1/2}.$$

令

$$\Theta_* = \bigcap_{i=0}^{\infty} \Theta_i.$$

则

$$\mathrm{meas}\big(\Theta \setminus \Theta_*\big) \leqslant \sum_{i=1}^{\infty} \mathrm{meas}\big(\Theta \backslash \Theta_i\big)$$

$$\leqslant \sum_{i=1}^{\infty} \delta_i^{1/2}$$

$$\leqslant 2c_1 \delta_0^{1/2},$$

其中用到不等式

$$0 < \varepsilon_0 < \left(\frac{1}{2}\right)^{162(n+\tau+2)}.$$

因此,

$$\text{meas}\left(\Theta \setminus \Theta_*\right) = O(\varepsilon_0^{1/8(n+\tau+2)}).$$

3. 收敛性

注意到

$$0 < \varepsilon_0 < \left(\frac{1}{2}\right)^{162(n+\tau+2)} < \left(\frac{1}{2}\right)^{81(n+\tau+2)}.$$

因此,

$$\frac{\delta_{i+1}}{\delta_i} = \varepsilon^{1/81(n+\tau+2)} < \frac{1}{2}.$$

这样,

$$\sum_{i=1}^{\infty} \delta_i < 2\delta_0.$$

根据

$$0 < \varepsilon_0 < \frac{1}{c_0^9}\left(\frac{1}{32\rho}\right)^{9(n+\tau+2)},$$

我们有

$$\rho_i = \rho - 8\sum_{j=0}^{\infty} \delta_i > \rho - 16\delta_0 > \frac{1}{2}\rho.$$

因此, 当 $i \to \infty$ 时,

$$\rho_i \to \rho_\infty \geqslant \frac{1}{2}\rho,$$
$$D_i \times \Sigma_i \to \{0\} \times \Sigma_\infty,$$

其中

$$\Sigma_\infty = \left\{x : \text{Re}\, x \in \mathbb{T}^n, \ |\,\text{Im}\, x\,| \leqslant \rho_\infty\right\}.$$

根据引理 1.6, $(1.17)_i$ 等价于

$$(y_i, x_i) = \Phi_{i+1}(y_{i+1}, x_{i+1}), \quad \begin{cases} y_i = y_{i+1} + a_{i+1}(y_{i+1}, x_{i+1}), \\ x_i = x_{i+1} + b_{i+1}(y_{i+1}, x_{i+1}). \end{cases} \quad (1.45)_{i+1}$$

由引理 1.1, 在 $D_{i+1} \times \Sigma_{i+1}$ 上,

$$\left\|\Phi_{i+1} - \text{id}\right\| \leqslant \varepsilon_i^{8/9}. \quad (1.46)_{i+1}$$

因此,

$$\max\left\{\|\,b_{i+1}\,\|, \|\,a_{i+1}\,\|\right\} \leqslant \varepsilon_i^{8/9}. \quad (1.47)_{i+1}$$

这样，在 $D_i \times \Sigma_i$ 上，U_i 有下列形式

$$(y,x) = U_i(y_i, x_i), \quad \begin{cases} y = y_i + v_i(y_i, x_i), \\ x = x_i + u_i(y_i, x_i), \end{cases} \tag{1.48}_{i+1}$$

其中

$$v_i(y_i, x_i) = \sum_{j=1}^{i} a_j(y_j, x_j),$$

$$u_i(x_i, y_i) = \sum_{j=1}^{i} b_j(y_j, x_j). \tag{1.49}_{i+1}$$

由于

$$0 < \varepsilon_0 \leqslant \left(\frac{1}{90}\right)^{81} < \left(\frac{1}{2}\right)^9,$$

我们有

$$\sum_{i=0}^{\infty} \varepsilon_i^{8/9} < 2\varepsilon_0^{8/9}.$$

则当 $i \to \infty$ 时，v_i 和 u_i 是一致收敛的，并且在 $\{0\} \times \Sigma_\infty$ 上，$U_\infty = \lim_{i \to \infty} U_i$ 存在，

$$(y,x) = U_\infty(0, X), \quad \begin{cases} y = v_\infty(0, X), \\ x = X + u_\infty(0, X). \end{cases} \tag{1.50}$$

这样，

$$F_\infty = \lim_{i \to \infty} F_i$$

在 $\{0\} \times \Sigma_\infty$ 上一致成立，并且

$$(y,x) = F_\infty(0, X), \quad \begin{cases} y = 0, \\ x = X + \omega_\infty(\omega_0), \end{cases} \tag{1.51}$$

$$\omega_\infty(\omega_0) = \omega_0 + \sum_{j=0}^{\infty} \frac{\partial}{\partial y}[h_j]_1(y, \omega_0). \tag{1.52}$$

因此，

$$U_\infty^{-1} \circ F \circ U_\infty = F_\infty, \tag{1.53}$$

进而在 $\{0\} \times \mathbb{T}^n$ 上，

$$F \circ U_\infty = U_\infty \circ F_\infty, \tag{1.54}$$

这说明不变环面的存在性. 类似于引理 1.9 的证明，我们获得

$$\| \omega_\infty(\omega_0) - \omega_0 \| \leqslant 2\varepsilon_0^{4/9}. \tag{1.55}$$

定理 1.1 证毕.

1.1.4 技术引理

1. 差分方程

令
$$D = \{y : |y| < s, y \in G'\},$$
$$\Sigma = \{x : \operatorname{Re} x \in \mathbb{T}^l, |\operatorname{Im} x| < \rho\},$$
$$\Theta_0 = \{\omega_0 : |\omega_0 \in \Theta, \langle k, \omega(\omega_0)\rangle + k_0| \geqslant \delta |k|^{-\tau}, 0 \neq k \in \mathbb{Z}^n, k_0 \in \mathbb{Z}, |k_0| \leqslant M_0 |k|\},$$

其中 $\tau > 2n-1$ 是整数, M_0 是在引理 1.9 给定的正常数; 其他记号同前面的论证部分.

假设 $h(y, x, \omega_0)$ 是 $D \times \Sigma \times \Theta$ 上的实解析函数. 考虑差分方程

$$\phi(y, x + \omega(\omega_0), \omega_0) - \phi(y, x, \omega_0) + T_N h(y, x, \omega_0) = 0, \tag{1.56}$$

其中

$$T_N h(y, x, \omega_0) = \sum_{0 < |k| \leqslant N} h_k(y, \omega_0) e^{2\pi\sqrt{-1}\langle k, x\rangle}.$$

下面, 在不引起混淆的情况下省去关于参数的记号 ω_0, Θ 等.

引理 1.1 如果 $\omega_0 \in \Theta_0$, 则在 $D \times \Sigma \times \Theta$ 上, 差分方程 (1.56) 有唯一的均值为零的实解析解, 并且

(i) 在 $D \times (\Sigma - \delta), 0 < \delta < \rho$ 上

$$\|\phi\| \leqslant c_0 \frac{\|h\|}{\delta^{n+\tau+2}}, \tag{1.57}$$

$$\left\|\frac{\partial \phi}{\partial x}\right\| \leqslant c_0 \frac{\|h\|}{\delta^{n+\tau+3}}; \tag{1.58}$$

(ii) 在 $(D - \Delta) \times (\Sigma - \delta), 0 < \Delta < s$ 上

$$\left\|\frac{\partial \phi}{\partial y}\right\| \leqslant c_0 \frac{\|h\|}{\delta^{n+\tau+2}\Delta}, \tag{1.59}$$

这里, 常数

$$c_0 = \frac{2^{n-1}(n+\tau+2)!}{(2\pi)^{n+\tau+1}} \sum_{j=1}^{\infty} \frac{1}{j^2} + 1.$$

证明 根据引理 1.2, 我们有

$$\|h_k\| \leqslant \|h\| e^{-2\pi\rho|k|}.$$

令

$$\phi(y,x) = \sum_{0 < |k| \leq N} \phi_k(y) e^{2\pi\sqrt{-1}\langle k,x \rangle}. \tag{1.60}$$

从 (1.56) 得到

$$\phi(y,x) = \sum_{0 < |k| \leq N} \frac{h_k(y)}{e^{2\pi\sqrt{-1}\langle k,\omega(\omega_0)\rangle} - 1} e^{2\pi\sqrt{-1}\langle k,x \rangle}. \tag{1.61}$$

由于 $\omega_0 \in \Theta_0$，得

$$\left| e^{2\pi\sqrt{-1}\langle k,x \rangle} - 1 \right| = 2 \left| \sin \pi \langle k,x \rangle \right|.$$

显然，存在 $k_0 \in \mathbb{Z}, |k_0| \leq M_0 |k|$，使得

$$\pi \left| \langle k,\omega(\omega_0) \rangle + k_0 \right| \leq \frac{\pi}{2}. \tag{1.62}$$

因此，

$$\left| e^{2\pi\sqrt{-1}\langle k,x \rangle} - 1 \right| \geq 2 \left| \langle k,\omega(\omega_0) \rangle + k_0 \right| \geq 2\delta |k|^{-\tau}. \tag{1.63}$$

这表明 $\phi(y,x)$ 是 (1.56) 的在 $D \times \Sigma$ 上的实解析解. 注意到, 在 $D \times (\Sigma - \delta)$ 上,

$$\begin{aligned}
\| \phi \| &\leq \sum_{0 < |k| \leq N} \frac{\| h_k \|}{\left| e^{2\pi\sqrt{-1}\langle k,x \rangle} - 1 \right|} \left| e^{2\pi\sqrt{-1}\langle k,x \rangle} \right| \\
&\leq \frac{\| h \|}{2\delta} \sum_{j=1}^{N} \frac{2^n j^{n+\tau-1}}{e^{2\pi\delta j}} \quad (\text{根据母函数理论}^{[\text{Sh1}]}, \text{也可见}[\text{Ar1}]) \\
&\leq \frac{2^{n-1}}{\delta} \| h \| \frac{(n+\tau+1)!}{(2\pi\delta)^{n+\tau+1}} \sum_{j=1}^{N} \frac{1}{j^2} \\
&\leq c_0 \frac{\| h \|}{\delta^{n+\tau+2}}.
\end{aligned}$$

类似地，

$$\begin{aligned}
\left\| \frac{\partial \phi}{\partial x} \right\| &\leq \sum_{0 < |k| \leq N} \frac{\| 2\pi h_k \| |k|}{\left| e^{2\pi\sqrt{-1}\langle k,x \rangle} - 1 \right|} \left| e^{2\pi\sqrt{-1}\langle k,x \rangle} \right| \\
&\leq \frac{\pi \| h \|}{2\delta} \sum_{j=1}^{N} \frac{2^n j^{n+\tau}}{e^{2\pi\delta j}} \quad (\text{见}[\text{Ar1}]) \\
&\leq c_0 \frac{\| h \|}{\delta^{n+\tau+3}}.
\end{aligned}$$

因此, (i) 成立. 根据 Cauchy 公式, 容易证明 (ii). 引理证毕.

从引理 1.3 及其证明可知, 在 $(G \bigcap D) \times \mathbb{T}^n$ 上, $T_N h$ 是实的, 并且 $\overline{h_k(y)} = h_{-k}(y)$,

这里, 对于 $k = (k_1, \cdots, k_n)$, $-k = (-k_1, \cdots, -k_n)$. 因此, 在 $(G \cap D) \times \mathbb{T}^n$ 上,

$$\overline{\phi(y,x)} = \sum_{0<|k|\leqslant N} \frac{\overline{h_k(y)}}{e^{-2\pi\sqrt{-1}\langle k,\omega(\omega_0)\rangle}-1} e^{-2\pi\sqrt{-1}\langle k,x\rangle}$$

$$= \sum_{0<|-k|\leqslant N} \frac{h_{-k}(y)}{e^{2\pi\sqrt{-1}\langle -k,\omega(\omega_0)\rangle}-1} e^{2\pi\sqrt{-1}\langle -k,x\rangle}$$

$$= \phi(y,x),$$

即, $\phi(y,x)$ 是实解析的.

2. Fourier 系数和函数截断

引理 1.2[Ar1]   令

$$f(x) = \sum_{k\in\mathbb{Z}^n} f_k e^{2\pi\sqrt{-1}\langle k,x\rangle},$$

$$R_N f(x) = \sum_{|k|>N} f_k e^{2\pi\sqrt{-1}\langle k,x\rangle}.$$

则

(i) 当 $|\mathrm{Im}\,x| < \rho$ 时, $\|f_k\| \leqslant \|f\| e^{-|k|\rho}$;

(ii) 当 $|\mathrm{Im}\,x| < \rho - \delta, 0 < \delta < \rho < 1$ 时, $|f(x)| \leqslant \dfrac{4n}{\delta^n} \|f\|$;

(iii) 如果 $\|f_k\| \leqslant \|f\| e^{-|k|\rho}, 2\delta < v, \delta + v < \rho < 1$, 则当 $|\mathrm{Im}\,x| < \rho - \delta - v$ 时,

$$\|R_N f\| \leqslant \left(\frac{2n}{e}\right)^n \frac{\|f\|}{\delta^{n+1}} e^{-Nv}.$$

引理 1.3   假设 $G \subset \mathbb{R}^n$ 是有界连通域, $h(y,x)$ 是 $G' \times \Sigma_\rho$ 上的实解析函数, 并且在 $\overline{G' \times \Sigma_\rho}$ 上连续. 令 $T_N h$ 是 h 的截断函数, 即 $T_N h = h - R_N h$. 则 $T_N h(y,x), [h](y)$ 是实解析的.

证明   记

$$h(y,x) = \sum_{k\in\mathbb{Z}^n} h_k(y) e^{2\pi\sqrt{-1}\langle k,x\rangle}, \tag{1.64}$$

其中

$$h_k(y) = \int_{\partial\Sigma_\rho} h(y,x) e^{-2\pi\sqrt{-1}\langle k,x\rangle} \mathrm{d}x.$$

给定 $y \in G$, 把函数表示为实部与虚部两部分:

$$h(y,x) = h_1(y,x) + \sqrt{-1} h_2(y,x), \tag{1.65}$$

其中 h_1, h_2 是实值函数. 则对于每个 $\rho' \in (0,\rho)$, 有

$$h_k(y) = \int_{\partial \Sigma_{\rho'}} [h_1(y,x) + \sqrt{-1} h_2(y,x)] e^{-2\pi\sqrt{-1}\langle k,x\rangle} \mathrm{d}x. \tag{1.66}$$

由假设, $h_2(y, \mathrm{Re}\, x) = 0$. 根据连续性, 对于给定 $\varepsilon > 0$, 存在 $\rho_1 \in (0, \rho)$ 使得, 对于任意 $\rho' \in (0, \rho_1)$,

$$\left| h_k(y) - \int_{\partial \Sigma_{\rho'}} h_1(y,x) e^{-2\pi\sqrt{-1}\langle k,x\rangle} \mathrm{d}x \right| < \varepsilon. \tag{1.67}$$

因此,

$$h_k(y) = \int_{\mathbb{T}^n} h_1(y,x) e^{-2\pi\sqrt{-1}\langle k,x\rangle} \mathrm{d}x,$$
$$\overline{h_k(y)} = \int_{\mathbb{T}^n} h_1(y,x) e^{2\pi\sqrt{-1}\langle k,x\rangle} \mathrm{d}x = h_{-k}(y). \tag{1.68}$$

所以, 在 $G \times \mathbb{T}^n$ 上,

$$\overline{T_N h(y,x)} = \sum_{0 < |k| \leqslant N} h_{-k}(y) e^{2\pi\sqrt{-1}\langle -k,x\rangle} = T_N h(y,x).$$

均值函数 $[h](y)$ 显然是实解析的. 引理 1.3 证毕.

3. 微分同胚

引理 1.4[Ar1]　令 $E \subset \mathbb{R}^n$ (或 $\mathbb{C}^n$) 是闭域, $A: E \to \mathbb{R}^n$ (或 $\mathbb{C}^n$) 是连续可微的映射, $\| Ax - x \| < \varepsilon$. 如果

$$|\mathrm{d}x| \neq 0 \Rightarrow \| \mathrm{d}A \| \neq 0,$$

则 A 是 $E - 4\varepsilon$ 上的微分同胚.

引理 1.5　令 D, Σ 是前面论述中引进的集合符号, ε 和 δ 满足

$$0 < \varepsilon, \delta < 1, \quad \varepsilon^{2/9} < \delta, \quad 5\varepsilon^{5/9} < s, \quad 5\delta < \rho.$$

假设 f 是 $D \times \Sigma$ 上的实解析函数, 满足估计 $\| f \| < \varepsilon$. 则映射 F,

$$(\hat{y}, \hat{x}) = F(y,x), \quad \begin{cases} \hat{y} = y \quad\ - \dfrac{\partial f}{\partial x}(\hat{y}, x), \\[2mm] \hat{x} = x + \omega + \dfrac{\partial f}{\partial \hat{y}}(\hat{y}, x) \end{cases}$$

是 $(D - 5\varepsilon^{5/9}) \times (\Sigma - 5\delta)$ 上的微分同胚, 这里 ω 是一个实向量.

证明　给定 $\hat{y} \in D - \varepsilon^{5/9}$, 定义映射

$$F_{\hat{y}} : x \to x + \omega + \frac{\partial f}{\partial \hat{y}}(\hat{y}, x).$$

根据 Cauchy 公式,

$$\left\| \frac{\partial f}{\partial \hat{y}} \right\| < \varepsilon^{4/9} < \delta^2 < \delta.$$

于是, 在 $\Sigma - \delta$ 上,

$$\left\| \frac{\partial^2 f}{\partial x \partial \hat{y}} \right\| < \frac{\varepsilon^{4/9}}{\delta} < \delta,$$

$$\left\| dF_{\hat{y}} \right\| = \left\| \mathrm{Id} + \frac{\partial^2 f}{\partial x \partial \hat{y}} \right\| \neq 0.$$

从引理 1.4, 对于每一个 $\hat{y} \in D - \varepsilon^{4/9}$, $F_{\hat{y}}$ 是 $\Sigma - 5\delta$ 上的微分同胚, $x = F_{\hat{y}}^{-1}(\hat{x})$. 这样,

$$F^{-1} : (\hat{y}, \hat{x}) \rightarrow (y, x) = \left(\hat{y} + \frac{\partial f}{\partial x}, F_{\hat{y}}^{-1}(\hat{x}) \right).$$

注意到

$$\left\| \frac{\partial f}{\partial x} \right\| < \frac{\varepsilon}{\delta} < \varepsilon^{7/9} < \varepsilon^{5/9}.$$

根据引理 1.4, F 是 $(D - 5\varepsilon^{5/9}) \times (\Sigma - 5\delta)$ 上的微分同胚. 引理 1.5 证毕.

引理 1.6 令 D, Σ 是前面论述中引进的集合符号, ε 和 δ 满足

$$0 < \varepsilon, \delta < 1, \quad \varepsilon^{3/9} < \delta, \quad 5\varepsilon^{5/9} < s, \quad 5\delta < \rho.$$

假设 ϕ_+ 是 $D \times \Sigma$ 上的实解析函数. 如果 $(y_+, x) \in D \times \Sigma$, $\| \phi_+ \| \leqslant \varepsilon^{8/9} \cdot \delta < \varepsilon^{8/9}$, 则映射

$$(y, x) = \Phi_+(y_+, x_+), \quad \begin{cases} y_+ = y - \dfrac{\partial \phi_+}{\partial x}(y_+, x), \\ x_+ = x + \dfrac{\partial \phi_+}{\partial y_+}(y_+, x) \end{cases}$$

是 $(D - 5\varepsilon^{5/9}) \times (\Sigma - 5\delta)$ 上的微分同胚.

证明类似于引理 1.5.

4. 等价引理和复合

引理 1.7[AA] 令 $G \subset \mathbb{R}^n$ 是有界连通域, 定义于 $G \times \mathbb{T}^n$ 上的映射 F 有下列形式:

$$(\hat{y}, \hat{x}) = F(y, x), \quad \begin{cases} \hat{y} = y & - g(y, x), \\ \hat{x} = x + \omega + f(y, x), \end{cases}$$

其中 $g, f: G \times \mathbb{T}^n \to \mathbb{R}^n$ 是模充分小的函数. 则 F 是辛映射的允要条件是存在定义域为 $G \times \mathbb{T}^n$ 的函数 h, 使得

$$(\hat{y}, \hat{x}) = F(y, x), \quad \begin{cases} \hat{y} = y \quad\;\; - \dfrac{\partial h}{\partial x}(\hat{y}, x), \\[2mm] \hat{x} = x + \omega + \dfrac{\partial h}{\partial \hat{y}}(\hat{y}, x). \end{cases}$$

引理 1.8[Sh2]　令辛映射 $S, T: G \times \mathbb{T}^n \to \mathbb{R}^n \times \mathbb{T}^n$ 分别是由函数 $s, t: G \times \mathbb{T}^n \to \mathbb{R}^1$ 产生的, 其表示如下:

$$(\hat{y}_+, \hat{x}_+) = S(\hat{y}, \hat{x}), \quad \begin{cases} \hat{y}_+ = \hat{y} - \dfrac{\partial s}{\partial \hat{x}}(\hat{y}_+, \hat{x}), \\[2mm] \hat{x}_+ = \hat{x} + \dfrac{\partial s}{\partial \hat{y}_+}(\hat{y}_+, \hat{x}) \end{cases} \tag{1.69}$$

和

$$(\hat{y}, \hat{x}) = T(y, x), \quad \begin{cases} \hat{x} = x - \dfrac{\partial t}{\partial y}(y, \hat{x}), \\[2mm] \hat{y} = y + \dfrac{\partial t}{\partial \hat{x}}(y, \hat{x}). \end{cases} \tag{1.70}$$

则复合映射 $\tilde{S} = T^{-1} \circ S \circ T$ 在其定义域上能被下列表达式确定:

$$(\tilde{y}, \tilde{x}) = \tilde{S}(y, x), \quad \begin{cases} \hat{y} = y - \dfrac{\partial \tilde{s}}{\partial x}(\tilde{y}, x), \\[2mm] \hat{x} = x + \dfrac{\partial \tilde{s}}{\partial \tilde{y}}(\tilde{y}, x), \end{cases}$$

其中

$$\tilde{s}(\tilde{y}, x) = s(\hat{y}_+, \hat{x}) + t(\tilde{y}, \hat{x}_+) - t(y, \hat{x}) - \left\langle \frac{\partial t}{\partial \hat{x}_+}(\tilde{y}, \hat{x}_+), \frac{\partial s}{\partial \hat{y}_+}(\hat{y}_+, \hat{x}) \right\rangle$$

$$+ \left\langle \frac{\partial t}{\partial y}(y, \hat{x}), \frac{\partial t}{\partial \hat{x}_+}(\tilde{y}, \hat{x}_+) - \frac{\partial t}{\partial \hat{x}}(y, \hat{x}) + \frac{\partial s}{\partial \hat{x}}(\hat{y}_+, \hat{x}) \right\rangle,$$

这里 $\hat{y}_+, \hat{x}_+, y, \hat{x}$ 作为变量 $(x, \tilde{y})$ 的函数, 由表达式 (1.69) 和 (1.70) 和映射

$$(\hat{y}_+, \hat{x}_+) = T(\tilde{y}, \tilde{x}), \quad \begin{cases} \hat{y}_+ = \tilde{y} + \dfrac{\partial t}{\partial \hat{x}_+}(\tilde{y}, \hat{x}_+), \\[2mm] \hat{x}_+ = \tilde{x} - \dfrac{\partial t}{\partial \tilde{y}}(\tilde{y}, \hat{x}_+). \end{cases}$$

确定.

5. 扭转频率

引理 1.9 令 $h_i(y_i, x_i)$ 和 $D_i \times \Sigma_i$ 是前面论述中引进的符号, 并且在 $D_i \times \Sigma_i$ 上, $\| h_i \| \leqslant \varepsilon_i$. 令

$$\omega_p = \omega_0 + \sum_{i=0}^{p-1} \frac{\partial}{\partial y_i} [h_i]_1 (y_i, \omega_0),$$

则 ω_p 是实的, 并且存在常数 M_0 使得

$$\| \omega_p \|_{D_p \times \Theta_p} \leqslant M_0 - 1.$$

证明 显然, $\| [h_i] \| \leqslant \varepsilon_i$. 根据 Cauchy 公式

$$\left\| \frac{\partial [h_i]}{\partial y} \right\| \leqslant \frac{\varepsilon_i}{s_i} \leqslant \varepsilon_i^{4/9}.$$

因此,

$$\left\| \frac{\partial [h_i]_1}{\partial y} \right\| = \left\| \frac{\partial}{\partial y} [h_i](0) \right\| \leqslant \varepsilon_i^{4/9}.$$

这样,

$$\| \omega_p \| \leqslant | \omega_0 | + \sum_{i=0}^{p-1} \varepsilon_i^{4/9}.$$

由于

$$0 < \varepsilon_0 \leqslant \left(\frac{1}{2} \right)^{81/4},$$

我们获得

$$\frac{\varepsilon_{i+1}^{4/9}}{\varepsilon_i^{4/9}} \leqslant \varepsilon_i^{4/81} \leqslant \frac{1}{2}.$$

上式和 Θ 的有界性蕴含存在常数 $K > 0$ 使得

$$\| \omega_p \| \leqslant K + 2\varepsilon_0^{4/9} < K + 2 \doteq M_0 - 1.$$

根据引理 1.3 和函数 h_i 的实解析性可得到 ω_p 是实解析的.

6. 测度估计引理

引理 1.10[XYQ] 令 $\omega(y), \bar{\omega}(y) : \bar{\Omega} \to \mathbb{R}^n$ 是 $n - \tau + 1$ 次连续可微函数, 其中 $0 \leqslant \tau \leqslant n, \Omega \subset \mathbb{R}^n$ 是有界连通域, $\bar{\Omega}$ 表示 Ω 的闭包. 如果在 $\bar{\Omega}$ 上,

$$\mathrm{rank}\left(\frac{\partial \omega}{\partial y}\right) = r,$$

$$\mathrm{rank}\left\{\omega, \frac{\partial^{\alpha} \omega}{\partial y^{\alpha}} : |\alpha| \leqslant n-1\right\} = n,$$

其中 $\alpha = (\alpha_1, \cdots, \alpha_n), \alpha_i \in \mathbb{Z}_+, i = 1, \cdots, n; |\alpha| = \alpha_1 + \cdots + \alpha_n;$

$$\frac{\partial^{\alpha} \omega}{\partial y^{\alpha}} = \left(\frac{\partial^{\alpha} \omega_1}{\partial y^{\alpha}}, \cdots, \frac{\partial^{\alpha} \omega_n}{\partial y^{\alpha}}\right),$$

$$\frac{\partial^{\alpha} \omega_i}{\partial y^{\alpha}} = \frac{\partial^{|\alpha|} \omega_i}{\partial y_1^{\alpha_1} \cdots \partial y_n^{\alpha_n}},$$

则存在 $\varepsilon_0 > 0$, 使得当 $\|\bar{\omega}\|_{C^{n-1}(\bar{\Omega})} \leqslant \varepsilon_0$, 并且 $\delta > 0$ 充分小时, 集合

$$\Omega_{\delta} = \left\{y \in \Omega : \left|\langle k, \omega(y) + \bar{\omega}(y)\rangle\right| \geqslant \delta |k|^{-\tau}, 0 \neq k \in \mathbb{Z}^n\right\}$$

是非空的 Cantor 集合, 且

$$\mathrm{meas}(\Omega \setminus \Omega_{\delta}) \leqslant c\delta^{1/(n-r+1)},$$

其中 $\tau > n(n-r+1) - 1, c$ 是一个与 α 和 $\bar{\omega}$ 无关的常数.

引理 1.11　令 $\Theta \subset \mathbb{R}^n$ 是有界连通的闭域, $\bar{\omega}(\omega_0) : \Theta \to \mathbb{R}^n$ 是实解析函数, 则存在 $\varepsilon_{00} > 0$ 使得当 $\|\bar{\omega}\| \leqslant \varepsilon_{00}$, 并且 $\delta > 0$ 充分小时, 集合

$$\Theta_{\delta} = \left\{\omega_0 \in \Theta : \left|\langle k, \omega_0 + \bar{\omega}(\omega_0)\rangle + k_0\right| \geqslant \delta |k|^{-\tau}, 0 \neq k \in \mathbb{Z}^n, |k_0| \leqslant M_0 |k|\right\}$$

是非空的 Cantor 集合, 且

$$\mathrm{meas}(\Theta \setminus \Theta_{\delta}) \leqslant c_1 \delta^{1/2},$$

其中 $\tau > n(n-1) - 1, c$ 是一个与 α 和 $\bar{\omega}$ 无关的常数.

证明　令

$$\tilde{\omega}(\omega_0) = (\omega_0, 1),$$

$$\tilde{\bar{\omega}}(\omega_0) = (\bar{\omega}(\omega_0), 0),$$

$$\tilde{\omega}_0 = (\omega_0, \omega_{0, n+1}), \quad \omega_{0, n+1} \in (1, 2).$$

记

$$\Theta_{\delta}^0 = \left\{\omega_0 \in \Theta : \left|\langle k, \omega_0 + \bar{\omega}(\omega_0)\rangle + k_0\right| \geqslant \frac{\delta(1 + M_0)^{\tau}}{(|k| + |k_0|)^{\tau}}, 0 \neq (k, k_0) \in \mathbb{Z}^{n+1}\right\},$$

$$\Theta_{\delta}^1 = \Theta_{\delta}^0 \times (1, 2),$$

$$\Theta^1 = \Theta \times (1, 2).$$

显然, 在 Θ_1 上,

$$\mathrm{rank}\left(\frac{\partial \tilde{\omega}}{\partial \omega_0}\right) = n,$$

$$\mathrm{rank}\left\{\tilde{\omega}, \frac{\partial^{\alpha} \tilde{\omega}}{\partial \omega_0^{\alpha}} : |\alpha| \leqslant n - n + 2\right\} = n + 1.$$

根据引理 1.10, 存在 $\varepsilon_1 > 0$, 使得当 $\|\tilde{\tilde{\omega}}\|_{C^2(\overline{\Theta}^1)} \leqslant \varepsilon_1$ 时,

$$\mathrm{meas}(\Theta^1 \setminus \Theta_\delta^1) \leqslant \frac{1}{2} c_2 (1 + M_2)^{\tau/2} \delta^{1/2},$$

其中

$$c_2 = \frac{2c}{(1 + M_0)^{\tau/2}}.$$

选择

$$0 < d \leqslant \min\left\{\frac{c_2}{2(D+1)(\mathrm{meas}\,\Theta + 1)}(1 + M_0)^{\tau/2}\delta^{1/2}, \frac{1}{3}\right\},$$

其中 D 是仅依赖于 Θ 的正常数(见[Ar1]). 这样,

$$\mathrm{meas}(\Theta^1 \setminus (\Theta^1 - d)) \leqslant Dd\,\mathrm{meas}\,\Theta^1 \leqslant \frac{1}{2} c_2 (1 + M_0)^{\tau/2} \delta^{1/2}, \tag{1.71}$$

详见[Ar1]. 注意到

$$(\Theta^1 \setminus \Theta_\delta^1) \subset (\Theta^1 \setminus (\Theta^1 - d)_\delta) \subset ((\Theta^1 \setminus (\Theta^1 - d)) \bigcup ((\Theta^1 - d) \setminus (\Theta^1 - d)_\delta)). \tag{1.72}$$

令 $\varepsilon_{00} = d^2 \varepsilon_1 / 2$. 则当 $\|\overline{\omega}\| \leqslant \varepsilon_{00}$ 时, 根据(1.71), (1.72)和引理 1.10, 得到

$$\mathrm{meas}(\Theta^1 \setminus \Theta_\delta^1) \leqslant c_2 (1 + M_2)^{\tau/2} \delta^{1/2}.$$

由 Fubini 定理,

$$\mathrm{meas}(\Theta \setminus \Theta_\delta^0) \leqslant c_2 (1 + M_2)^{\tau/2} \delta^{1/2}.$$

从

$$\frac{\delta(1 + M_0)^{\tau}}{(|k| + |k_0|)^{\tau}} \geqslant \frac{\delta(1 + M_0)^{\tau}}{((1 + M_0)|k|)^{\tau}} = \frac{\delta}{|k|^{\tau}},$$

我们获得 $\Theta_\delta^0 \subset \Theta_\delta$. 因此,

$$\mathrm{meas}(\Theta \setminus \Theta_\delta) \leqslant \mathrm{meas}(\Theta \setminus \Theta_\delta^0) \leqslant c_1 \delta^{1/2},$$

其中 $c_1 = c_2 (1 + M_0)^{\tau/2}$. 引理 1.11 证毕.

1.2 近可积 Hamilton 系统高维不变环面的存在性

本节研究一类近可积 Hamilton 系统, 将证明系统存在着高维不变环面, 即不变环面的维数大于系统的自由度数. 这个工作发表于美国 *Journal of Mathematical Analysis and Applications* 上[CL5].

1.2.1 主要结果

考虑近可积 Hamilton 系统

$$H(x, y) = N(y) + P(x, y), \tag{2.1}$$

其中 $y \in G$, G 是 $\mathbb{R}^l$ 的有界闭区域, $x \in \mathbb{T}^m$, $\mathbb{T}^m$ 是通常的 m 维环面; N 和 P 是定义于 $\mathbb{T}^m \times G$ 上的实解析函数; $m + l$ 是偶数, $m \geqslant l$.

令 $(\mathbb{T}^m \times G, \omega^2)$ 是辛流形, ω^2 是从 1-形式空间到向量场空间的实解析 Hamilton 同胚, 即存在反对称矩阵 I, 使得, 对于定义于 $\mathbb{T}^m \times G$ 上的所有 1-形式 ω^1, 关系式 $\omega^2(\cdot, I\omega^1) = \omega^1(\cdot)$ 成立. 2-形式 ω^2 也可以通过 Poisson 括弧的方式确定: 对于 $\mathbb{T}^m \times G$ 上的所有光滑函数 f_1 和 f_2, $\{f_1, f_2\} = \mathrm{d}f_1(I\mathrm{d}f_2) = \omega^2(I\mathrm{d}f_1, I\mathrm{d}f_2)$.

令 ω^2 关于不变环面 $\mathbb{T}^m$ 是不变的. 因此, ω^2 和 I 的系数和坐标 x 无关, 进而由 Hamilton 函数 (2.1) 产生的 Hamilton 系统为

$$\dot{z} = I(y)\mathrm{grad}^T H(z), \tag{2.2}$$

其中 $z = (x, y)$, T 表示向量或矩阵的转置[Ar3]. 根据 1.2.4 节的引理 2.1, 我们有

$$I(y)\mathrm{grad}^T N(y) = (\omega(y), \underbrace{0, \cdots, 0}_{l})^T.$$

假设在 G 上, 下列条件成立:

$$\mathrm{rank}\left(\frac{\partial \omega}{\partial y}\right) = r, \tag{2.3}$$

$$\mathrm{rank}\left\{\omega, \frac{\partial^\alpha \omega}{\partial y^\alpha} : \forall \alpha \in \mathbb{Z}_+^l, 0 < |\alpha| \leqslant m - r + 1\right\} = m, \tag{2.4}$$

其中 $\mathbb{Z}_+$ 表示非负整数集合, $\partial^\alpha \omega / \partial y^\alpha = (\partial^\alpha \omega_1 / \partial y^\alpha, \cdots, \partial^\alpha \omega_m / \partial y^\alpha)^T$.

令

$$\Sigma_\rho = \left\{x : \mathrm{Re}\, x \in \mathbb{T}^m, |\mathrm{Im}\, x| < \rho\right\},$$

$$G_\rho = \left\{y : \mathrm{Re}\, y \in G, |\mathrm{Im}\, y| < \rho\right\}.$$

本节用 $|\cdot|$ 表示向量按分量绝对值取最大值的模, 或函数的上确界模; $\langle\cdot,\cdot\rangle$ 表示在相应空间上的内积.

定理 2.1 假设 $H(x,y)$ 是 $\Sigma_\rho \times G_\rho$ 上的实解析函数, $N(y)$ 满足条件 (2.3) 和 (2.4). 则存在 $\varepsilon_0 > 0$ 和正测度 Cantor 集 $G_{\varepsilon_0} \subseteq G$, 使得, 对于任意 $\varepsilon > 0$, 当 $|P| \leqslant \varepsilon \leqslant \varepsilon_0$ 时, (2.2) 具有一族不变环面 $I\mathbb{T}_y, y \in G_{\varepsilon_0}$, 其频率 $\omega^\infty(y)$ 满足

$$|\omega^\infty - \omega| \leqslant c\varepsilon_0^{3/4},$$

并且, 下列测度估计成立:

$$\mathrm{meas}(G \setminus G_{\varepsilon_0}) \leqslant c\varepsilon_0^{1/8(m-\tau+1)(m+\tau+3)},$$

其中 c 是与 ε 无关的正常数.

注记 2.1 支持定理 2.1 成立的 "非退化条件", 即 (2.3) 和 (2.4) 比文献 [Pa1] 中工作涉及的条件要弱.

注记 2.2 如果 $m = l = r$, 并且

$$I(y) = \begin{pmatrix} 0 & \mathrm{Id}_m \\ -\mathrm{Id}_m & 0 \end{pmatrix},$$

Id_m 表示 m 阶单位矩阵, 则定理 2.1 是通常的不变环面存在定理.

1.2.2 小除数问题

本节介绍定理 2.1 证明中将遇到的小除数问题. 给定 $y_0 \in G$, 记

$$D(\rho, s) = \left\{ (x, y) : \mathrm{Re}\, x \in \mathbb{T}^m, |\mathrm{Im}\, x| < \rho, |y - y_0| < s^2 \right\}.$$

令

$$[P](y) = \frac{1}{(2\pi)^m} \int_{\mathbb{T}^m} P(x, y) \mathrm{d}x.$$

这样, 如果

$$P(x, y) = \sum_{k \in \mathbb{Z}^m} P_k e^{\sqrt{-1}\langle k, x \rangle},$$

则 $[P] = P_0$. 用 c_i 表示仅与常数 $\varepsilon_{00}, \Theta, \tau, M, m, l$ 和 ρ 有关的正常数, 其中 $\varepsilon_{00}, \Theta, \tau$ 和 M 将在后面给定.

令 F 和 N 是 $D(\rho, s)$ 上的实解析函数,

$$I(y_0)\mathrm{grad}^{\mathrm{T}} N(y_0) = (\omega, 0)^{\mathrm{T}},$$

满足

$$\left|\langle k,\omega\rangle\right|\geqslant \delta\,|\,k\,|^{-\tau},\quad \forall k,\quad 0\neq k\in\mathbb{Z}^m,$$

其中 $\tau\geqslant m(m-r+1)-1$ 是一个常数, $\delta>0$, $|\,k\,|=|\,k_1\,|+\cdots+|\,k_m\,|$.

令

$$N_1=\left\langle \mathrm{grad}^{\mathrm{T}}N(y_0),y-y_0\right\rangle.$$

命题 2.1 方程

$$\{\varphi,N_1\}=F-[F],\quad [\varphi]=0 \tag{2.5}$$

有唯一的实解析解 φ, 满足

$$\left|\varphi\right|_{D(\rho-\delta,s)}\leqslant \frac{c_1}{\delta^{m+\tau+2}}\,|\,F\,|_{D(\rho,s)}.$$

证明 简记 $D=D(\rho,s)$. 显然,

$$\{\varphi,N_1\}=\mathrm{d}\varphi(IdN_1)=\left\langle \omega,\mathrm{grad}^{\mathrm{T}}\varphi\right\rangle. \tag{2.6}$$

令

$$F=\sum_{k\in\mathbb{Z}^m}F_k(y)e^{\sqrt{-1}\langle k,x\rangle}.$$

将 (2.6) 代入 (2.5) 得到

$$\varphi=\sum_{k\in\mathbb{Z}^m\setminus\{0\}}\frac{F_k(y)}{\sqrt{-1}\langle k,\omega\rangle}e^{\sqrt{-1}\langle k,x\rangle}.$$

根据 Cauchy 公式,

$$\begin{aligned}
\left|\varphi\right|_{D(\rho-\delta,s)} &\leqslant \sum_{k\in\mathbb{Z}^m\setminus\{0\}}\frac{\left|F_k(y)\right|}{\left|\langle k,\omega\rangle\right|}e^{|k|(\rho-\delta)}\\
&\leqslant \sum_{k\in\mathbb{Z}^m\setminus\{0\}}\frac{|\,k\,|^{\tau}}{e^{|k|\delta}\delta}\,|\,F\,|_D\\
&\leqslant \sum_{j=1}^{\infty}\frac{2^m j^{m+\tau-1}}{\delta e^{j\delta}}\,|\,F\,|_D\\
&\leqslant \frac{c_2}{\delta^{m+\tau+2}}\sum_{j=1}^{\infty}\frac{1}{j^{2+[\tau]-\tau}}\,|\,F\,|_D\\
&\leqslant \frac{c_1}{\delta^{m+\tau+2}}\,|\,F\,|_{D(\rho,s)}.
\end{aligned}$$

命题证毕.

1.2.3 定理 2.1 的证明

给定 $y_0 \in G$，记

$$
\begin{aligned}
N &= N(y_0) + \left\langle \operatorname{grad}^{\mathrm{T}} N(y_0), y - y_0 \right\rangle + \frac{1}{2} \left\langle \frac{\partial^2 N}{\partial y^2}(y_t)(y - y_0), y - y_0 \right\rangle \\
&= N_0 + N_1 + \hat{N},
\end{aligned} \tag{2.7}
$$

其中 $y_t = y_0 + t(y - y_0), 0 \leqslant t \leqslant 1$.

注记 2.3　一般地，如果 Hamilton 函数

$$
N = N_0 + N_1(y) + \hat{N}(x, y),
$$

其中

$$
\hat{N}(x, y) = \left\langle Q(x, y)(y - y_0), y - y_0 \right\rangle,
$$

则 $\{(x, y) : x \in \mathbb{T}^m, y = y_0\}$ 是对应 Hamilton 系统的不变环面.

由于 $\operatorname{grad}^{\mathrm{T}} N(y)$ 和 $\partial^2 N / \partial y^2$ 是 G 上的有界函数，进而可以在 $D(\rho, s')$ 上假设

$$
|N_1| \leqslant \mu_1^0 (s')^2, \quad |\hat{N}| \leqslant \mu_2^0 (s')^4, \quad s' \leqslant s, \tag{2.8}
$$

其中 μ_1^0 和 μ_2^0 仅依赖于 G 的正常数.

测度估计和定理 2.1 的证明思路　选择迭代收敛数列

$$
\begin{aligned}
\varepsilon_{i+1} &= \varepsilon_i^{9/8}, \\
\delta_i &= \varepsilon_i^{1/8(m+\tau+3)}, \\
s_i &= \varepsilon_i^{1/8}, \\
\rho_{i+1} &= \rho_i - 6\delta_i, \\
i &= 0, 1, 2, \cdots,
\end{aligned}
$$

其中常数 ε_0 满足下面的条件 (A)—(H)，$\rho_0 = \rho$.

令

$$
\begin{aligned}
D_j^i &= D\left(\rho_i - j\delta_i, \frac{7-j}{8} s_i \right) \\
&= \left\{ (x, y) : \operatorname{Re} x \in \mathbb{T}^m, |\operatorname{Im} x| < \rho_i - j\delta_i, |y| < \left(\frac{7-j}{8} s_i \right)^2 \right\}.
\end{aligned}
$$

假设 Hamilton 函数 $N + P$ 在 D_0^i 上通过系列辛坐标变换化为 $N^i + P^i$，其中

$$
N^i = N_0^i + N_1^i + \hat{N}^i, \tag{2.9$_i$}
$$

$$|N_1^i|_{D(\rho_i, s')} \leqslant \mu_1^i (s')^2, \quad s' \leqslant s, \tag{2.10$_i$}$$

$$|\hat{N}_2^i|_{D(\rho_i, s')} \leqslant \mu_2^i (s')^4, \quad s' \leqslant s,$$

$$|P^i| \leqslant \varepsilon_i. \tag{2.11$_i$}$$

令

$$O_i = \left\{ y \in G : \left| \left\langle k, \omega^i(y) \right\rangle \right| \geqslant \delta_i \, |k|^\tau, 0 \neq k \in \mathbb{Z}^m \right\}.$$

取定 $y_0 \in O_i$. 则

$$I(y_0) \mathrm{grad}^{\mathrm{T}} N_1^i(y_0) = (\omega^i(y_0), 0)^{\mathrm{T}}.$$

引进辛坐标变换 Φ_i, 使得

$$(N^i + P^i) \circ \Phi_i = N^{i+1} + P^{i+1}.$$

我们将证明 $N^{i+1} + P^{i+1}$ 在 D_0^{i+1} 上满足 (2.9)$_{i+1}$—(2.11)$_{i+1}$. 如果

$$y_0 \in \bigcap_{k=0}^{\infty} O_k \neq \varnothing,$$

则迭代过程可以持续. 令

$$\begin{aligned}
N^{i+1} &= N^i + R^i \\
&= (N_0^i + [P^i](y_0)) + \left(N_1^i(y) + \left\langle \frac{\partial}{\partial y} [P^i](y_0), y - y_0 \right\rangle \right) \\
&\quad + \left(\hat{N}^i(x, y) + \hat{R}^i(x, y) \right) \\
&= N_0^{i+1} + N_1^{i+1} + \hat{N}^{i+1},
\end{aligned} \tag{2.12$_i$}$$

其中 R^i 将由下面的 (2.16) 确定. 不失一般性, 假设

$$\Theta \leqslant |I|_G \leqslant \Theta^{-1}, \tag{2.13}$$

其中

$$|I|_G = \max_{y \in G} \sup_{|z|=1} \frac{|Iz|}{|z|}, \quad z = (x, y),$$

其中 Θ 为某正常数. 由 (2.11)$_i$ 和 Cauchy 公式, 得到

$$\left| \mathrm{grad}^{\mathrm{T}} \left[P^i \right] \right|_{D_0^i} \leqslant \frac{c_3}{s_i^2} \varepsilon_i^{3/4}. \tag{2.14}$$

根据 (2.12)—(2.14), 我们看到, 当

$$\varepsilon_0 \leqslant \min \left\{ \left(\frac{1}{2} \right)^{32}, \frac{\varepsilon_{00}}{2c_3} \Theta \right\} \tag{A}$$

时，在 D_1^{i+1} 上，下面的不等式成立：

$$\left|\omega^{i+1} - \omega^0\right| \leqslant \sum_{k=0}^{i}\left|\omega^{k+1} - \omega^k\right|_{D_1^k}$$

$$\leqslant \sum_{k=0}^{i}\left|I\right|_G\left|\operatorname{grad}^{\mathrm{T}}\left[P^{k+1}\right]\right|_{D_1^k}$$

$$\leqslant c_3\Theta^{-1}\sum_{k=0}^{i}\varepsilon_k^{3/4}$$

$$< \varepsilon_{00},$$

其中 $\omega^0 = \omega$，ε_{00} 是在 1.2.4 节中给定的正常数. 因此,

$$\left|\omega^{i+1}\right| \leqslant \left|I\right|_G\left|\operatorname{grad}^{\mathrm{T}}N\right|_G + \varepsilon_{00} \leqslant M + \varepsilon_{00}, \tag{2.15}$$

其中

$$M \geqslant \max\left\{\left|I\right|_G\left|\operatorname{grad}^{\mathrm{T}}N\right|_G, \mu_2^0 + 2c_{15}, \mu_1^0 + 2c_{14}\right\},$$

c_{14} 和 c_{15} 由下面 N_i^- 和 N^+ 的估计确定. 令

$$G_{\delta_0} = \bigcap_{i=0}^{\infty}O_i.$$

根据 (2.14) 和引理 2.3, 我们有

$$\operatorname{meas}(G \setminus G_{\delta_0}) \leqslant \sum_{i=0}^{\infty}\operatorname{meas}(G \setminus O_i)$$

$$\leqslant c\sum_{i=0}^{\infty}\delta_i^{1/(m-\tau+1)}$$

$$\leqslant 2c\delta_0^{1/(m-\tau+1)}.$$

这里使用了不等式

$$\varepsilon_0 \leqslant \left(\frac{1}{2}\right)^{64(m-\tau+1)(m+r+3)}. \tag{B}$$

KAM 迭代　利用归纳法，我们只需要完成一步 KAM 迭代步骤. 假设第 i 步已完成，我们通过构造迭代实现第 $i+1$ 步. 为简单起见，我们省去表示第 i 步的 i，$i+1$ 记为 $+$.

构造函数

$$S = S_0 + S_1,$$

$$R = R_0 + R_1 + \hat{R},$$

使得

$$\{S,N\} = P - R, \quad [S] = 0, \quad [R_0 + R_1] = R_0 + R_1. \tag{2.16}$$

令 Φ^t 是由向量场 IdS 产生的相流. 定义 $\Phi = \Phi^1$. 则 Φ 是辛坐标变换. 基于公式

$$\frac{\mathrm{d}}{\mathrm{d}t} F \circ \Phi^t = \{F, S\} \circ \Phi^t$$

和 Taylor 公式, 我们有

$$(N + P) \circ \Phi = N^+ + \int_0^1 \{tP + (1-t)R, S\} \circ \Phi^t \mathrm{d}t, \tag{2.17}$$

$$N^+ = N + R,$$
$$P^+ = \int_0^1 \{tP + (1-t)R, S\} \circ \Phi^t \mathrm{d}t. \tag{2.18}$$

利用 (2.16) 得到

$$\{S_0, N_1\} = P(x, y_0) - R_0, \quad [S_0] = 0, \quad [R_0] = R_0, \tag{2.19}$$

$$\{S_1, N_1\} = \left\langle \frac{\partial P}{\partial y}(x, y_0), y - y_0 \right\rangle - \left\{ S_0, \frac{1}{2} \left\langle \frac{\partial^2 N}{\partial y^2}(y_0)(y - y_0), y - y_0 \right\rangle \right\} - R_1, \tag{2.20}$$

$$[S_1] = 0, \quad [R_1] = R_1. $$

取

$$R_0 = [P](y_0),$$
$$R_1 = \left\langle \left[\frac{\partial P}{\partial y} \right](y_0), y - y_0 \right\rangle, \tag{2.21}$$

$$\hat{R} = \hat{P} - \left\{ S_0, \hat{N} - \frac{1}{2} \left\langle \frac{\partial^2 N}{\partial y^2}(y - y_0), y - y_0 \right\rangle \right\} - \{S_1, \hat{N}\}, \tag{2.22}$$

$$\hat{P} = P - P(x, y_0) - \left\langle \frac{\partial P}{\partial y}(x, y_0), y - y_0 \right\rangle. \tag{2.23}$$

利用 (2.11), (2.19), (2.21) 和上面的命题, 我们有

$$|S_0|_{D_1} \leqslant \frac{c_4}{\delta^{m+\tau+2}} \varepsilon. \tag{2.24}$$

根据 (2.21), (2.24) 和 Cauchy 公式, 我们获得

$$\left| \left\langle \frac{\partial P}{\partial y}(x, y_0), y - y_0 \right\rangle - \left\{ S_0, \frac{1}{2} \left\langle \frac{\partial^2 N}{\partial y^2}(y_0)(y - y_0), y - y_0 \right\rangle \right\} - R_1 \right|$$

$$\leqslant 2\left|\left\langle \frac{\partial P}{\partial y}(x,y_0),y-y_0\right\rangle\right|+\left|\left\langle S_0,\frac{1}{2}\left\langle\frac{\partial^2 N}{\partial y^2}(y_0)(y-y_0),y-y_0\right\rangle\right\rangle\right|$$

$$\leqslant c_4\varepsilon+\frac{c_1\varepsilon}{\delta^{m+\tau+3}}\mu_2\,|\,I\,|_G$$

$$\leqslant \frac{c_5\varepsilon}{\delta^{m+\tau+3}},\tag{2.25}$$

这里 $c_5=M\Theta^{-1}(c_1+c_4)$，不等式

$$\mu_2\leqslant\mu_2^0+2c_{15}\leqslant M$$

的证明将在后面给出. 应用命题得到

$$|S_1|_{D_3}\leqslant\frac{c_1}{\delta^{m+\tau+2}}\cdot\frac{c_5}{\delta^{m+\tau+3}}\varepsilon\leqslant\frac{c_6}{\delta^{2m+2\tau+5}}\varepsilon.\tag{2.26}$$

由 (2.23) 和 (2.10) 有

$$\left|\hat{P}\right|_{D_1}\leqslant c_7\varepsilon,$$

$$\max\left\{\left|\frac{\partial\hat{N}}{\partial y}\right|_{D_1},\left|\frac{\partial^2\hat{N}}{\partial y^2}\right|_{D_1}\right\}\leqslant c_8\mu_2\leqslant c_8M.\tag{2.27}$$

根据 (2.22), (2.24)—(2.27), (2.13) 和 Cauchy 公式, 得到

$$\left|\hat{R}\right|_{D_1}\leqslant c_7\varepsilon+\frac{c_4\varepsilon}{\delta^{m+\tau+3}}\cdot 2c_8M\,|\,I\,|_G+\frac{c_6}{\delta^{2m+2\tau+6}}\varepsilon\cdot c_8M\,|\,I\,|_G$$

$$\leqslant\frac{c_9}{\delta^{2m+2\tau+6}}\varepsilon.\tag{2.28}$$

不等式 (2.24) 和 (2.26) 蕴含

$$|S_1|_{D_3}\leqslant\frac{c_{10}}{\delta^{2m+2\tau+6}}\varepsilon.\tag{2.29}$$

利用 (2.18), (2.28), (2.29) 和 Cauchy 公式, 有

$$\left|P^+\right|_{D_4}\leqslant\left|\{P,S\}\right|_{D_4}+\left|\{R,S\}\right|_{D_4}$$

$$\leqslant\frac{c_{11}\Theta^{-1}}{s^2\delta^{2m+2\tau+6}}\varepsilon^2+\frac{c_{12}}{s^2\delta^{4m+4\tau+12}}\varepsilon^2$$

$$\leqslant\frac{c_{13}}{s^2\delta^{4m+4\tau+12}}\varepsilon^2.$$

根据 s 和 δ 的选择, 当

$$\varepsilon_0<\left(2c_{13}\right)^{-8}\tag{C}$$

时, 得到

$$\left|P^+\right| \leqslant \frac{1}{2}\varepsilon_+ < \varepsilon_+. \tag{2.30}$$

现在证明 $(2.10)_+$. 根据 $(2.12)_+$ 有

$$\left|N_1^+\right|_{D(\rho-6\delta,s')} \leqslant \left(\mu_1 + c_{14}\frac{\varepsilon}{s^2}\right)(s')^2$$

$$\leqslant \mu_1^+(s')^2, \quad s' \leqslant \frac{1}{8}s,$$

$$\left|N^+\right|_{D(\rho-6\delta,s')} \leqslant \left(\mu_1 + c_{15}\frac{\varepsilon}{s^4}\right)(s')^4$$

$$\leqslant \mu_2^+(s')^4, \quad s' \leqslant \frac{1}{8}s.$$

当

$$\varepsilon_0 < \left(\frac{1}{8}\right)^{64} \tag{D}$$

时, 我们也有

$$s_+ < \frac{1}{8}s,$$

$$\mu_1 \leqslant \mu_1^0 + 2c_{14} \leqslant M,$$

$$\mu_2 \leqslant \mu_2^0 + 2c_{15} \leqslant M.$$

这些蕴含 $(2.10)_+$.

坐标估计　根据 (2.29) 和 Cauchy 公式, 我们有

$$\left|\frac{\partial S}{\partial x}\right|_{D_4} \leqslant \frac{c_{14}}{\delta^{2m+2\tau+6}}\varepsilon,$$

$$\left|\frac{\partial S}{\partial y}\right|_{D_4} \leqslant \frac{c_{15}}{s^2\delta^{2m+2\tau+6}}\varepsilon.$$

通过选择 ε_0 满足

$$\varepsilon_0 < (c_{14} + c_{15})^{-8}, \tag{E}$$

得到

$$\left|\Phi - \mathrm{id}\right|_{D_5} \leqslant \frac{c_{14}+c_{15}}{s^2\delta^{2m+2\tau+6}}\varepsilon < \varepsilon^{3/8} < s_+ < \delta_+. \tag{2.31}$$

因此, Φ 在 $D(\rho_+, s_+)$ 上有定义, 并且

$$\Phi_+ : D(\rho_+, s_+) \to D_5. \tag{2.32}$$

定理2.1的证明 选取 $y_0 \in G_{\delta_0}$. 定义 $\Psi_i = \Phi_0 \circ \Phi_1 \circ \cdots \circ \Phi_{i-1}$. 则当

$$\varepsilon_0 < \min\left\{\left(\frac{1}{2}\right)^{64(m+\tau+3)}, \quad \left(\frac{\rho}{24}\right)^{8(m+\tau+3)}\right\} \tag{F}$$

时, 我们有

$$\rho_\infty = \rho - 6\sum_{i=0}^{\infty}\delta_i > \frac{\rho}{2}.$$

令

$$D_\infty = \left\{x : \operatorname{Re} x \in \mathbb{T}^m, \ |\operatorname{Im} x| < \rho_\infty\right\} \times \{y = y_0\}.$$

利用(2.31)和 (D), 在 D_∞ 上,

$$\left|\Psi_i - \operatorname{id}\right| \leqslant \sum_{k=1}^{i}\left|\Psi_k - \Psi_{k-1}\right| \leqslant \sum_{k=1}^{i}\varepsilon_i^{3/8} < 2\varepsilon_0^{3/8}.$$

因此, $\{\Psi_i\}$ 在 D_∞ 上一致收敛. 类似于 (2.14), 由 (A) 可以看出

$$\left|\omega^\infty(y) - \omega(y)\right| < c_{16}\varepsilon_0^{3/4}, \quad y \in G_{\delta_0},$$

其中 $\omega^\infty(y) = \lim_{i\to\infty}\omega^i(y)$. 根据 (2.31), 我们有

$$\left|\frac{\partial \Phi_i}{\partial(x_i, y_i)} - \operatorname{Id}\right| \leqslant \frac{c_{17}}{s_i^2\delta_i}\varepsilon_i^{3/8} \leqslant \varepsilon_i^{1/24}.$$

这里用到不等式

$$\varepsilon_0 < c_{17}^{-24}. \tag{G}$$

这样, 当

$$\varepsilon_0 < \left(\frac{1}{2}\right)^{132} \tag{H}$$

时, 有

$$\left|\frac{\partial \Psi_i}{\partial(x_i, y_i)}\right|_{D_\infty} \leqslant \prod_{k=0}^{i-1}(1 + \varepsilon_k^{1/24}) \leqslant \sum_{k=0}^{\infty}\left(\frac{1}{3}\right)^k = \frac{3}{2}.$$

因此, $\{\partial\Psi_i/\partial(x_i, y_i)\}$ 在 D_∞ 上一致收敛.

根据 (2.20)—(2.21) 和 (2.28), 我们可以假设

$$\hat{R}^i(x, y) = O\left((y - y_0)^2\right)$$

在 D_4^i 上一致成立. 因此, 系统

$$\dot{z} = I(y)\mathrm{grad}^\mathrm{T} N(z)$$

有不变环面 $\left\{(x,y): x \in \mathbb{T}^m, y = y_0\right\}$. 利用 $\{\Psi_i\}$ 和 $\{\partial\Psi_i/\partial(x_i, y_i)\}$ 的收敛性, 最终得到

$$H^\infty = H \circ \Psi^\infty = N^\infty,$$
$$\Psi^\infty = \lim_{i \to \infty} \Psi_i$$

有不变环面, 其频率为 $\omega^\infty(y_0)$. 至此, 我们完成了定理 2.1 的证明.

1.2.4　附录

下面介绍本节证明中用到的某些引理.

引理 2.1[Pa1]　考虑 Hamilton 系统

$$\dot{z} = I(y)\mathrm{grad}^\mathrm{T} H(z), \quad z = (x, y).$$

如果 $H(z) = H(y)$, 则系统具有形式

$$\dot{x} = \omega(y), \quad \dot{y} = 0,$$

其中 $\omega(y) = (\omega_1(y), \cdots, \omega_m(y))^\mathrm{T}$.

引理 2.2[XYQ]　令 $O \subset \mathbb{R}^n$ 是有界连通域, 令 g 和 $\overline{g}$ 是 $\overline{O}$ 上实解析 n 维向量值函数, 使得

$$\mathrm{rank}\left(\frac{\partial g}{\partial y}\right) = r,$$
$$\mathrm{rank}\left\{g, \frac{\partial^\alpha g}{\partial y^\alpha} : \forall \alpha, \ |\alpha| \leqslant n - r + 1\right\} = n.$$

则存在 $\varepsilon_0 > 0$, 使得当 $\delta > 0$ 充分小, 并且 $|\overline{g}| < \varepsilon_0$ 时, 集合

$$O_\delta = \left\{y \in O : \left|\langle k, g(y) + \overline{g}(y)\rangle\right| \geqslant \delta |k|^{-\tau}, 0 \neq k \in \mathbb{Z}^n\right\}$$

是非空 Cantor 集,

$$\mathrm{meas}(O \setminus O_\delta) \leqslant c\delta^{1/(n-r+1)},$$

其中 c 是与 α 和 $\overline{g}$ 无关的常数.

引理 2.3[XYQ]　假设 ω 满足条件 (2.3) 和 (2.4), $\overline{\omega}$ 是实解析 m 维向量值函数. 则存在 $\varepsilon_{00} > 0$, 使得当 $\delta > 0$ 充分小, 并且 $|\overline{\omega}| < \varepsilon_{00}$ 时, 集合

$$G_\delta = \left\{y \in G : \left|\langle k, \omega(y) + \overline{\omega}(y)\rangle\right| \geqslant \delta |k|^{-\tau}, 0 \neq k \in \mathbb{Z}^m\right\}$$

是非空 Cantor 集,

$$\mathrm{meas}(G \setminus G_\delta) \leqslant c\delta^{1/(m-r+1)},$$

其中 c 是与 α 和 $\overline{g}$ 无关的常数.

证明 应用引理 2.2 和 Fubini 定理.

1.3 近可积 Hamilton 系统的低维双曲不变环面

本节研究具有双曲结构的近可积 Hamilton 系统的低维环面问题, 支承环面存在的是较弱的非退化条件, 这一条件等价于 Rüssmann 非退化条件[CL1].

具体地, 考虑 Hamilton 系统, 其发生函数为

$$H(x,y,z) = h(y) + \langle z_-, \Omega z_+ \rangle + R(x,y,z), \tag{3.1}$$

其中 $(x,y,z) \in \Sigma, \langle \cdot, \cdot \rangle$ 表示 $\mathbb{C}^l$ 空间上通常的内积,

$$\Sigma = \left\{ x: \mathrm{Re}\, x \in \mathbb{T}^n, |\mathrm{Im}\, x| \leqslant r \right\} \times \left\{ y: \mathrm{Re}\, y \in G, |\mathrm{Im}\, y| \leqslant \rho \right\} \times \left\{ (z_-, z_+): |z_\pm| \leqslant \rho \right\}$$
$$= \Sigma_1 \times \Sigma_2 \times \Sigma_3,$$

这里 $\mathbb{T}^n = \mathbb{R}^n / 2\pi\mathbb{Z}^n$ 表示通常的 n 维不变环面; $G \subset \mathbb{R}^n$ 是有界连通域, Ω 是定义在 $\Sigma_1 \times \Sigma_2$ 上的 l 阶矩阵, $z = (z_{\pm 1}, z_{\pm 2}, \cdots, z_{\pm l})^{\mathrm{T}}$, r 和 ρ 是正常数.

定理 3.1 假设

(A1) h, Ω 和 R 是 Σ 上的实解析函数;

(A2) $\omega(y) = \partial h / \partial y$ 在 G 上满足

$$\mathrm{rank}\left(\frac{\partial \omega}{\partial y} \right) = m,$$

$$\mathrm{rank}\left\{ \omega, \frac{\partial^\alpha \omega}{\partial y^\alpha}: \forall \alpha, |\alpha| \leqslant n-m+1 \right\} = n,$$

其中 $\partial^\alpha \omega / \partial y^\alpha = (\partial^\alpha \omega_1 / \partial y^\alpha, \cdots, \partial^\alpha \omega_n / \partial y^\alpha)^{\mathrm{T}}$, $\alpha = (\alpha_1, \cdots, \alpha_n)$, $\alpha_i, i = 1, 2, \cdots, n$ 是非负整数;

(A3) 在 $\Sigma_1 \times \Sigma_2$ 上,

$$\mathrm{Re}\langle v, \Omega v \rangle \geqslant 2\mu |v|^2, \quad \forall v \in \mathbb{C}^l,$$

其中 μ 是给定正常数,

则存在常数 $\delta_0, M > 0$ 和非空 Cantor 子集 $G_{\delta_0} \subset G$, 使得, 如果 $\|R\| \leqslant M$, 对于每一个 $y \in G_{\delta_0}$ 未扰动系统 ($R = 0$) 的低维不变环面 $J_0: y = y_0, z = 0$, 在扰动 R 下仍然

存在, 其频率满足

$$\left|\omega^\infty - \omega\right| \leqslant 2M^{1/2},$$

其中 $\omega^\infty(y_0)$ 表示未扰动环面 J_0 在扰动后漂移环面的频率. 进一步, G_{δ_0} 满足测度估计

$$\mathrm{meas}(G \setminus G_{\delta_0}) \leqslant c\delta_0^{1/(n-m+1)}.$$

为方便, 约定本节使用的所有模均为考虑对象的最大模. 选择常数 δ_0 满足

$$0 < \delta_0 < \min\left\{ c_3^{-1/10(n+1)},\ 7^{-1/(4n+4)},\ \left(24n^2\Theta_0 c_3\right)^{-1/(17n+16)}, \right.$$

$$\left(6n^2\Theta_0 c_3^2\right)^{-1/(56n+54)},\ \left(36(6+c_3)n^3\Theta_1 c_3\right)^{-1/(17n+16)},$$

$$\left(24nc_3\right)^{-1/(3n+3)},\ \left(6^2\cdot 7^3 n^3\right)^{-1/(n+1)},\ \left(2c_3\right)^{-1/(14n+14)},$$

$$\left. 2^{-1/(16n+16)},\ \left(\frac{\mu}{4}\right)^{-1/(16n+16)},\frac{\rho_0}{24},\ 2^{-7(n-m+1)}\right\},$$

其中 Θ_0 和 Θ_1 是引理 3.1 中给定的正常数, $0 < \rho < 1$,

$$c_3 = 5\max\left\{ 2\rho^{1/2}\mu^{-1}, 4^n\left(\frac{n+1}{e}\right)^{n+1}\right\}.$$

构造迭代数列:

$$\delta_{i+1} = \delta_i^{8/7},$$
$$M_{i+1} = M_i^{8/7},$$
$$s_i = M_i^{7/18},$$
$$r_{i+1} = r_i - 6\delta_i,$$
$$i = 0,1,\cdots,$$

其中 $s_0 = \delta_0^{28(n+1)}, M_0 = s_0^{18/7}, r_0 = \rho.$ 令

$$O_{i+1} = \left\{ y : \left|\left\langle k, \omega^{i+1}(y)\right\rangle\right| \geqslant \delta_i \left|k\right|^{-\tau}, 0 \neq k \in \mathbb{Z}^n, y \in G\right\}, \quad i = 0,1,\cdots,$$

其中 $\tau \geqslant n(n-m+1)-1$ 是常数. 不失一般性, 可以取 $\tau = n^2$; $\omega^{i+1}(y)$ 将在下面明确给出.

定义

$$G_{\delta_0} = \bigcap_{i=0}^{\infty} O_{i+1},$$

$$D_i = \left\{ x : \operatorname{Re} x \in \mathbb{T}^n, \ |\operatorname{Im} x| \leqslant r_i \right\}$$
$$\times \left\{ y : |y - y_0| \leqslant 4s_i, y \in G \right\}$$
$$\times \left\{ (z_+, z_-) : |z_\pm| \leqslant 6s_i \right\}.$$

定理3.1证明思路 改写(3.1)如下:

$$H(x, y, z) = h^1(y) + \left\langle z_-, \Omega^1(x, y) z_+ \right\rangle + \bar{H}(x, y, z), \tag{3.2}$$

其中

$$h^1(y) = h(y) + [R]_x(y, 0),$$
$$[R]_x(y, 0) = \frac{1}{(2\pi)^n} \int_{\mathbb{T}^n} R(x, y, 0) \mathrm{d}x,$$
$$\Omega^1(x, y) = \Omega(x, y) + R_{z_+ z_-}(x, y, 0), \tag{3.3}$$
$$\bar{H}(x, y, z) = R(x, y, z) - [R]_x(y, 0) - \left\langle z_-, R_{z_+ z_-}(x, y, 0) z_+ \right\rangle,$$
$$\omega^1(y) = \frac{\partial h^1(y)}{\partial y}.$$

通过选取适当的发生函数 $S^1(x, y^1, z_+, z_-^1)$,构造辛变换

$$T_1 : (x^1, y^1, z_+^1, z_-^1) \in D_1 \to D \ni (x, y, z_+, z_-), \quad \begin{cases} x^1 = x + S_{y^1}^1, \\ y = y^1 + S_x^1, \\ z_+^1 = z_+ + S_{z_-^1}^1, \\ z_- = z_-^1 + S_{z_+}^1, \end{cases} \tag{3.4}$$

使得

$$H^1(x^1, y^1, z^1) = H \circ T_1(x^1, y^1, z^1)$$
$$= h^1(y^1) + \left\langle z_-^1, \Omega^1(x^1, y^1) z_+^1 \right\rangle + R^1(x^1, y^1, z^1), \tag{3.5}$$

并且,在 D_0 上,

$$\left\| h^1 - h \right\| \leqslant M_0,$$
$$\left\| \Omega^1 - \Omega \right\| \leqslant M_0^{7/36}, \tag{3.6}$$

在 D_1 上,

$$\left\| R^1 \right\| \leqslant M_1,$$
$$\left\| \frac{\partial(x, y, z)}{\partial(x^1, y^1, z^1)} - \operatorname{Id} \right\| \leqslant M_1^{7/36}. \tag{3.7}$$

递推地, 如果在 D_i 上

$$H^i(x^i, y^i, z^i) = h^i(y^i) + \langle z^i_-, \Omega^i(x^i, y^i)z^i_+ \rangle + R^i(x^i, y^i, z^i), \tag{3.8}$$

满足

$$\mathrm{Re}\langle v, \Omega^i(x^i, y^i)v \rangle \geqslant \mu |v|^2, \quad \forall v \in \mathbb{C}^l,$$
$$\|R^i\| \leqslant M_i, \tag{3.9}$$

则可利用适当的发生函数 $S^{i+1}(x^i, y^{i+1}, z^i_+, z^{i+1}_-)$ 构造辛变换

$$T_{i+1}: (x^{i+1}, y^{i+1}, z^{i+1}) \in D_{i+1} \to D_i \ni (x^i, y^i, z^i), \quad \begin{cases} x^{i+1} = x^i + S^{i+1}_{y^{i+1}}, \\ y^i = y^{i+1} + S^{i+1}_{x^i}, \\ z^{i+1}_+ = z^i_+ + S^{i+1}_{z^{i+1}_-}, \\ z^i_- = z^{i+1}_- + S^{i+1}_{z^i_+}, \end{cases} \tag{3.10}$$

使得

$$H^{i+1}(x^{i+1}, y^{i+1}, z^{i+1}) = H^i \circ T_{i+1}(x^{i+1}, y^{i+1}, z^{i+1})$$
$$= h^{i+1}(y^{i+1}) + \langle z^{i+1}_-, \Omega^{i+1}(x^{i+1}, y^{i+1})z^{i+1}_+ \rangle + R^{i+1}(x^{i+1}, y^{i+1}, z^{i+1}), \tag{3.11}$$

并且, 在 D_i 上, 满足

$$\|h^{i+1} - h^i\| \leqslant M_i,$$
$$\|\Omega^{i+1} - \Omega^i\| \leqslant M_i^{7/36}, \tag{3.12}$$

在 D_{i+1} 上, 满足

$$\|R^{i+1}\| \leqslant M_{i+1}, \tag{3.13}$$

$$\|T_{i+1} - \mathrm{id}\| \leqslant M_{i+1}^{7/18},$$

$$\left\| \frac{\partial(x^i, y^i, z^i)}{\partial(x^{i+1}, y^{i+1}, z^{i+1})} - \mathrm{Id} \right\| \leqslant M_{i+1}^{7/36}. \tag{3.14}$$

由于 $\delta_i \leqslant \delta_0 \leqslant 2^{-7}$, 因此得到

$$\sum_{i=0}^{\infty} \delta_i \leqslant 2\delta_0.$$

根据 $\delta_0 \leqslant \rho_0/24$ 得到

$$r_i \geqslant \frac{\rho_0}{2}, \quad i = 1, 2, \cdots.$$

定义

$$D_\infty = \left\{ x : |\operatorname{Im} x| \leqslant \frac{\rho_0}{2} \right\} \times \left\{ y : y = y_0 \right\} \times \left\{ (z_+, z_-) : z_\pm = 0 \right\};$$

$$U_i = T_1 \circ T_2 \circ \cdots \circ T_i,$$

$$U_i' = T_1' T_2' \cdots T_i'.$$

则 $U_i : D_i \to D_0$. 因此, 由 (3.14), 对充分小 δ_0,

$$U_\infty = \lim_{i \to \infty} U_i,$$

$$U_\infty' = \lim_{i \to \infty} U_i'$$

一致在 D_∞ 上成立, 且 $U_\infty : D_\infty \to D_0$. 在 D_∞ 中令 $\operatorname{Im} \xi = 0$, 再根据引理 3.8, 得到 $U_\infty : \mathbb{T}^n \to D_0$ 是连续嵌入, 并且, 在 $\mathbb{T}^n$ 上,

$$\xi' = \omega^\infty(y_0),$$

其中

$$\omega^\infty(y_0) = \omega(y_0) + \sum_{i=1}^{\infty} \omega^i(y_0),$$

细节见 [G]. 根据 δ_0 的选择,

$$\delta_i \leqslant \delta_0 \leqslant 2^{-7} < 2^{-1/5}.$$

因此, $\omega^\infty(y_0)$ 存在, 并且

$$\left| \omega^\infty(y_0) - \omega(y_0) \right| \leqslant 2M^{1/2}.$$

现在估计不变环面的 "数量", 即 G_{δ_0} 的测度. 显然,

$$G \setminus G_{\delta_0} \subset \bigcup_{i=0}^{\infty} (G \setminus O_{i+1}).$$

根据引理 3.7, 获得

$$\operatorname{meas}(G \setminus G_{\delta_0}) \leqslant \sum_{i=0}^{\infty} \operatorname{meas}(G \setminus O_{i+1})$$

$$\leqslant \sum_{i=0}^{\infty} c \delta_i^{1/(n-m+1)}$$

$$\leqslant 2c \delta_0^{1/(n-m+1)}.$$

上式用到不等式

$$\delta_i \leqslant \delta_0 \leqslant 2^{-7} \leqslant 2^{-7(n-m+1)}.$$

归纳迭代　假设 (3.11)—(3.14) 对于 k 成立. 下面证明这些式子对于 $k+1$ 也成立. 为方便, 省去标号 k, 简记 $k+1$ 为 +. 由 (3.11),

$$H(x,y,z) = h(y) + \left\langle z_-, \Omega(x,y)z_+ \right\rangle + R(x,y,z).$$

改记之如下:

$$H(x,y,z) = h^+(y) + \left\langle z_-, \Omega(x,y)z_+ \right\rangle + \bar{H}(x,y,z), \tag{3.15}$$

其中

$$h^+(y) = h(y) + [R]_x(y,0),$$

$$[R]_x(y,0) = \frac{1}{(2\pi)^n} \int_{\mathbb{T}^n} R(x,y,0)\mathrm{d}x,$$

$$\omega^+(y) = \omega(y) + \frac{\partial}{\partial y}[R]_x(y,0), \tag{3.16}$$

$$\Omega^+(x,y) = \Omega(x,y) + R_{z_+z_-}(x,y,0),$$

$$\bar{H}(x,y,z) = R(x,y,z) - [R]_x(y,0) - \left\langle z_-, R_{z_+z_-}(x,y,0)z_+ \right\rangle.$$

考虑如下形式的发生函数:

$$S^+(x,y^+,z_+,z_-^+) = A(x,y^+) + B(x,y^+)z_+ + C(x,y^+)z_-^+$$
$$+ \frac{1}{2}\left\langle z_+, D(x,y^+)z_+ \right\rangle + \frac{1}{2}\left\langle z_-^+, E(x,y^+)z_-^+ \right\rangle,$$

其中 A, B, C, D 和 E 由下列方程确定:

$$\partial A + R(x,y^+,0) - [R]_x(y^+,0) = 0, \tag{3.17}$$

$$\partial B + B\Omega(x,y^+) + R_{z_+}(x,y^+,0) = 0, \tag{3.18}$$

$$\partial C - C\Omega^{+\mathrm{T}}(x,y^+) + R_{z_-^+}(x,y^+,0) = 0, \tag{3.19}$$

$$\partial D + D\Omega(x,y^+) + \Omega^{\mathrm{T}}(x,y^+)D + R_{z_+z_+}(x,y^+,0) = 0, \tag{3.20}$$

$$\partial E - E\Omega^{+\mathrm{T}}(x,y^+) - \Omega^+(x,y^+)E + R_{z_-^+z_-^+}(x,y^+,0) = 0, \tag{3.21}$$

其中 ∂ 表示算子 $\partial = \sum_{k=1}^n \omega_k^+(y_0)\partial/\partial x_k$, T 表示转置. 根据引理 3.2 和引理 3.3, 上述方程有唯一解.

利用发生函数 $S^+(x,y^+,z_+,z_-^+)$ 构造辛变换

$$T_{i+1}: (x^+,y^+,z^+) \in D_+ \to D \ni (x,y,z), \qquad \begin{cases} x^+ = x + S_{y^+}^+, \\ y = y^+ + S_x^+, \\ z_+^+ = z_+ + S_{z_-}^+, \\ z_- = z_-^+ + S_{z_+}^+. \end{cases} \tag{3.22}$$

在这个变换下, $H(x,y,z)$ 被化为

$$
\begin{aligned}
H^+(x^+,y^+,z^+) &= H \circ T^+(x^+,y^+,z^+) \\
&= h^+(y^+) + \left\langle z_-^+, \Omega^+(x^+,y^+)z_+^+ \right\rangle \\
&\quad + \left\langle h^+(y^+) - \omega^+(y_0), S_x^+ \right\rangle \\
&\quad + \left(h^+(y) - h^+(y^+) - \left\langle h_y^+(y^+), S_x^+ \right\rangle \right) \\
&\quad - \left\langle z_-^+, \left(\Omega^+(x + S_{y^+}^+, y^+) - \Omega^+(x, y^+) \right)\left(z_+^+ + S_{z_+^+}^+ \right) \right\rangle \\
&\quad + \left\langle z_-^+ + S_{z_+}^+, \left(\Omega(x, y^+ + S_x^+) - \Omega(x, y^+) \right) z_+ \right\rangle \\
&\quad + \left(R^*(x, y^+ + S_x^+, z_+, z_-^+ + S_{z_+}^+) - R^*(x, y^+, z_+, z_-^+) \right) \\
&\quad + R^*(x, y^+, z_+, z_-^+) - \sum_{i=0}^{2} R^{*(i)}(x, y^+, z_+, z_-^+) \\
&= h^+(y^+) + \left\langle z_-^+, \Omega^+(x^+,y^+)z_+^+ \right\rangle + P_1 + P_2 - P_3 + P_4 + P_5 + P_6 \\
&= h^+(y^+) + \left\langle z_-^+, \Omega^+(x^+,y^+)z_+^+ \right\rangle + R^+(x^+,y^+,z^+),
\end{aligned}
\tag{3.23}
$$

这里

$$
R^*(x,y,z) = R(x,y,z) - [R]_x(y,0),
$$

$R^{*(i)}$ 表示 R^* 的 Taylor 展开式中 i 阶式的和.

如果在 D 上,

$$
\|R\| \leqslant M,
$$

则

$$
\left\| [R]_x(\cdot, 0) \right\| \leqslant M,
$$

$$
\left\| [R]_{z_+ z_-}(\cdot, 0) \right\| \leqslant \frac{M}{s^2} < M^{7/36},
$$

并且, 在 D 上,

$$
\begin{aligned}
\|h^+ - h\| &\leqslant M, \\
\|\Omega^+ - \Omega\| &\leqslant M^{7/36}.
\end{aligned}
\tag{3.24}
$$

根据 Cauchy 公式, 在 $\{x : |\operatorname{Im} x| \leqslant r\} \times \{y : |y - y_0| \leqslant 4s\}$ 上,

$$
\max\left\{ |R_{z_+}(x, y^+, 0)|, |R_{z_-}(x, y^+, 0)| \right\} \leqslant \frac{M}{s},
\tag{3.25}
$$

$$
\max\left\{ |R_{z_+ z_+}(x, y^+, 0)|, |R_{z_- z_-}(x, y^+, 0)| \right\} \leqslant \frac{M}{s^2}.
\tag{3.26}
$$

由引理3.1, 在 D 上,

$$|\Omega^+(x,y^+)| \leqslant \Theta_1,$$
$$\mathrm{Re}\langle v, \Omega^+(x,y^+)v\rangle \geqslant \mu |v|^2, \quad \forall v \in \mathbb{C}^l.$$

根据引理3.4、引理3.2和引理3.3, 在 $\{x: |\mathrm{Im}\, x| \leqslant r - 2\delta\} \times \{y: |y - y_0| \leqslant 2s\}$ 上,

$$\| A \| \leqslant c_1 M \delta^{-(2n+2)}, \tag{3.27}$$

$$\max\{\| B \|, \| C \|\} \leqslant \frac{c_2 M}{s}, \tag{3.28}$$

$$\max\{\| D \|, \| E \|\} \leqslant \frac{c_2 M}{s^2}, \tag{3.29}$$

其中 $c_1 = 4^n (n+1)^{n+1}/e^{n+1}$, $c_2 = 2l^{1/2}\mu^{-1}$.

类似地, 在 $\{x: |\mathrm{Im}\, x| \leqslant r - 3\delta\} \times \{y: |y - y_0| \leqslant s\} \times \{(z_+, z_-): |z_\pm| \leqslant 6s\}$ 上,

$$\| S_x^+ \| \leqslant c_3 M \delta^{-(2n+2)}, \tag{3.30}$$

$$\max\left\{\| S_{y^+}^+ \|, \| S_{z_+}^+ \|, \| S_{z_-}^+ \|\right\} \leqslant \frac{c_3 M}{s \delta^{2n+2}}, \tag{3.31}$$

$$\max\left\{\| S_{z_- z_-}^+ \|, \| S_{z_+ z_+}^+ \|\right\} \leqslant \frac{c_3 M}{s^2 \delta^{2n+2}}, \tag{3.32}$$

$$\| S_{z_+ z_-} \| = 0, \tag{3.33}$$

其中 $c_3 = 5\max\{c_1, c_2\}$.

现在验证 $T^+: D_+ \to D_*$,

$$D_* = \{x: |\mathrm{Im}\, x| \leqslant r - 5\delta\} \times \{y: |y - y_0| \leqslant s\} \times \{(z_+, z_+): |z_\pm| \leqslant s\}.$$

事实上, δ_0 的选择蕴含

$$\delta \leqslant \delta_0 \leqslant c_3^{-1/10(n+1)} \leqslant c_3^{-1/(4n+41)}.$$

这样, 根据 (3.31),

$$|x^+ - x| \leqslant \| S_{y^+}^+ \| \leqslant \frac{c_3 M}{s \delta^{2(n+1)}} < \delta.$$

再根据 r 和 r^+ 的定义, 如果 $|\mathrm{Im}\, x^+| \leqslant r_+$, 则 $|\mathrm{Im}\, x| \leqslant r - 5\delta$. 由 (3.30), 当

$$\delta \leqslant \delta_0 \leqslant c_3^{-1/10(n+1)} \leqslant c_3^{-1/(38n+37)}$$

时,

$$|y^+ - y| \leqslant \| S_x^+ \| \leqslant \frac{c_3 M}{s \delta^{2n+3}} < s_+.$$

因此,

$$|y - y_0| \leqslant |y^+ - y_0| + |y^+ - y| \leqslant 4s_+ + s_+ < s.$$

注意

$$0 < \delta_0 < \min\left\{c_3^{-1/10(n+1)}, 7^{-1/(4n+4)}\right\}.$$

这样, 根据(3.32),

$$
\begin{aligned}
|z_+| &\leqslant |z_+^+| + \left\|S_{z_-}^+\right\| \\
&\leqslant 6s_+ + \frac{c_3 M}{s\delta^{2n+2}} \\
&\leqslant 7s_+ < s, \\
|z_-| &\leqslant |z_-^+| + \left\|S_{z_+}^+\right\| \\
&\leqslant 6s_+ + \frac{c_3 M}{s\delta^{2n+2}} \\
&\leqslant 7s_+ < s.
\end{aligned}
\tag{3.34}
$$

综上, $T^+ : D_+ \to D_* \subset D$.

下面估计新扰动 R^+. 根据引理3.1和(3.30), 我们有

$$
\begin{aligned}
\|P_1\| &\leqslant n\left\|h_y^+(y^+) - h_y^+(y_0)\right\|\left\|S_x^+\right\| \\
&\leqslant n^2\left\|h_{yy}^+\right\|\left\|y^+ - y_0\right\|\left\|S_x^+\right\| \\
&\leqslant 4n^2\Theta_0 \cdot s_+ \cdot \frac{c_3 M}{\delta^{2n+3}} \\
&\leqslant 4n^2\Theta_0 \cdot s_+ \cdot c_3\delta^{17n+16}M^{8/7} \\
&\leqslant \frac{1}{6}M^{8/7}.
\end{aligned}
\tag{3.35}
$$

上式中用到不等式

$$\delta < \delta_0 < \left(24n^2\Theta_0 c_3\right)^{-1/(17n+16)}.$$

当

$$\delta < \delta_0 < \left(6n^2\Theta_0 c_3^2\right)^{-1/(56n+54)}$$

时,

$$
\begin{aligned}
\|P_2\| &\leqslant \left\|h_y^+(y) - h^+(y^+) - \left\langle h_y^+(y^+), S_x\right\rangle\right\| \\
&\leqslant n^2\left\|h_{yy}^+\right\|\left\|S_x^+\right\|^2
\end{aligned}
$$

$$\leqslant n^2 \Theta_0 \cdot c_3^2 \frac{M^2}{\delta^{4n+6}}$$

$$\leqslant n^2 \Theta_0 \cdot c_3^2 \delta^{56n+54} M^{8/7}$$

$$\leqslant \frac{1}{6} M^{8/7}. \tag{3.36}$$

根据引理 3.1, (3.31) 和 (3.32), 当

$$0 < \delta_0 < \left(36(6+c_3) n^3 \Theta_1 c_3 \right)^{-1/(17n+16)}$$

时,

$$\|P_3\| \leqslant n^2 |z_-^+| \left\| \Omega^+(x + S_{y^+}^+, y^+) - \Omega^+(x, y^+) \right\| |z_+^+ + S_{z_-^+}^+| \cdot 6s_+$$

$$\leqslant 6n^2 s_+ \cdot n \left\| \frac{\partial \Omega^+}{\partial x} \right\| \|S_{y^+}^+\| \left(6s + \frac{c_3 M}{s \delta^{2n+2}} \right)$$

$$\leqslant 6n^3 \Theta_1 \cdot \delta^{-1} \cdot \frac{c_3 M}{s \delta^{2n+2}} \left(6s + \frac{c_3 M}{s \delta^{2n+2}} \right)$$

$$\leqslant 6(6+c_3) n^3 \Theta_1 \cdot c_3 \delta^{17n+16} M^{8/7}$$

$$\leqslant \frac{1}{6} M^{8/7}. \tag{3.37}$$

类似地,

$$\|P_4\| \leqslant n^2 |z_+^+| \left\| \Omega(x, y^+ + S_x^+) - \Omega(x, y^+) \right\| |z_-^+ + S_{z_+^+}^+| \cdot 6s_+$$

$$\leqslant 6(6+c_3) n^3 \Theta_1 \cdot c_3 \delta^{17n+16} M^{8/7}$$

$$\leqslant \frac{1}{6} M^{8/7}. \tag{3.38}$$

应用中值定理、Cauchy 公式、(3.30) 和 (3.31), 当

$$\delta < \delta_0 < (24n c_3)^{-1/(3n+3)}$$

时, 我们有

$$\|P_5\| \leqslant n \left(\|R_y^*\| \|S_x^+\| + \|R_{z_-}^*\| \|S_{z_+}^+\| \right)$$

$$\leqslant 2nM \cdot \frac{c_3 M}{s \delta^{2n+3}} + 2nM \cdot \frac{c_3 M}{s^2 \delta^{2n+2}}$$

$$\leqslant 2n c_3 \left(\delta^{31n+30} + \delta^{3n+3} \right) M^{8/7}$$

$$\leqslant \frac{1}{6} M^{8/7}. \tag{3.39}$$

利用 Taylor 公式和 (3.34), 我们有

$$\|P_6\| \leqslant n^3 \cdot 3! M \cdot s^{-3} |z|^3$$
$$\leqslant 6n^3 M \cdot \frac{7^3 s_+^3}{s^3} + 2nM \cdot \frac{c_3 M}{s^2 \delta^{2n+2}}$$
$$\leqslant 6 \cdot 7^3 n^3 M^{1/42} M^{8/7}$$
$$\leqslant \frac{1}{6} M^{8/7}. \tag{3.40}$$

上式中用到不等式

$$\delta < \delta_0 < \left(6^2 \cdot 7^3 n^3\right)^{-1/(n+1)}.$$

因此，由(3.35)—(3.40)，我们得到，在 D_+ 上，

$$\|R^+\| \leqslant M^{8/7} = M_+. \tag{3.41}$$

最后，证明对于 $k+1$，(3.14)成立. 根据 (3.30) 和 (3.31)，

$$\|T^+ - \mathrm{id}\| \leqslant M^{7/36}. \tag{3.42}$$

δ_0 的选择蕴含

$$\delta < \delta_0 < \left(2c_3\right)^{-1/(14n+14)}.$$

因此，

$$\frac{c_3 M \delta^{2n+2}}{s^2} \leqslant \frac{1}{2}.$$

再根据(3.30)和(3.31)获得，在 $\{x : |\operatorname{Im} x| \leqslant r - 3\delta\} \times \{y : |y - y_0| \leqslant s\} \times \{(z_+, z_-) : |z_\pm| \leqslant 6s\}$ 上，

$$\begin{pmatrix} x^+ \\ z_+^+ \end{pmatrix} = \begin{pmatrix} x^+ \\ z_+ \end{pmatrix} + \begin{pmatrix} S_{y^+}^+ \\ S_{z_-^+}^+ \end{pmatrix} (x, y^+, z_+, z_-^+),$$

并且，

$$\left\| \begin{pmatrix} S_{y^+}^+ \\ S_{z_\pm^+}^+ \end{pmatrix} \right\| \leqslant c_3 \frac{M}{s \delta^{2n+2}} \leqslant \frac{s}{2}.$$

根据引理3.5和引理3.6，在 $\{x^+ : |\operatorname{Im} x^+| \leqslant r - 3\delta\} \times \{y^+ : |y^+ - y_0| \leqslant s\} \times \{(z_+^+, z_-^+) : |z_\pm^+| \leqslant 6s\}$ 上，

$$\begin{pmatrix} x \\ z_+ \end{pmatrix} = \begin{pmatrix} x^+ \\ z_+^+ \end{pmatrix} + \begin{pmatrix} \phi \\ \varphi \end{pmatrix} (x^+, y^+, z^+),$$

ϕ 和 φ 是实解析的, 并且,

$$\left\|\begin{pmatrix}\phi\\\varphi\end{pmatrix}\right\|\leqslant\frac{2c_3M}{s\delta^{2n+2}},$$

$$\left\|\frac{\partial(\phi,\varphi)}{\partial(x^+,z_+^+)}\right\|\leqslant\frac{4c_3M}{s^2\delta^{2n+3}}.$$

类似地, 可以考虑坐标 y,z_- 的估计. 最终得到

$$\left\|\frac{\partial(x,y,z)}{\partial(x^+,y^+,z^+)}\right\|\leqslant M^{7/36}. \tag{3.43}$$

(3.11), (3.41)—(3.43) 说明, 对于 $k+1$ 时, (3.11) 和 (3.12) 成立.

在上面的证明中, 事实上是取 $y_0\in G-4s_0$. 但这并不影响定理 3.1 的结论.

由于 G 是 D 型域 (定义见 [Ar1]), 存在常数 d 使得

$$\text{meas}(G\setminus(G-4s_0))\leqslant 4ds_0\text{meas}G.$$

从这个不等式和 $4s_0<\delta_0^{1/(n-m+1)}$ 得到

$$\text{meas}(G\setminus(G-4s_0))=O(\delta_0^{1/(n-m+1)}).$$

辅助引理　这一段罗列在定理证明中用到的引理里.

引理 3.1　令

$$\hat{D}_i=\{x:|\text{Im}\,x|\leqslant r_i-\delta_i\}\times\{y:|y-y_0|\leqslant 3s_i\}\times\{(z_+,z_-):|z_\pm|\leqslant 5s_i\}.$$

假设 (A1)—(A3) 成立. 则存在 $\Theta_0,\Theta_1>0$, 使得在 $\hat{D}_i$ 上,

(1) $\left\|h_{yy}^{i+1}\right\|\leqslant\Theta_0$;

(2) $\left\|\Omega^{i+1}\right\|\leqslant\Theta_1$;

(3) $\text{Re}\left\langle v,\Omega^{i+1}(x,y)v\right\rangle\geqslant\mu|v|^2$.

证明　记

$$c_4=\left\|h_{yy}\right\|_{G'}+1,$$
$$G'=\{y:|\text{Im}\,y|\leqslant\rho,\text{Re}\,y\in G\}.$$

由迭代过程,

$$h_{yy}^{i+1}(y)=h_{yy}(y)+\sum_{j=1}^i\left([R^j]_x(y,0)\right)_{yy}.$$

于是,

$$\left\| h_{yy}^{i+1} \right\| \leqslant \left\| h_{yy} \right\|_{G'} + \sum_{j=1}^{i} \left| \left([R^j]_x(y,0) \right)_{yy} \right|$$

$$\leqslant c_4 + \sum_{j=1}^{i} 2\delta_j^{16n+16}$$

$$\leqslant c_4 + \mu = \Theta_0.$$

上式中用到不等式

$$\delta_i < \delta_0 < \min\left\{ 2^{-1/(16n+16)}, \left(\frac{\mu}{4}\right)^{-1/(16n+16)} \right\}.$$

同样, 在 $\hat{D}_i$ 上,

$$\Omega^{i+1}(x,y) = \Omega(x,y) + \sum_{j=1}^{i} R_{z_+z_-}^j(x,y,0).$$

进而得到

$$\left\| \Omega^{i+1} \right\| \leqslant \left\| \Omega \right\|_{\Sigma_1 \times \Sigma_2} + \sum_{j=1}^{i} \left| R_{z_+z_-}^j(x,y,0) \right|$$

$$\leqslant \left\| \Omega \right\|_{\Sigma_1 \times \Sigma_2} + \sum_{j=1}^{i} 2M_j s_j^{-2}$$

$$\leqslant \left\| \Omega \right\|_{\Sigma_1 \times \Sigma_2} + \mu = \Theta_1.$$

上式中用到不等式

$$\delta_i \leqslant \delta_0 < \min\left\{ 2^{-7/(16n+16)}, \left(\frac{\mu}{4}\right)^{-1/(16n+16)} \right\}.$$

因此, 在 $\hat{D}_i$ 上, $\forall v \in \mathbb{C}^l$,

$$\mathrm{Re}\langle v, \Omega^{i+1}(x,y)v \rangle \geqslant \mathrm{Re}\langle v, \Omega(x,y)v \rangle - \mu |v|^2 \geqslant 2\mu |v|^2 - \mu |v|^2 = \mu |v|^2.$$

证毕.

引理 3.2[G]　考虑方程

$$V_x \omega + V(x)\Phi(x) + A(x)V(x) = F(x),$$

其中 $\omega = (\omega_1, \cdots, \omega_n)$, $x = (x_1, \cdots, x_n)$, $\Phi(x)$ 和 $A(x)$ 是 $\Sigma_r = \{x : |\mathrm{Im}\, x| \leqslant r\}$ 上的实解析函数. 假设对于所有的 $v \in \mathbb{C}^l$,

$$\mathrm{Re}\langle v, \Phi(x)v \rangle \geqslant \mu |v|^2,$$

$$\mathrm{Re}\langle v, A(x)v \rangle \geqslant \mu |v|^2.$$

则对于每个实解析函数 $F(x)$, 方程存在唯一的实解析解 $V(x)$, 满足

$$|V(x)| \leqslant 2l^{1/2}\mu^{-1}|F(x)|.$$

引理 3.3[G]　考虑方程

$$V_x(x,z)\omega + A(x,z)V(x,z) = f(x,z),$$

其中 $\omega = (\omega_1, \cdots, \omega_n)$, $x = (x_1, \cdots, x_n)$, $z = (z_1, \cdots, z_l)$, $A(x,z)$ 是 $\Sigma_{r,R} = \{x: |\operatorname{Im}x| \leqslant r\} \times \{y: |y| \leqslant R\}$ 上的实解析函数. 假设对于所有的 $v \in \mathbb{C}^l$,

$$\operatorname{Re}\langle v, A(x,z)v\rangle \geqslant \mu|v|^2.$$

则对于每个实解析函数 $f(x,z)$, 方程存在唯一的实解析解 $V(x,z)$, 满足

$$|V(x,z)| \leqslant 2l^{1/2}\mu^{-1}|f(x,z)|.$$

引理 3.4[Ar1]　考虑方程 $\partial U(x) + f(x) = 0$, 其中 $\partial = \sum_{k=1}^{n} \omega_k \, \partial/\partial x_k$. 假设

(1) f 是 Σ_r 上的实解析函数;

(2) $\|f\|_{\Sigma_r} \leqslant M$;

(3) $[f] = 1/(2\pi)^n \int_{\mathbb{T}^n} f(x)\mathrm{d}x = 0$;

(4) 对所有 $0 \neq k \in \mathbb{Z}^n$,

$$\left|\langle k, \omega\rangle\right| \geqslant K|k|^{-\tau},$$

这里 $K > 0, \tau > n$ 是常数.

则在 $\Sigma_{r-2\delta}, 0 < 2\delta < r < 1$ 上, 方程存在唯一的实解析解 $U(x), [U] = 0$, 满足

$$|U(x)| \leqslant \frac{cM}{\delta^{2n+1}}.$$

引理 3.5[D]　假设在 k 维球 $|y| \leqslant 6r$ 上,

$$x = y + \phi(y),$$

其中 $\phi(x)$ 是实解析的, 且 $\|\phi\| \leqslant r/2$. 则存在定义在 $|x| \leqslant r$ 上的唯一实解析函数 f, 使得

$$y = x + f(x),$$

满足

$$\|f\| \leqslant \|\phi\|,$$
$$\|f_x\| \leqslant \frac{\|\phi\|}{r}.$$

引理 3.6[D]　假设在 Σ_r 上, $\phi(x)$ 是实解析的. 定义

$$x = y + \phi(y).$$

则对于 $\delta \in (0, r/2)$, 当 $\|\phi\| \leqslant \delta/2$ 时, 在 $\Sigma_{r-2\delta}$ 上存在唯一的实解析函数 f, 使得

$$y = x + f(x),$$

满足

$$\|f\| \leqslant 2\|\phi\|,$$

$$\|f_x\| \leqslant \frac{4\|\phi\|}{\delta}.$$

引理 3.7[XYQ] 令 $G \subset \mathbb{R}^n$ 是有界连通区域, 令 ω 和 $\overline{\omega}$ 是 $\overline{G}$ 上实解析 n 维向量值函数, 使得

$$\mathrm{rank}\left(\frac{\partial \omega}{\partial y}\right) = m,$$

$$\mathrm{rank}\left\{\omega, \frac{\partial^\alpha \omega}{\partial y^\alpha} : \forall \alpha, |\alpha| \leqslant n - m + 1\right\} = n.$$

则存在 $\varepsilon_0 > 0$, 使得当 $\delta > 0$ 充分小, 并且 $|\overline{\omega}| < \varepsilon_0$ 时, 集合

$$\Omega_\delta = \left\{y \in O : \left|\langle k, \omega(y) + \overline{\omega}(y)\rangle\right| \geqslant \delta |k|^{-\tau}, 0 \neq k \in \mathbb{Z}^n\right\}$$

是非空 Cantor 集,

$$\mathrm{meas}(G \setminus G_\delta) \leqslant c\delta^{1/(n-m+1)},$$

其中 c 是与 α, δ 和 $\overline{\omega}$ 无关的常数.

引理 3.8[G] 令 $V_0(x)$ 是 D_0 上光滑向量场. 定义相流

$$\phi_0^t(x) : \frac{\mathrm{d}}{\mathrm{d}t}\phi_0^t(x) = V_0(\phi_0^t(x)), \quad \phi_0^0(x) = x.$$

假设存在可逆的变换 $T_i : D_i \to D_{i-1}$, $\left|\prod_{i=1}^{\infty} T_i'\right| < \infty$, 其中 T_i' 表示 T_i 的 Jacobi 矩阵. 变换 $U_i = T_1 \circ \cdots \circ T_i : D_i \to D_0$ 诱导相流 $\phi_i^t = U_i^{-1} \circ \phi_0^t \circ U_i$, 对应的向量场为

$$V_i(x) = \frac{\mathrm{d}}{\mathrm{d}t}(\phi_i^t(x))\bigg|_{t=0}.$$

假设

(1) V_i 在 D_∞ 上收敛于 V_∞, 并且, $\|V_i - V_\infty\| \leqslant cd_{i+1}$, 其中 c 是与 i 和 $d = \mathrm{dist}(D_i, \partial D_i)$ 无关的常数;

(2) 线段 $x = x_0 + vt, 0 \leqslant t \leqslant 1$, 属于 D_∞, 并且在该线段上 $V_\infty = v$;

(3) 在 D_i 上, $\|\partial V_i/\partial x\| \leqslant B$, B 是与 i 无关的常数;

(4) $U_\infty = \lim_{i \to \infty} U_i$ 存在且连续.

则对于满足 $0 \leqslant t \leqslant 1/(B+C)$ 的 t,

$$\phi_0^t(U_\infty(x_0)) = U_\infty(x_0 + vt) \subset D_0.$$

1.4　近可积 Hamilton 系统的低维稳定不变环面

本节考虑近可积 Hamilton 系统的具有椭圆法向结构的低维环面的存在性问题. 本节的内容来自文献[CL4].

1.4.1　问题和结果

考虑一类近可积 Hamilton 系统, 它是一个具有稳定不变环面系统的扰动. 具体地, 未扰动系统的 Hamilton 函数为

$$N = N_0 + \langle \omega(y), y \rangle + \langle \Omega(y), y' \rangle, \tag{4.1}$$

其中 $x \in \mathbb{T}^n = (\mathbb{R}/2\pi\mathbb{Z})^n$, $y \in \mathbb{R}^n$, $y' = (y_1', \cdots, y_m') \in \mathbb{R}^m$, $y_i' = (z_i^2 + z_{i+m}^2)/2, 1 \leqslant i \leqslant m, z \in \mathbb{R}^{2m}$. 由 (4.1) 容易看出, 对于任意常向量 $c_1 \in \mathbb{R}^n, c_2 \in \mathbb{R}^m$, 集合 $\{(x,y,z):$ $x \in \mathbb{T}^n, y = c_1, y' = c_2\}$ 是一个 $n+m$ 维环面, 并且, $\{(x,c_1,0) : x \in \mathbb{T}^n\}$ 是未扰动系统的 n 维稳定不变环面.

早在 20 世纪 60 年代, Moser 就在[Mo2,Mo3]中指出, 保证近可积系统保持不变环面的条件是

$$\det \begin{pmatrix} \dfrac{\partial \omega}{\partial y} & \dfrac{\partial \Omega}{\partial y} \\ \omega & \Omega \end{pmatrix} \neq 0.$$

Eliasson 和 Pöschel 分别独立研究这方面的问题, 使用了某些不同的非退化性条件[El1,Po5]. 本节在较弱的非退化性条件下研究上述近可积系统, 获得了 "多数" 不变环面的存在性.

令 $G \subset \mathbb{R}^n$ 是有界连通域, Hamilton 函数 $N : \mathbb{T}^n \times G \times \mathbb{R}^m \times \mathbb{R}^m \to \mathbb{R}$ 是实解析函数, 并且有下列形式:

$$N(y,z) = h(y) + \langle \Omega(y), y' \rangle, \tag{4.2}$$

其中 $y \in G, z \in \mathbb{R}^{2m}, y_i' = (z_i^2 + z_{i+m}^2)/2, i = 1,2,\cdots,m.$

假设

(1) 频率映射 $\omega(y) = \partial h/\partial y(y)$ 满足

$$\text{rank}\left(\frac{\partial \omega}{\partial y}\right) = r, \quad \forall y \in G, \tag{4.3}$$

其中 $0 < r \leqslant n$;

(2) $\bar{\omega} = (\omega, \Omega)$ 满足

$$\text{rank}\left\{\bar{\omega}, \frac{\partial^{\alpha}\bar{\omega}}{\partial y^{\alpha}} : \forall \alpha, |\alpha| \leqslant n + m - r + 1\right\} = n + m, \tag{4.4}$$

其中 $\alpha \in \mathbb{Z}_{+}^{n}, i = 1, \cdots, n$;

$$\frac{\partial^{\alpha}\bar{\omega}}{\partial y^{\alpha}} = \left(\frac{\partial^{\alpha}\omega_1}{\partial y^{\alpha}}, \cdots, \frac{\partial^{\alpha}\omega_n}{\partial y^{\alpha}}, \frac{\partial^{\alpha}\Omega_1}{\partial y^{\alpha}}, \cdots, \frac{\partial^{\alpha}\Omega_m}{\partial y^{\alpha}}\right).$$

令

$$\Sigma_{\rho} = \left\{x : \text{Re}\, x \in \mathbb{T}^n, |\text{Im}\, x| < \rho\right\},$$
$$G_{\rho} = \left\{y : \text{Re}\, y \in G, |\text{Im}\, y| < \rho\right\},$$
$$B_{\rho} = \left\{z \in \mathbb{C}^{2m} : |z| < \rho\right\}.$$

考虑 N 的扰动实解析 Hamilton 函数 $H : \Sigma_{\rho} \times G_{\rho} \times B_{\rho} \to C$，我们有如下定理.

定理 4.1 假设条件 (1) 和 (2) 成立. 则存在 $\varepsilon_0 > 0$，使得对任意满足 $|H| < \varepsilon_0$ 的扰动 H，有非空 Cantor 集 $G_H \subset G$，当 $y \in G_H$ 时，Hamilton 系统 $N + H$ 具有一个 n 维不变环面 I_y，其频率为 $(\omega^{\infty}(y), \Omega^{\infty}(y))$，并且切频率 $\omega^{\infty}(y)$ 和法频率 $\Omega^{\infty}(y)$ 满足

$$\max\left\{|\omega^{\infty}(y) - \omega(y)|, |\Omega^{\infty}(y) - \Omega(y)|\right\} < \varepsilon_0^{1/4}.$$

集合 G_H 满足估计:

$$\text{meas}(G \setminus G_H) < c\varepsilon_0^{1/8(n+\tau+3)(n+m-r+1)},$$

其中 c 是一个与 ε_0 无关的正常数.

在 Eliasson 的工作中[E11]，保证不变环面存在的非退化性条件为

$$\det\left(\frac{\partial \omega}{\partial y}\right) \neq 0$$

和

$$\langle l, \Omega(y) \rangle \neq \left\langle l, \omega(y)\left(\frac{\partial \omega}{\partial y}\right)^{-1}\frac{\partial \Omega}{\partial y}\right\rangle, \quad \forall 0 \neq l \in \mathbb{Z}^m, \quad |l| \leqslant 3.$$

这是本节考虑的 $r = n$ 的情况. 需要指出的是，他的工作可以证明 $\omega^{\infty}(y)$ 平行于

$\omega(y)$，但是本节不能证明这一点.

给定 $y_0 \in G$. 记

$$D(\rho, s) = \left\{ (x, y, z) : \operatorname{Re} x \in \mathbb{T}^n, |\operatorname{Im} x| < \rho, |y - y_0| < s^2, |z| < s \right\}.$$

令 H 是 $D(\rho, s)$ 上的实解析函数，$[H]$ 表示 H 在 $\mathbb{T}^{n+m}$ 上的平均. 令

$$H = H_0 + H_1 + \cdots,$$

其中

$$H_k(x, y, z) = \sum_{(\alpha, \beta) \in \mathbb{Z}_+^{n+2m}, \, 2|\alpha| + |\beta| = k} \frac{1}{\alpha! \beta!} \frac{\partial^\alpha \partial^\beta}{\partial y^\alpha \partial z^\beta} H(x, y_0, 0)(y - y_0)^\alpha z^\beta. \tag{4.5}$$

记

$$\hat{H} = H - (H_0 + H_1 + H_2 + H_3).$$

令 M, τ 是下面将要固定的常数. 用 c_i 表示仅依赖于 M, τ, ρ, m, n 的正常数. 由 (4.5) 和 Cauchy 积分公式可知，如果在 $D(\rho, s)$ 上 $|H| < \varepsilon$，则在 $D(\rho, 7s/8)$ 上，

$$\begin{aligned} &|H_0| \leqslant \varepsilon, \\ &|H_i| \leqslant c_i \varepsilon, \quad i = 1, \cdots, 5. \end{aligned} \tag{4.6}$$

1.4.2 小除数引理

考虑

$$N_2 = \langle \omega(y_0), y - y_0 \rangle + \langle \Omega(y_0), y' \rangle,$$

其中 ω 和 Ω 满足

$$\left| \langle k, \omega \rangle + \langle l, \Omega \rangle \right| \geqslant (|k| + |l|)^{-\tau}, \quad \forall 0 \neq (k, l) \in \mathbb{Z}^{n+m}, \quad |l| \leqslant 3,$$

其中 $\tau \geqslant (n+m)(n+m-r+1) - 1$ 是一个常数.

假设 F 是定义在 $D(\rho, s)$ 上的实解析函数，它至多是 3 阶的.

引理 4.1 方程

$$\{\varphi, N_2\} = F - [F], \quad [\varphi] = 0 \tag{4.7}$$

有唯一的与 F 同阶的实解析解 φ，满足

$$|\varphi|_{D(\rho - \delta, s)} \leqslant \frac{c_6}{\delta^{n+\tau+2}} |F|_{D(\rho, s)}.$$

证明 记 $D = D(\rho, s)$. 引入变换

$$\begin{aligned} \hat{x}_i &= x_i, \quad 2z_i = (1 + \sqrt{-1})(\hat{z}_i - \hat{z}_{i+m}), \\ \hat{y}_i &= y_i, \quad 2z_{i+m} = (1 - \sqrt{-1})(\hat{z}_i + \hat{z}_{i+m}). \end{aligned}$$

这是一个辛变换, 且 $y_i' = -\sqrt{-1}\hat{z}_i\hat{z}_{i+m}$. 为简单起见, 仍然使用原来的记号, 并且不失一般性, 设 F 只含有 j 阶项, $0 \leqslant j \leqslant 3$. 这样, 可设

$$F(x,y,z) = \sum_{2|\alpha|+|\beta|=j}\left(\sum_{k\in\mathbb{Z}^n}c(k)\exp\left(\sqrt{-1}\langle k,x\rangle\right)\right)(y-y_0)^\alpha z^\beta, \tag{4.8}$$

其中 $\beta = (\beta', \beta'') \in \mathbb{Z}_+^{2m}$, $\alpha \in \mathbb{Z}_+^n$. 利用 Cauchy 公式,

$$\left|c(k)(y-y_0)^\alpha z^\beta\right| \leqslant c_7 e^{-\rho|k|}\,|F|_D\,. \tag{4.9}$$

定义

$$\gamma(k) = \begin{cases} -\sqrt{-1}\left(\langle k,\omega\rangle + \langle \beta'-\beta'',\Omega\rangle^{-1}\right), & (k,\beta'-\beta'') \neq 0, \\ 0, & (k,\beta'-\beta'') = 0. \end{cases}$$

将 (4.8) 代入 (4.7) 中, 比较系数得到

$$\varphi(x,y,z) = \sum_{2|\alpha|+|\beta|=j}\sum_{k\in\mathbb{Z}^n}\gamma(k)c(k)\exp\left(\sqrt{-1}\langle k,x\rangle\right)(y-y_0)^\alpha z^\beta. \tag{4.10}$$

显然, $[\varphi] = 0$. 令

$$\varphi_{\alpha,\beta} = \sum_{k\in\mathbb{Z}^n}\gamma(k)c(k)\exp\left(\sqrt{-1}\langle k,x\rangle\right)(y-y_0)^\alpha z^\beta. \tag{4.11}$$

则根据 (4.9) 和 [Ar1] 的引理, 得到

$$\begin{aligned}
\left|\varphi_{\alpha,\beta}\right|_{D(\rho-\delta,s)} &\leqslant \sum_{k\in\mathbb{Z}^n}\left|\gamma(k)\right|\left|c(k)(y-y_0)^\alpha z^\beta\right|e^{|k|(\rho-\delta)}\left|F\right|_D \\
&\leqslant \sum_{k\in\mathbb{Z}^n}\frac{1}{e^{|k|\delta}\left|\langle k,\omega\rangle + \langle\beta'-\beta'',\Omega\rangle\right|}\left|F\right|_D \\
&\leqslant \frac{3^\tau}{\delta}\left|F\right|_D + \sum_{0\neq k\in\mathbb{Z}^n}\frac{4^\tau\,|k|^\tau}{e^{|k|\delta}\delta}\left|F\right|_D \\
&\leqslant \frac{c_8}{\delta}\left|F\right|_D + \sum_{j=1}^\infty\frac{2^n\,j^{n-1}\,4^\tau\,j^\tau}{e^{j\delta}\delta}\left|F\right|_D \\
&\leqslant \frac{c_8}{\delta}\left|F\right|_D + \frac{c_9}{\delta^{n+\tau+2}}\sum_{j=1}^\infty\frac{1}{j^{2+[\tau]-\tau}}\left|F\right|_D \\
&\leqslant \frac{c_{10}}{\delta^{n+\tau+2}}\left|F\right|_D\,.
\end{aligned}$$

由上式, (4.6) 和 (4.10) 最终可以证明引理.

定理 4.1 的证明 令

$$N(y,z) = h(y_0) + \langle\omega(y_0), y-y_0\rangle + \langle\Omega(y_0), y'\rangle + \hat{N}(y,z), \tag{4.12}$$

$$\hat{N}(y,z) = \frac{1}{2}\left\langle \frac{\partial^2 h}{\partial y^2}(y_t)(y - y_0), y - y_0 \right\rangle + \left\langle \frac{\partial \Omega}{\partial y}(y_\theta)(y - y_0), y' \right\rangle, \qquad (4.13)$$

其中 $y_t = y_0 + t(y - y_0)$, $y_\theta = y_0 + \theta(y - y_0)$, $0 \leqslant t, \theta \leqslant 1$. 对应于 (4.12) 和 (4.13), 记

$$N = N_0 + N_2 + \hat{N}. \qquad (4.14)$$

$$\begin{aligned} N_0 &= [N_0] = h(y_0), \\ N_2 &= \langle \omega(y_0), y - y_0 \rangle + \langle \Omega(y_0), y' \rangle. \end{aligned} \qquad (4.15)$$

由于 $\omega, \Omega, \partial\omega/\partial y, \partial\Omega/\partial y$ 是 G 上的有界函数, 因此, 在 $D(\rho, s')$ 上有

$$\begin{aligned} |N_2| &\leqslant \mu_1^0 (s')^2, \\ |\hat{N}| &\leqslant \mu_2^0 (s')^4, \quad s' \leqslant s, \end{aligned} \qquad (4.16)$$

其中 μ_1^0, μ_2^0 是仅依赖于 G 的正常数.

1. 证明的思路和测度估计

我们利用快迭代程序证明定理 4.1. 构造快迭代数列,

$$\begin{aligned} \varepsilon_{i+1} &= \varepsilon_i^{9/8}, \\ \delta_i &= \varepsilon_i^{1/8(n+\tau+3)}, \\ s_i &= \varepsilon_i^{1/8}, \\ \rho_{i+1} &= \rho_i - 6\delta_i, \\ i &= 1, 2, \cdots, \end{aligned}$$

其中 ε_0 是满足下面 (A)—(J) 的不等式, $\rho_0 = \rho$. 定义

$$\begin{aligned} D_j^i &= D\left(\rho_i - j\delta_i, \frac{7-j}{8} s_i \right) \\ &= \left\{ (x, y, z) : \mathrm{Re}\, x \in \mathbb{T}^n, |\mathrm{Im}\, s| < \rho_i - j\delta_i, |y| < \left(\frac{7-j}{8} s_i \right)^2, |z| < \frac{7-j}{8} s_i \right\}, \\ & 0 \leqslant j \leqslant 6. \end{aligned}$$

假设 Hamilton 函数 $H + N$ 在 D_0^i 上利用辛变换被化为 $H^i + N^i$,

$$N^i = N_0^i + N_2^i + \hat{N}^i, \qquad (4.17)$$

$$N_0^i = [N_0^i], \qquad (4.18)$$

$$N_2^i = \langle \omega^i(y_0), y - y_0 \rangle + \langle \Omega^i(y_0), y' \rangle, \qquad (4.19)$$

$$\begin{aligned} |N_2^i|_{D(\rho_i, s')} &\leqslant \mu_1^i (s')^2, \\ |\hat{N}^i|_{D(\rho_i, s')} &\leqslant \mu_2^i (s')^4, \quad s' \leqslant s, \end{aligned} \qquad (4.20)$$

$$|H^i| \leqslant \varepsilon_i. \tag{4.21}$$

令

$$O_i = \left\{ y \in G : \left| \left\langle k, \omega^i(y) \right\rangle + \left\langle l, \Omega^i(y) \right\rangle \right| \geqslant \delta_i(|k|+|l|)^{-\tau}, 0 \neq (k,l) \in \mathbb{Z}^{n+m}, |l| \leqslant 3 \right\}.$$

给定 $y_0 \in O_0$, 引进辛变换 Φ_i 使得

$$\left(N^i + H^i \right) \circ \Phi_i = N^{i+1} + H^{i+1}.$$

我们将证明 $N^{i+1} + H^{i+1}$ 满足 (4.17)—(4.21). 如果

$$y_0 \in \bigcap_{i=0}^{\infty} O_i \neq \varnothing,$$

则上述迭代过程可以继续下去. 记

$$[H_2^i] = \left\langle P^i(y_0), y - y_0 \right\rangle + \left\langle Q^i(y_0), y' \right\rangle. \tag{4.22}$$

由 (4.6), (4.21), 关系式 $s_i = \varepsilon_i^{1/8}$ 和 Cauchy 公式, 得到

$$\max \left\{ \left| P^i \right|_{D_1^i}, \left| Q^i \right|_{D_1^i} \right\} \leqslant \frac{c_{11}}{s_i^2} \left| H_2^i \right|_{D_0^i} \leqslant c_{12} \varepsilon^{3/4}.$$

令

$$\begin{aligned} \omega^{i+1} &= \omega^i + P^i, \\ \Omega^{i+1} &= \Omega^i + Q^i. \end{aligned} \tag{4.23}$$

我们能证明, 在 D_1^i 上,

$$\begin{aligned} \left| \omega^{i+1} - \omega^0 \right| &\leqslant \sum_{k=0}^{i} \left| \omega^{k+1} - \omega^k \right|_{D_1^k} = \sum_{k=0}^{i} \left| P^k \right|_{D_1^k} \\ &\leqslant c_{12} \sum_{k=0}^{i} \varepsilon_k^{3/4} < \varepsilon_{00}, \\ \left| \Omega^{i+1} - \Omega^0 \right| &\leqslant \sum_{k=0}^{i} \left| \Omega^{k+1} - \Omega^k \right|_{D_1^k} = \sum_{k=0}^{i} \left| Q^k \right|_{D_1^k} \\ &\leqslant c_{12} \sum_{k=0}^{i} \varepsilon_k^{3/4} < \varepsilon_{00}. \end{aligned}$$

上面不等式的证明用到了条件

$$\varepsilon_0 < \min \left\{ \left(\frac{1}{2} \right)^{32}, \frac{\varepsilon_{00}}{2c_{12}} \right\}, \tag{A}$$

其中 ε_{00} 在 1.4.3 节中给出. 这样,

$$\left|\omega^{i+1}\right| \leqslant \left|\omega^0\right| + \sum_{k=0}^{i}\left|\omega^{k+1}-\omega^k\right|_{D_1^k}$$

$$\leqslant \left|\frac{\partial h}{\partial y}\right|_G + c_{12}\sum_{k=0}^{i}\varepsilon_k^{3/4}$$

$$< M + \varepsilon_{00}, \tag{4.24}$$

$$\left|\Omega^{i+1}\right| \leqslant \left|\Omega^0\right| + \sum_{k=0}^{i}\left|\Omega^{k+1}-\Omega^k\right|_{D_1^k}$$

$$\leqslant \left|\Omega\right|_G + c_{12}\sum_{k=0}^{i}\varepsilon_k^{3/4}$$

$$< M + \varepsilon_{00}, \tag{4.25}$$

其中

$$M \geqslant \max\left\{\left|\partial h/\partial y\right|_G, \left|\Omega\right|_G, 3\mu_2^0+1\right\},$$

$$\omega^0 = \omega, \quad \Omega^0 = \Omega.$$

定义

$$O_i' = \left\{y \in G : \left|\langle k,\omega^i(y)\rangle + \langle l,\Omega^i(y)\rangle\right| \geqslant \delta_i(|k|+|l|)^{-\tau}, 0 \neq (k,l) \in \mathbb{Z}^{n+m}\right\}.$$

显然, $O_i' \subseteq O_i$. 令

$$G_H = \bigcap_{i=0}^{\infty}O_i.$$

根据 (4.24), (4.25) 和引理 4.3, 当

$$\varepsilon_0 < \left(\frac{1}{2}\right)^{64(n+m+\tau-1)(n+\tau+3)} \tag{B}$$

时, 得到

$$\operatorname{meas}(G \setminus G_H) \leqslant \sum_{i=1}^{\infty}\operatorname{meas}(G \setminus O_i)$$

$$\leqslant \sum_{i=1}^{\infty}\operatorname{meas}(G \setminus O_i')$$

$$\leqslant c\sum_{i=1}^{\infty}\delta_i^{1/(n+m-\tau+1)}$$

$$\leqslant 2c\delta_0^{1/(n+m-\tau+1)}.$$

这样, 我们获得了定理 4.1 中的估计.

2. KAM 迭代

只需要考虑从第 i 步到第 $i+1$ 步一个迭代循环. 为了方便, 省去记号 i, 用 $+$ 表示 $i+1$.

构造函数 $S = S_0 + S_1 + S_2 + S_3$ 和 $R = R_0 + R_2 + \hat{R}$, 使得

$$\{S, N\} = H - R,$$
$$[S] = 0, \tag{4.26}$$
$$[R_0 + R_2] = R_0 + R_2.$$

令 Φ^t 是由 S 产生的向量场诱导的流. 定义 $\Phi = \Phi^1$. 则 Φ 是一个辛变换. 利用

$$\frac{\mathrm{d}}{\mathrm{d}t} F \circ \Phi^t = \{F, S\} \circ \Phi^t$$

和 Taylor 公式, 得到

$$(N + H) \circ \Phi = N^+ + \int_0^1 \{tH + (1-t)R, S\} \circ \Phi^t \mathrm{d}t, \tag{4.27}$$

$$N^+ = N + R,$$
$$H^+ = \int_0^1 \{tH + (1-t)R, S\} \circ \Phi^t \mathrm{d}t. \tag{4.28}$$

由 (4.26) 得到

$$\{S_0, N_2\} = H_0 - R_0, \quad [S_0] = 0, \quad [R_0] = R_0, \tag{4.29}$$

$$\{S_1, N_2\} = H_1, \tag{4.30}$$

$$\{S_2, N_2\} = H_2 - \{S_0, N_4\} - R_2, \quad [S_2] = 0, \quad [R_2] = R_2, \tag{4.31}$$

$$\{S_3, N_2\} = H_3 - \{S_0, N_5\} - \{S_1, N_4\}. \tag{4.32}$$

选取

$$R_0 = [H_0], \tag{4.33}$$

$$R_2 = [H_2], \tag{4.34}$$

$$\hat{R} = \hat{H} - \{S_0, \hat{N} - N_4 - N_5\} - \{S_1, \hat{N} - N_4\} - \{S_2, \hat{N}\} - \{S_3, \hat{N}\}. \tag{4.35}$$

应用 (4.21), (4.29), (4.33), (4.30), (4.6) 和引理 4.1 得到

$$|S_0|_{D_1} \leqslant \frac{c_{13}}{\delta^{n+\tau+2}} \varepsilon,$$
$$|S_1|_{D_1} \leqslant \frac{c_{14}}{\delta^{n+\tau+2}} \varepsilon. \tag{4.36}$$

由 (4.6), (4.34), (4.20), (4.36) 和 Cauchy 估计,

$$\left| H_2 + \{S_0, N_4\} + R_2 \right|_{D_2} \leqslant 2 \left| H_2 \right|_{D_2} + \left| \{S_0, N_4\} \right|_{D_2}$$

$$\leqslant \frac{c_{15} \mu_2}{\delta^{n+\tau+3}} \varepsilon$$

$$\leqslant \frac{c_{16}}{\delta^{n+\tau+2}} \varepsilon, \tag{4.37}$$

其中用到了 $c_{16} = M c_{15}$,

$$\mu_2 < 3 \mu_2^0 + 1 \leqslant M.$$

这个不等式的证明将在下面给出. 根据引理 4.1,

$$\left| S_2 \right|_{D_2} \leqslant \frac{c_6}{\delta^{n+\tau+2}} \cdot \frac{c_{16}}{\delta^{n+\tau+3}} \varepsilon$$

$$\leqslant \frac{c_{17}}{\delta^{2n+2\tau+5}} \varepsilon. \tag{4.38}$$

对于 N_4 和 N_5, 类似于 (4.6), 并且利用 (4.20), 获得

$$\left| N_4 \right|_{D_0} \leqslant c_4 \mu_2 \left(\frac{7}{8} s \right)^4 \leqslant c_{18} \left(\frac{7}{8} s \right)^4, \tag{4.39}$$

$$\left| N_5 \right|_{D_0} \leqslant c_5 \mu_2 \left(\frac{7}{8} s \right)^4 \leqslant c_{19} \left(\frac{7}{8} s \right)^4, \tag{4.40}$$

其中 $c_{18} = c_4 M, c_{19} = c_5 M$. 由 (4.6), (4.36), (4.39), (4.40) 和 Cauchy 公式,

$$\left| H_3 - \{S_0, N_5\} - \{S_1, N_4\} \right|_{D_2}$$

$$\leqslant c_3 \varepsilon + \frac{c_{20}}{\delta^{n+\tau+2}} \varepsilon + \frac{c_{21}}{\delta^{n+\tau+3}} \varepsilon$$

$$\leqslant \frac{c_{22}}{\delta^{n+\tau+3}} \varepsilon. \tag{4.41}$$

根据引理 4.1 有

$$\left| S_3 \right|_{D_3} \leqslant \frac{c_6}{\delta^{n+\tau+2}} \cdot \frac{c_{22}}{\delta^{n+\tau+2}} \varepsilon$$

$$\leqslant \frac{c_{23}}{\delta^{2n+2\tau+5}} \varepsilon. \tag{4.42}$$

利用 (4.35), (4.6), (4.36), (4.38)—(4.40), (4.42), (4.20) 和 Cauchy 公式,

$$\left| \hat{R} \right|_{D_4} \leqslant c_{24} \varepsilon + \frac{c_{25}}{\delta^{n+\tau+2}} \varepsilon + \frac{c_{26}}{\delta^{n+\tau+3}} \varepsilon + \frac{c_{27}}{\delta^{2n+2\tau+5}} \varepsilon + \frac{c_{28}}{\delta^{2n+2\tau+6}} \varepsilon$$

$$\leqslant \frac{c_{29}}{\delta^{2n+2\tau+6}} \varepsilon. \tag{4.43}$$

根据 (4.30)，(4.38) 和 (4.42)，我们获得

$$\left|S\right|_{D_3} \leqslant \frac{c_{30}}{\delta^{2n+2\tau+5}}\varepsilon. \tag{4.44}$$

由 (4.18)，(4.42)，(4.44) 和 Cauchy 公式，

$$\left|H^+\right|_{D_4} \leqslant \left|\{H,S\}\right|_{D_4} + \left|\{R,S\}\right|_{D_4}$$

$$\leqslant \frac{c_{31}}{s^2\delta^{2n+2\tau+6}}\varepsilon^2 + \frac{c_{32}}{s^2\delta^{4n+42\tau+12}}\varepsilon^2$$

$$\leqslant \frac{c_{33}}{s^2\delta^{4n+42\tau+12}}\varepsilon^2.$$

由此，并根据 s 和 δ 的定义，再取 ε_0 满足

$$\varepsilon_0 \leqslant (2c_{33})^{-8} \tag{C}$$

后，得到

$$\left|H^+\right| \leqslant \frac{1}{2}\varepsilon_+ < \varepsilon_+. \tag{4.45}$$

利用 (4.28)，(4.32) 和 (4.22) 得到

$$N^+ = (N_0 + [H_0]) + (\langle\omega+P, y-y_0\rangle + \langle\Omega+Q, y'\rangle) + (\hat{N}+\hat{R})$$

$$\doteq N_0^+ + N_2^+ + \hat{N}^+. \tag{4.46}$$

我们需要验证 N^+ 满足 (4.20)．根据 (4.16) 和 (4.43)，得到

$$\left|\hat{N}^+\right|_{D_4} \leqslant \left|\hat{N}\right|_{D_4} + \left|\hat{R}\right|_{D_4}$$

$$\leqslant \mu_2\left(\frac{1}{8}s\right)^4 + \frac{c_{29}}{\delta^{2n+2\tau+6}}\varepsilon.$$

根据 δ 的定义，选取

$$\varepsilon_0 < \left(\frac{\mu_2^0}{8c_{29}}\right)^8, \tag{D}$$

我们获得

$$\left|\hat{N}^+\right|_{D_6} \leqslant (\mu_2^0 + \mu_2^0\varepsilon^{1/8})\left(\frac{1}{8}s\right)^4. \tag{4.47}$$

令 $\mu_2^+ = \mu_2 + \mu_2^0\varepsilon_0^{1/8}$．则当

$$\varepsilon_0 < \left(\frac{1}{2}\right)^{64} \tag{E}$$

时，我们看到

$$s_+ < \frac{1}{8}s, \quad \mu_2^+ < 3\mu_2^0 + 1.$$

事实上

$$\mu_2^{i+1} = \mu_2^0 + \mu_2^0 \varepsilon_0^{1/8} + \mu_2^0 \varepsilon_0^{9/8^2} + \cdots + \mu_2^0 \varepsilon_0^{9^{i-1}/8^i}$$
$$\leqslant \mu_2^0 \left(1 + \frac{\varepsilon_0^{1/8}}{1 - 1/2} \right)$$
$$\leqslant 3\mu_2^0 + 1.$$

因此，

$$\left| \hat{N}^+ \right|_{D(\rho_+, s_+)} \leqslant \mu_2^+ (s')^4, \quad s' \leqslant s_+. \tag{4.48}$$

应用 (4.38), (4.41) 和 Cauchy 估计,

$$\left| \frac{\partial S}{\partial x} \right|_{D_4} \leqslant \frac{c_{34}}{\delta^{2n+2\tau+6}} \varepsilon,$$
$$\left| \frac{\partial S}{\partial y} \right|_{D_4} \leqslant \frac{c_{35}}{s^2 \delta^{2n+2\tau+5}} \varepsilon,$$
$$\left| \frac{\partial S}{\partial z} \right|_{D_4} \leqslant \frac{c_{36}}{s \delta^{2n+2\tau+5}} \varepsilon.$$

如果

$$\varepsilon_0 \leqslant (c_{34} + c_{35} + c_{36} + 1)^{-8}, \tag{F}$$

则

$$\left| \Phi - \mathrm{id} \right|_{D_5} \leqslant \frac{c_{34} + c_{35} + c_{36}}{s^2 \delta^{2n+2\tau+5}} \varepsilon < \varepsilon^{3/8} < s_+. \tag{4.49}$$

因此，Φ 在 $D(\rho_+, s_+)$ 上有定义, 且

$$\Phi : D(\rho_+, s_+) \to D_5. \tag{4.50}$$

从 (4.19), (4.24) 和 (4.25) 得到

$$\mu_1^+ \leqslant 2(M + \varepsilon_{00}),$$
$$\left| \hat{N}_2^+ \right|_{D(\rho_+, s')} \leqslant \mu_1^+ (s')^2, \quad s' \leqslant s_+. \tag{4.51}$$

这样，根据 (4.45), (4.46), (4.48), (4.50) 和 (4.51) 可以证明, 对于 $i+1$ 时，(4.17) 和 (4.21) 成立.

3. 定理4.1的证明

选取 $y_0 \in G_H$. 定义 $\Psi_i = \Phi_0 \circ \Phi_1 \circ \cdots \circ \Phi_{i-1}$. 显然，如果

$$\varepsilon_0 < \min\left\{ \left(\frac{1}{2}\right)^{64(n+\tau+3)}, \left(\frac{\rho}{24}\right)^{8(n+\tau+3)} \right\}, \tag{G}$$

则

$$\rho_\infty = \rho - 6\sum_{i=0}^{\infty}\delta_i > \frac{\rho}{2}.$$

令

$$D_\infty = \left\{ x : \operatorname{Re} x \in \mathbb{T}^n, |\operatorname{Im} x| < \rho_\infty \right\} \times \left\{ y = y_0, z = 0 \right\}.$$

根据 (4.49) 和 (E)，在 D_∞ 上得到

$$\left|\Psi_i - \mathrm{id}\right| \leqslant \sum_{k=1}^{i}\left|\Psi_k - \Psi_{k-1}\right| \leqslant \sum_{k=1}^{i}\varepsilon_k^{3/8} < 2\varepsilon_0^{3/8}.$$

因此，$\{\Psi_i\}$ 在 D_∞ 上一致收敛. 类似于 (4.24) 和 (4.25)，当

$$\varepsilon_0 < \min\left\{ \left(\frac{1}{2}\right)^{32}, \frac{1}{2c_{12}} \right\}, \tag{H}$$

$y \in G_H$ 时，

$$\left|\omega^\infty(y) - \omega(y)\right| < \varepsilon_0^{1/4},$$
$$\left|\Omega^\infty(y) - \Omega(y)\right| < \varepsilon_0^{1/4},$$

其中

$$\omega^\infty(y) = \lim_{i\to\infty}\omega^i(y),$$
$$\Omega^\infty(y) = \lim_{i\to\infty}\Omega^i(y).$$

根据 (4.49)，并取

$$\varepsilon_0 < c_{37}^{24}, \tag{I}$$

我们有

$$\left|\frac{\partial\Psi_i}{\partial(x_i, y_i, z_i)} - \mathrm{Id}\right| \leqslant \frac{c_{37}}{s_i^2\delta_i}\varepsilon_i^{3/8} < \varepsilon_i^{1/24}. \tag{4.52}$$

$$\left|\frac{\partial\Psi_i}{\partial(x_i, y_i, z_i)}\right| \leqslant \prod_{k=0}^{i-1}\left(1 + \varepsilon_i^{1/24}\right)\sum_{k=0}^{\infty}\left(\frac{1}{3}\right)^k = \frac{3}{2}.$$

上式中用到不等式

$$\varepsilon_0 < \left(\frac{1}{2}\right)^{132}.\tag{4.53}$$

这样, $\{\partial \Psi_i / \partial(x_i, y_i, z_i)\}$ 在 D_∞ 上一致收敛.

1.4.3　附录

引理 4.2[XYQ]　令 $O \subset \mathbb{R}^n$ 是有界连通域, 令 $g, \bar{g}$ 是 $\bar{O}$ 上解析函数. 如果在 $\bar{O}$ 上,

$$\text{rank}\left(\frac{\partial g}{\partial y}\right) = r,$$

$$\text{rank}\left\{g, \frac{\partial^\alpha g}{\partial y^\alpha} : \forall \alpha, |\alpha| \leqslant n - r + 1\right\} = n,$$

则存在 $\varepsilon_0 > 0$, 使得当 δ 充分小, 并且 $|\bar{g}| < \varepsilon_0$ 时, 集合

$$O_\delta = \left\{y \in O : \left|\langle k, g(y) + \bar{g}(y)\rangle\right| \geqslant \delta \lceil k \rceil^{-\tau}, 0 \neq k \in \mathbb{Z}^n\right\}$$

是非空的 Cantor 集合, 并且满足估计

$$\text{meas}(O \setminus O_\delta) \leqslant c \delta^{1/(n-\tau+1)},$$

其中 c 不依赖于 $\alpha, \bar{g}$.

引理 4.3　令 $G \subset \mathbb{R}^n$ 是有界连通域, 令 $\omega, \tilde{\omega}$ 是 $\bar{G}$ 上 n 维向量值实解析函数, 令 $\Omega, \tilde{\Omega}$ 是 $\bar{G}$ 上 m 维向量值实解析函数. 如果在 $\bar{G}$ 上,

$$\text{rank}\left(\frac{\partial(\omega, \Omega)}{\partial y}\right) = r,$$

$$\text{rank}\left\{(\omega, \Omega), \frac{\partial^\alpha(\omega, \Omega)}{\partial y^\alpha} : \forall \alpha, |\alpha| \leqslant n + m - r + 1\right\} = n + m,$$

则存在 $\varepsilon_{00} > 0$, 使得当 δ 充分小, 并且 $|(\tilde{\omega}, \tilde{\Omega})| < \varepsilon_{00}$ 时, 集合

$$G_\delta = \left\{y \in O : \left|\langle k, \omega(y) + \tilde{\omega}(y)\rangle + \langle l, \Omega(y) + \tilde{\Omega}(y)\rangle\right| \geqslant \delta\left(|k| + |l|\right)^{-\tau}, 0 \neq (k, l) \in \mathbb{Z}^{n+m}\right\}$$

是非空的 Cantor 集合, 并且满足估计

$$\text{meas}(G \setminus G_\delta) \leqslant c \delta^{1/(n+m-\tau+1)},$$

其中 c 不依赖于 $\alpha, \tilde{\omega}$ 和 $\tilde{\Omega}$.

1.5 近可积小扭转映射的 KAM 定理

本节将研究一般的小扭转保体积映射. 这类映射在计算数学领域经常遇到. 本节的研究工作来自于作者的博士后研究报告 [Co2].

1.5.1 主要结果

考虑小扭转映射 $F_t : B \times \mathbb{T}^n \to \mathbb{R}^m \times \mathbb{T}^n$,

$$
\begin{aligned}
\hat{p} &= p + tf(p,q), \\
\hat{q} &= q + t\omega(p) + tg(p,q),
\end{aligned}
\tag{5.1}
$$

这里 B 是 $\mathbb{R}^m$ 中有界连通域, $\mathbb{T}^n = \mathbb{R}^n / (2\pi\mathbb{Z})^n$; $f(p,q)$ 和 $g(p,q)$ 关于 q 是 2π 周期的; t 是一个小参数, $0 < t \leqslant 1$.

当 f 和 g 充分小并且 ω 满足某种非退化性条件时, 映射 (5.1) 称为近可积小扭转型映射. 在 [Sh3] 中, 尚在久对 Hamilton 系统的辛算法给出了一个 KAM 型定理. 这一节, 我们在较弱的条件下, 研究同样的问题.

假设下列条件成立.

(H1) ω, f 和 g 是 $B \times \mathbb{T}^n$ 上的实解析函数, 即存在常数 ρ, 使得在 $B_\rho \times \Sigma_\rho$ 上, ω, f 和 g 是实解析的, 其中

$$
B_\rho = \left\{ p \in \mathbb{C}^m : \operatorname{Re} p \in B, \ |\operatorname{Im} p| < \rho \right\},
$$

$$
\Sigma_\rho = \left\{ q \in \mathbb{C}^m : \operatorname{Re} q \in \mathbb{T}^n, \ |\operatorname{Im} q| < \rho \right\}.
$$

(H2) 对于任意 $t \in (0,1]$, F_t 是 $B_\rho \times \Sigma_\rho$ 上的具有相交性质的保体积映射.

(H3) 记 $k = \max\{n, m\}$. 则在 B 的闭包 $\overline{B}$ 上, ω 满足

$$
\operatorname{rank}\left\{ \omega, \frac{\partial^\alpha \omega}{\partial p^\alpha} : \forall \alpha \in \mathbb{Z}_+^m, \ |\alpha| \leqslant k-1 \right\} = n.
\tag{5.2}
$$

定理 5.1 假设 (H1), (H2) 和 (H3) 成立. 则存在常数 $\varepsilon_* > 0$, 使得对于任意 $\varepsilon \in (0, \varepsilon_*]$ 和任意 $t \in (0,1]$, 有非空 Cantor 集 $B(\varepsilon, t) \subset B$, 满足, 当 $\|f\| + \|g\| < \varepsilon$ 时, 下列结论成立:

(1) F_t 具有一族不变环面 T_p, $p \in B(\varepsilon, t)$, 其频率 $\omega^\infty(p)$ 满足估计

$$
\omega^\infty(p) - \omega(p) = O(\varepsilon);
$$

(2) 集合 $B(\varepsilon, t)$ 的测度关于 t 一致满足估计,

$$
\operatorname{meas}(B \setminus B(\varepsilon, t)) = O\left(\varepsilon_*^{1/7(k-1)(n+\tau+3)} \right).
$$

1.5.2　差分方程

令 $h(p,q)$ 是 $B_\rho \times \Sigma_\rho$ 上实解析的, 其 Fourier 展开为

$$h(p,q) = \sum_{k \in \mathbb{Z}^n} h_k(p) e^{\sqrt{-1}\langle k,q \rangle}.$$

记

$$(R_N h)(p,q) = \sum_{k \in \mathbb{Z}^n, |k| \geqslant N} h_k(p) e^{\sqrt{-1}\langle k,q \rangle}.$$

考虑定义在 $B_\rho \times \Sigma_\rho$ 上的差分方程

$$V(p, q + t\omega(p_0)) - V(p,q) = t(h(p,q) - (R_N h)(p,q) - h_0(p)), \quad t \in (0,1], \quad (5.3)$$

其中 $p_0 \in B_\rho$ 是给定的.

引理 5.1　如果 $\omega(p_0)$ 满足含参数的 Diophantus 条件, 即对于给定的 $\delta > 0$ 和 $\tau > n^2 - 1$,

$$\left| e^{\sqrt{-1}\langle k, t\omega(p_0) \rangle} - 1 \right| \geqslant t\delta |k|^{-\tau}, \quad \forall 0 \neq k \in \mathbb{Z}^n, \quad \forall t \in (0,1], \quad (5.4)$$

则方程 (5.3) 存在唯一的均值为零的解, 并且, 在 $B_\rho \times (\Sigma_\rho - \delta), 0 < \delta < \rho$ 上满足估计

$$\| V \| \leqslant \frac{c_0}{\delta^{n+\tau+2}} \| h \|,$$

其中 $\Sigma_\rho - \delta = \left\{ q \in \Sigma_\rho : \operatorname{dist}(q, \partial\Sigma) \geqslant \delta \right\}$, $c_0 = 2^{n-1} \pi^2 (n + \tau + 1)^{(n+\tau+1)} e^{-(n+\tau+1)} / 3$.

证明　令

$$V(p,q) = \sum_{k \in \mathbb{Z}^n, 0 < |k| < N} V_k(p) e^{\sqrt{-1}\langle k,q \rangle}.$$

将其代入 (5.3) 并比较系数得到

$$V(p,q) = \sum_{k \in \mathbb{Z}^n, 0 < |k| < N} \frac{th_k(p)}{e^{\sqrt{-1}\langle k, t\omega(p_0) \rangle} - 1} e^{\sqrt{-1}\langle k,q \rangle}. \quad (5.5)$$

由 Cauchy 公式,

$$\| h_k \| \leqslant e^{-\rho|k|} \| h \|. \quad (5.6)$$

令

$$R(x) = e^{-\delta x} x^{n+\tau+1}, \quad 0 \leqslant x < +\infty.$$

显然,

$$\|R\| \leqslant e^{-(n+\tau+1)} \left(\frac{n+\tau+1}{\delta} \right)^{n+\tau+1}. \tag{5.7}$$

由 (5.5)—(5.7)，在 $B_\rho \times (\Sigma_\rho - \delta)$ 上得到估计

$$\|V\| \leqslant \sum_{k \in \mathbb{Z}^n, 0 < |k| < N} \frac{t\|h_k\|}{\left| e^{\sqrt{-1}\langle k, t\omega(p_0)\rangle} - 1 \right|} \left| e^{\sqrt{-1}\langle k, q\rangle} \right|$$

$$\leqslant \frac{\|h\|}{\delta} \sum_{k \in \mathbb{Z}^n, 0 < |k| < N} \frac{|k|^\tau}{e^{\delta|k|}}$$

$$\leqslant \frac{\|h\|}{\delta} \sum_{j=1}^{N-1} \frac{j^{n+\tau+1} 2^n}{e^{j\delta} j^2}$$

$$\leqslant e^{-(n+\tau+1)} (n+\tau+1)^{n+\tau+1} \cdot 2^n \frac{\|h\|}{\delta^{n+\tau+2}} \sum_{j=1}^\infty \frac{1}{j^2}$$

$$= \frac{c_0}{\delta^{n+\tau+2}} \|h\|.$$

引理证毕.

1.5.3 测度引理

本段仅考虑 $m = n$ 的情况. 其他情况可以利用本段结果和 Fubini 定理得到.

引理 5.2 假设 h 是从 $\overline{B}$ 到 $\mathbb{R}^n$ 的实解析函数. 对于任意 $t \in (0,1]$，定义

$$O(\delta, t) = \left\{ p \in B : \left| \langle k, th(p) \rangle + k_0 \pi \right| \geqslant \frac{\pi}{4} t\delta |k|^{-\tau}, |k_0| \leqslant (M_0 + 1)|k|, 0 \neq k \in \mathbb{Z}^n, k_0 \in \mathbb{Z} \right\},$$

其中 $\tau > n^2 - 1$ 是常数. 如果对于所有 $p \in \overline{B}$，假设 (H3) 成立，则对于充分小的 $\delta > 0$，

$$\text{meas}(B \setminus O(\delta, t)) \leqslant c_1 (\text{diam} B)^{n-1} \delta^{1/(n-1)},$$

其中 c_1 是与 δ 和 t 无关的正常数.

证明 令

$$l\left(\frac{k}{|k|}, k_0, p, t \right) = \left\langle \frac{k}{|k|}, h(p) \right\rangle + \frac{k_0 \pi}{t|k|},$$

$$O^{k,k_0} = \left\{ p : \left| l\left(\frac{k}{|k|}, k_0, p, t \right) \right| \leqslant \frac{\pi}{4} \delta |k|^{-\delta-1} \right\},$$

$$O^k = \bigcup_{|k_0| \leqslant (M_0+1)|k|} O^{k,k_0}.$$

由 (H3) 和文献 [XYQ] 中定理 B 的证明, 可以获得

$$\mathrm{meas}O^{k,k_0} \leqslant c_2(\mathrm{diam}B)^{n-1}\delta^{1/(n-1)}\,|\,k\,|^{-(\tau+1)/(n-1)}, \tag{5.8}$$

其中 c_2 是与 δ 和 t 无关的正常数. 利用 (5.5),

$$\begin{aligned}
\mathrm{meas}O^k &\leqslant \sum_{|k_0|\leqslant (M_0+1)|k|} \mathrm{meas}O^{k,k_0} \\
&\leqslant c_2(\mathrm{diam}B)^{n-1}\delta^{1/(n-1)}\,|\,k\,|^{-(\tau+1)/(n-1)}\cdot 2(M_0+1)\,|\,k\,| \\
&\leqslant c_3(\mathrm{diam}B)^{n-1}\delta^{1/(n-1)}\,|\,k\,|^{-(\tau+1)/(n-1)+1}.
\end{aligned}$$

注意到

$$O(\delta,t)=\bigcap_{k\neq 0}(B\setminus O^k).$$

由此得到

$$\begin{aligned}
\mathrm{meas}(B\setminus O(\delta,t)) &\leqslant \sum_{k\neq 0}\mathrm{meas}O^k \\
&\leqslant c_3(\mathrm{diam}B)^{n-1}\delta^{1/(n-1)}\sum_{k\neq 0}|\,k\,|^{-(\tau+1)/(n-1)+1} \\
&\leqslant c_1(\mathrm{diam}B)^{n-1}\delta^{1/(n-1)},
\end{aligned}$$

这里 $\tau > n^2-1$ 是常数. 这一限制是为了保证级数 $\sum_{k\neq 0}|\,k\,|^{-(\tau+1)/(n-1)+1}$ 收敛. 引理证毕.

引理 5.3　令 $\omega(p)$ 和 $\bar\omega(p)$ 在 $\bar B$ 上是实解析的. 如果在 $\bar B$ 上, ω 满足 (H3), 则存在 $c_* > 0$, 使得当 $\|\bar\omega\|\leqslant c_*$, 并且 δ 充分小时, 集合

$$\begin{aligned}
\tilde O(\delta,t)=\Big\{ p\in B: \Big|\langle k,t(\omega(p)+\bar\omega(p))\rangle+k_0\pi\Big|\geqslant \frac{\pi}{4}t\delta\,|\,k\,|^{-\tau}, \\
|\,k_0\,|\leqslant (M_0+1)\,|\,k\,|, 0\neq k\in\mathbb{Z}^n, k_0\in\mathbb{Z}\Big\}
\end{aligned}$$

满足估计

$$\mathrm{meas}(B\setminus\tilde O(\delta,t))\leqslant c_4\delta^{1/(n-1)},\quad \forall t\in(0,1],$$

其中 c_4 是与 δ 和 t 无关的正常数.

证明　由 (H3), 存在 $c_* > 0$, 使得当 $\|\bar\omega\|\leqslant c_*$ 时, (H3) 对于 $\omega+\bar\omega$ 也成立. 这样, 由引理 5.2, 引理 5.3 证毕.

1.5.4　迭代过程

假设在 $D_\rho\times\Sigma_\rho$ 上,

$$\|f\|+\|g\|\leqslant\varepsilon, \tag{5.9}$$

$$\max\left\{\|\omega\|,\left\|\frac{\partial\omega}{\partial p}\right\|,\left\|\frac{\partial^2\omega}{\partial p^2}\right\|\right\}\leqslant M_0, \tag{5.10}$$

其中 M_0 是正常数, $0<\varepsilon<\varepsilon_*$.

我们将归纳地证明定理 5.1. 定义迭代数列如下:

$$\varepsilon_{i+1}=\varepsilon_i^{8/7}, \quad \varepsilon_0=\varepsilon,$$

$$\delta_i=\varepsilon_i^{1/7(n+\tau+3)},$$

$$\rho_{i+1}=\rho_i-4\delta_i, \quad \rho_0=\rho,$$

$$s_i=6\delta_i\varepsilon_i^{3/7},$$

$$N_{i+1}=\left[\frac{1}{3\delta_i}\left(n\ln\frac{2n}{e}+(n+1)\ln\frac{1}{\delta_i}+\frac{2}{7}\ln\frac{1}{\varepsilon_i}\right)\right]+1,$$

$$i=0,1,\cdots,$$

其中 $[\cdot]$ 表示实数的整数部分. 给定 $t\in(0,1]$, 对于任意 $p_0\in O_{i-1}$,

$$O_{i-1}=\left\{p\in B:\left|e^{\sqrt{-1}\langle k,t\omega^i(p)\rangle}-1\right|\geqslant t\delta_{i-1}|k|^{-\tau},k\in\mathbb{Z}^n,1<|k|<N_i\right\},$$

令

$$D_i=\left\{p\in B_\rho:|p-p_0|<s_i\right\},$$

$$\Sigma_i=\left\{q:\mathrm{Re}\,q\in\mathbb{T}^n,|\mathrm{Im}\,q|<\rho_i\right\},$$

$$i=1,2,\cdots.$$

假设在 $D_i\times\Sigma_i$ 上, F_t 被化为 F_i:

$$p_1=p+tf^i(p,q),$$

$$q_1=q+t\omega^i(p)+tg^i(p,q),$$

满足

$$\|f^i\|+\|g^i\|\leqslant\varepsilon_i, \tag{5.11}$$

$$\omega^i(p)=\omega(p)+\sum_{j=0}^{i-1}g_0^j(p), \tag{5.12}$$

其中 g_0^j 是函数 $g^j(p,q)$ 的 Fourier 展开式中关于 q 的零阶项.

记

$$\omega^{i+1}(p)=\omega^i(p)+g_0^i(p), \tag{5.13}$$

并定义

$$O_i = \left\{ p \in B : \left| e^{\sqrt{-1}\left\langle k, t\omega^{i+1}(p) \right\rangle} - 1 \right| \geqslant t\delta_i \, |k|^{-\tau}, k \in \mathbb{Z}^n, 1 < |k| < N_{i+1} \right\}.$$

首先证明

$$\mathrm{meas}(B \setminus O_i) \leqslant c_4 \delta_i^{1/(k-1)}.$$

由于

$$\left| e^{\sqrt{-1}\left\langle k, t\omega^{i+1}(p_0) \right\rangle} - 1 \right| = 2 \left| \sin \left\langle k, t\omega^{i+1}(p_0) \right\rangle \right|, \quad p_0 \in B,$$

存在 $k_0 \in \mathbb{Z}$,

$$|k_0| \leqslant \frac{2}{\pi} M_0 \, |k| + \frac{1}{2} \leqslant (M_0 + 1) \, |k|$$

使得

$$\left| \left\langle k, t\omega^{i+1}(p_0) \right\rangle + k_0 \pi \right| \leqslant \frac{\pi}{2}.$$

因此,

$$\left| e^{\sqrt{-1}\left\langle k, t\omega^{i+1}(p_0) \right\rangle} - 1 \right| \geqslant \frac{4}{\pi} \left| \left\langle k, t\omega^{i+1}(p_0) \right\rangle + k_0 \pi \right|.$$

定义

$$O_i' = \left\{ p \in B : \left| \left\langle k, t\omega^{i+1}(p) \right\rangle + k_0 \pi \right| \geqslant \frac{\pi}{4} t\delta_i \, |k|^{-\tau}, 0 \neq k \in \mathbb{Z}^n, k_0 \in \mathbb{Z}, |k_0| < (M_0 + 1) \, |k| \right\},$$

$$i = 0, 1, 2, \cdots.$$

显然,

$$O_i' \subset O_i. \tag{5.14}$$

根据 (5.11) 和 (5.12), 若记

$$\bar{\omega}^i(p) = \sum_{j=0}^{i-1} g_0^j(p),$$

$$|\bar{\omega}^i(p)| < \sum_{j=0}^{i-1} \varepsilon_j < 2\varepsilon, \quad i = 0, 1, 2, \cdots.$$

于是,

$$|\bar{\omega}^i| < 2\varepsilon < \varepsilon_*, \quad i = 0, 1, 2, \cdots. \tag{5.15}$$

集合 O_i 的测度估计分为 $m=n, m<n$ 和 $m>n$ 三种情况讨论.

(1) $m=n$. 根据 (5.14), (5.15) 和引理 5.3, 得到

$$\mathrm{meas}(B\setminus O_i)\leqslant c_4\delta_i^{1/(n-1)}.$$

(2) $m<n$. 记

$$B^{\#}=B\times(1,2)\times\cdots\times(1,2),$$
$$O_i^{\#}=O_i\times(1,2)\times\cdots\times(1,2).$$

令

$$\tilde{p}=(p,p_{m+1},\cdots,p_n),$$
$$\tilde{\omega}(\tilde{p})=\omega(p),$$
$$\tilde{\alpha}=(\alpha,0,\cdots,0).$$

根据 (H3), 在 $B^{\#}$ 上,

$$\mathrm{rank}\left\{\tilde{\omega},\frac{\partial^{\tilde{\alpha}}\tilde{\omega}}{\partial\tilde{p}^{\tilde{\alpha}}}:\forall\tilde{\alpha}\in\mathbb{Z}_+^n,|\tilde{\alpha}|\leqslant n-1\right\}=n. \qquad (5.16)$$

定义

$$\tilde{\omega}^i(\tilde{p})=\omega^i(p).$$

由 (5.15),

$$\left\|\tilde{\tilde{\omega}}^i\right\|<2\varepsilon<\varepsilon_*,\quad i=0,1,2,\cdots. \qquad (5.17)$$

利用 (5.16), (5.17), 引理 5.3 和 Fubini 定理得到

$$\mathrm{meas}(B\setminus O_i)\leqslant c_4\delta_i^{1/(n-1)}.$$

(3) $m>n$. 对于任意 $p\in\overline{B}$, 由假设 (H3), 存在 $\alpha^1,\alpha^2,\cdots,\alpha^n\in\mathbb{Z}_+^m$, 使得

$$\mathrm{rank}\left\{\frac{\partial^{\alpha^1}\omega}{\partial p^{\alpha^1}},\frac{\partial^{\alpha^2}\omega}{\partial p^{\alpha^2}},\cdots,\frac{\partial^{\alpha^n}\omega}{\partial p^{\alpha^n}}\right\}=n.$$

令

$$e_j=\underbrace{(0,\cdots,0,1,0,\cdots,0)}_{j},\quad j=1,2,\cdots,m,$$
$$\tilde{\omega}(p)=(\omega(p),p_{n+1},\cdots,p_m).$$

这样, 向量组 $\{\alpha^1,\alpha^2,\cdots,\alpha^n\}$ 中至多有 r 个向量与 $\{e_1,\cdots,e_m\}$ 中向量重合. 不妨设为 $e_1,\cdots,e_r$, $r\leqslant n$. 于是,

$$\mathrm{rank}\left\{\frac{\partial^{\alpha^1}\tilde{\omega}}{\partial p^{\alpha^1}}, \frac{\partial^{\alpha^2}\tilde{\omega}}{\partial p^{\alpha^2}}, \cdots, \frac{\partial^{\alpha^n}\tilde{\omega}}{\partial p^{\alpha^n}}\right\} = n,$$

$$\mathrm{rank}\left\{\frac{\partial^{e_{n+1}}\tilde{\omega}}{\partial p^{e_{n+1}}}, \cdots, \frac{\partial^{e_m}\tilde{\omega}}{\partial p^{e_m}}\right\} = m-n.$$

这说明,

$$\mathrm{rank}\left\{\tilde{\omega}, \frac{\partial^{\alpha}\tilde{\omega}}{\partial p^{\alpha}} : \forall \alpha \in \mathbb{Z}_+^n, |\alpha| \leqslant n-1\right\} = m. \tag{5.18}$$

根据 $\overline{B}$ 的紧性, 不失一般性, 假设 (5.18) 在 $\overline{B}$ 上成立. 定义

$$O_i^2 = \left\{p \in B : \left|\langle k^1, t\omega^{i+1}(p)\rangle + \langle k^2, t(p_{n+1}, \cdots, p_m)\rangle + k_0\pi\right| \geqslant \frac{\pi}{4} t\delta_i(|k^1|+|k^2|)^{-\tau}, \right.$$

$$\left. 0 \neq (k^1, k^2) \in \mathbb{Z}^m, k_0 \in \mathbb{Z}, |k_0| < (M_0+1+\mathrm{diam}B)(|k^1|+|k^2|)\right\}.$$

根据 (5.18), (5.15) 和引理 5.3,

$$\mathrm{meas}(B \setminus O_i') \leqslant c_4 \delta_i^{1/(m-1)}.$$

显然, $O_i^2 \subset O_i'$. 因此,

$$\mathrm{meas}(B \setminus O_i) \leqslant \mathrm{meas}(B \setminus O_i') \leqslant \mathrm{meas}(B \setminus O_j^2) \leqslant c_4 \delta_i^{1/(m-1)}.$$

至此, 我们完成 O_i 的测度估计.

现在考虑坐标变换的构造. 在 $D_{i+1} \times \Sigma_{i+1}$ 上, 定义变换 T_{i+1}:

$$\begin{aligned} p^1 &= p + U^{i+1}(p,q), \\ q^1 &= q + V^{i+1}(p,q). \end{aligned} \tag{5.19}$$

设 T_{i+1} 化 F_i 成 $F_{i+1} = T_{i+1}^{-1} \circ F_i \circ T_{i+1}$:

$$\begin{aligned} p_1 &= p + tf^{i+1}(p,q), \\ q_1 &= q + t\omega^{i+1}(p) + tg^{i+1}(p,q), \end{aligned} \tag{5.20}$$

其中 F_i 的变量记为 (p^1, q^1). 对于任意固定的 $p_0 \in O_i$, 通过解差分方程

$$U^{i+1}(p, q+t\omega^{i+1}(p_0)) - U^{i+1}(p,q)$$
$$= t(f^i(p,q) - (R_{N_{i+1}}f^i)(p,q) - f_0^i(p)), \tag{5.21}$$

$$V^{i+1}(p, q+t\omega^{i+1}(p_0)) - V^{i+1}(p,q)$$
$$= t\frac{\partial\omega^{i+1}}{\partial p}(p)U^{i+1}(p,q) + t(g^i(p,q) - (R_{N_{i+1}}g^i)(p,q) - g_0^i(p)) \tag{5.22}$$

确定 U^{i+1} 和 V^{i+1}. 根据 (5.11), (5.12), (5.19)—(5.22), 得到

$$
\begin{aligned}
tf^{i+1}(p,q) &= \left(U^{i+1}(p,q+t\omega^{i+1}(p_0))-U^{i+1}(p,q+t\omega^{i+1}(p))\right)\\
&\quad +\left(U^{i+1}(p,q+t\omega^{i+1}(p))-U^{i+1}(p^1,q^1)\right)\\
&\quad +t\left(f^i(p+U^{i+1},q+V^{i+1})-f^i(p,q)\right)\\
&\quad +t(R_{N_{i+1}}f^i)(p,q)\\
&\quad +tf_0^i(p)\\
&= tF_1+tF_2+tF_3+tF_4+tf_0^i(p),
\end{aligned}
\tag{5.23}
$$

$$
\begin{aligned}
tg^{i+1}(p,q) &= t\left(\omega^{i+1}(p+U^{i+1})-\omega^{i+1}(p)-\frac{\partial\omega^{i+1}}{\partial p}(p)U^{i+1}\right)\\
&\quad +t\left((R_1 g^i)(p+U^{i+1},q+V^{i+1})-R_1 g^i(p,q)\right)\\
&\quad +\left(V^{i+1}(p,q+t\omega^{i+1}(p_0))-V^{i+1}(p,q+t\omega^{i+1}(p))\right)\\
&\quad +\left(V^{i+1}(p,q+t\omega^{i+1}(p))-V^{i+1}(p^1,q^1)\right)\\
&\quad +t(R_{N_{i+1}}g^i)(p,q)\\
&= tG_1+tG_2+tG_3+tG_4+tG_5.
\end{aligned}
\tag{5.24}
$$

根据引理 5.1 和 (5.21), 在 $D_i\times\left(\Sigma_i-\delta_i\right)$ 上, 当 ε 充分小时,

$$
\left\|U^{i+1}\right\|\leqslant\frac{c_0}{\delta_i^{n+\tau+2}}\left\|f^i\right\|\leqslant\delta_i\varepsilon_i^{6/7}<\delta_i.
\tag{5.25}
$$

需要指出的是, 在下面的证明中所有不等式成立是在 ε_* 充分小的前提下完成的. 利用 (5.25) 和 Cauchy 公式, 在 $\left(D_i-\delta_i\varepsilon_i^{3/7}\right)\times\left(\Sigma_i-\delta_i\right)$ 上,

$$
\begin{aligned}
\left\|\frac{\partial U^{i+1}}{\partial q}\right\|&\leqslant_i\varepsilon_i^{6/7},\\
\left\|\frac{\partial U^{i+1}}{\partial p}\right\|&\leqslant_i\varepsilon_i^{3/7}.
\end{aligned}
\tag{5.26}
$$

显然,

$$
\left(\frac{\partial\omega^{i+1}}{\partial p}V\right)_0(p)=0.
\tag{5.27}
$$

由 (5.12),

$$
\left\|\frac{\partial\omega^{i+1}}{\partial p}\right\|\leqslant\left\|\frac{\partial\omega}{\partial p}\right\|+\sum_{j=0}^{i}\left\|\frac{\partial g^j}{\partial p}\right\|
$$

$$\leq M_0 + \sum_{j=0}^{i} \varepsilon_j^{3/7}$$
$$\leq M_0 + 1. \tag{5.28}$$

应用 (5.28)，(5.26)，(5.10) 和引理 5.1，在 $D_i \times (\Sigma_i - 3\delta_i)$ 上得到

$$\left\| V^{i+1} \right\| \leq \frac{c_0}{\delta_i^{n+\tau+2}} \left(\left\| \frac{\partial \omega^{i+1}}{\partial p} \right\| \left\| U^{i+1} \right\| + \left\| f^i \right\| \right)$$
$$\leq \frac{c_0}{\delta_i^{n+\tau+2}} ((M_0 + 1)\delta_i \varepsilon_i^{6/7} + \varepsilon_i)$$
$$\leq \delta_i \varepsilon_i^{5/7}. \tag{5.29}$$

进而在 $\left(D_i - \delta_i \varepsilon_i^{3/7} \right) \times \left(\Sigma_i - 4\delta_i \right)$ 上，

$$\left\| \frac{\partial V^{i+1}}{\partial q} \right\| \leq \varepsilon_i^{5/7},$$
$$\left\| \frac{\partial V^{i+1}}{\partial p} \right\| \leq \varepsilon_i^{2/7}. \tag{5.30}$$

由 (5.25) 和 (5.29)，

$$\left\| U^{i+1} \right\| + \left\| V^{i+1} \right\| \leq 2\delta_i \varepsilon_i^{5/7}. \tag{5.31}$$

由 (5.19)，

$$\left| p - p_0 \right| \leq \left| p^1 - p \right| + \left| p^1 - p_0 \right|$$
$$\leq s_{i+1} + \delta_i \varepsilon_i^{6/7}$$
$$\leq 5\delta_i \varepsilon_i^{3/7}. \tag{5.32}$$

由于 F_t 具有相交性质，因此，F_{i+1} 也具有相交性质. 这样，对于每一个 p_*，存在一个 q_* 使得 $f^{i+1}(p_*, q_*) = 0$，并且，

$$\sup_q \left\| f^{i+1}(p_*, q) \right\| \leq \operatorname*{osc}_q f^{i+1}(p_*, q) \leq 2 \sup_q \left\| f^{i+1}(p_*, q) + h(p_*) \right\|, \tag{5.33}$$

其中 $h(p)$ 是 p 的函数，osc 表示振荡宽度. 特别取 $h(p) = -f_0^i(p)$. 于是，

$$\left\| f^{i+1} \right\| \leq 2 \left\| f^{i+1} - f_0^i \right\|$$
$$\leq 2\|F_1\| + 2\|F_2\| + 2\|F_3\| + 2\|F_4\|$$
$$\leq 2 \left\| \frac{\partial U^{i+1}}{\partial q} \right\| \left\| \frac{\partial \omega^{i+1}}{\partial p} \right\| \left| p - p_0 \right|$$

$$+ 2\left\|\frac{\partial U^{i+1}}{\partial p}\right\|\left\|f^{i+1}\right\| + 2\left\|\frac{\partial U^{i+1}}{\partial q}\right\|\left\|g^{i+1}\right\|$$

$$+ 2\left\|\frac{\partial f^i}{\partial p}\right\|\left\|U^{i+1}\right\| + 2\left\|\frac{\partial f^i}{\partial q}\right\|\left\|V^{i+1}\right\|$$

$$+ 2\left\|R_{N_{i+1}}f^i\right\|. \tag{5.34}$$

由 (5.28)，(5.26)，(5.25)，(5.32)，(5.29)，(5.9) 和 [Ar1] 中的截断引理，最终获得

$$\left\|f^{i+1}\right\| \leqslant 2(M_0+1)\varepsilon_i^{6/7} \cdot 5\delta_i\varepsilon_i^{3/7} + 2\varepsilon_i^{3/7}\left\|f^{i+1}\right\| + 2\varepsilon_i^{6/7}\left\|g^{i+1}\right\|$$

$$+ 2\delta_i\varepsilon_i^{6/7} \cdot \frac{\varepsilon_i}{\delta_i\varepsilon_i^{3/7}} + 2\frac{\varepsilon_i}{\delta_i} \cdot \delta_i\varepsilon_i^{5/7} + 2\varepsilon_i^{9/7}$$

$$\leqslant 3\varepsilon_i^{9/7} + \varepsilon_i^{2/7}\left(\left\|f^{i+1}\right\| + \left\|g^{i+1}\right\|\right). \tag{5.35}$$

同样可得到

$$\left\|g^{i+1}\right\| \leqslant \delta_i\varepsilon_i^{9/7} + \varepsilon_i^{1/7}\left(\left\|f^{i+1}\right\| + \left\|g^{i+1}\right\|\right). \tag{5.36}$$

由 (5.35) 和 (5.36) 得到

$$\left\|f^{i+1}\right\| + \left\|g^{i+1}\right\| \leqslant \varepsilon_i^{8/7} = \varepsilon_{i+1}. \tag{5.37}$$

令 $L_i = T_1 \circ T_2 \circ \cdots \circ T_i$. 则 $F_i = L_i^{-1} \circ F_i \circ L_i$. 在 $D_i \times \Sigma_i$ 上，L_i 有形式

$$p^1 = p + P^i(p,q),$$
$$q^1 = q + Q^i(p,q),$$

满足

$$\left\|P^i\right\| + \left\|Q^i\right\| \leqslant \sum_{j=1}^{i}\left(\left\|U^j\right\| + \left\|V^j\right\|\right)$$

$$\leqslant 2\sum_{j=0}^{i-1}\delta_j\varepsilon_j^{5/7}$$

$$\leqslant 4\delta_0\varepsilon_0^{5/7}. \tag{5.38}$$

定义

$$O_\infty = \{p = p_0\} \times \{q : \mathrm{Re}\,q \in \mathbb{T}^n, |\,\mathrm{Im}\,q\,| < \rho_\infty\},$$

其中

$$\rho_\infty = \rho - 3\sum_{i=0}^{\infty}\delta_i > \rho - 6\delta > \frac{\rho}{2}.$$

由 (5.38)，L_i 在 O_∞ 上一致收敛，记

$$L_\infty = \lim_{i \to \infty} L_i.$$

则 L_∞ 把 F_t 化成

$$\begin{aligned} p_1 &= p_0, \\ q_1 &= q + \omega^\infty(p_0), \end{aligned} \tag{5.39}$$

其中

$$\omega^\infty(p_0) = \omega(p_0) + \sum_{i=0}^{\infty} \omega^i(p_0)$$

满足

$$\left\| \omega^\infty(p_0) - \omega(p_0) \right\| \leqslant 2\varepsilon.$$

取

$$B(\varepsilon, t) = \bigcap_{i=0}^{\infty} O_i.$$

这样，对于任意 $p_0 \in B(\varepsilon, t)$，根据 (5.39)，$F_t$ 具有不变环面. 根据前面的测度估计，

$$\begin{aligned} \mathrm{meas}(B \setminus B(\varepsilon, t)) &\leqslant \sum_{j=0}^{\infty} \mathrm{meas}(B \setminus O_i) \\ &\leqslant c_4 \sum_{i=0}^{\infty} \delta_i^{1/(k-1)} \\ &\leqslant c_5 \varepsilon^{1/7(k-1)(n+\tau+3)}. \end{aligned}$$

定理 5.1 证毕.

第2章　近可积系统的有效稳定性

有效稳定性，也称为 Nekhoroshev 估计. 这一理论是苏联数学家 N. N. Nekhoroshev[Ne1]在 1977 年创立的. 这一理论指出，对于近可积系统，当可积系统满足某种几何性条件，例如，陡性条件时，则近可积系统的所有轨道，在以扰动量倒数为指数量级的时间区间内，不发生显著的变化，即变化的尺度为扰动量的正幂次函数.

由于陡性条件数学表示复杂，从而导致 Nekhoroshev 建立的有效稳定性定理证明冗长，稳定指数表达式较为繁琐. 为了深刻理解这一理论，J. Pöschel[Po2], P. Lochak 和 A. I. Neishtadt[LN1]等在拟凸条件下，利用不同的方法，对近可积 Hamilton 系统给出了较为精细的稳定指数估计，他们获得的稳定指数为 $1/2n$，其中 n 为系统的自由度数.

本章研究三类近可积系统的有效稳定，包括具有相交性质的近可积映射、参数化的近扭转映射、具有椭圆不变环面的近可积 Hamilton 系统. 这些研究工作从三个不同侧面揭示了有效稳定性在非线性物理系统存在的普遍性.

2.1　具有相交性质的近可积映射的有效稳定性

本节讨论一类较为特殊的近可积映射，其可积映射的扭转频率是固定的，满足强非共振条件. 据此和系统的相交性质，将得到该类近可积系统具有有效稳定性. 本节获得的研究成果将是后续研究近可积系统拟有效稳定性的基础.

2.1.1　主要结果

考虑近可积映射

$$(\hat{y}, \hat{x}) = M(y, x), \quad \begin{cases} \hat{y} = y \quad\quad\quad + \varepsilon g(y, x), \\ \hat{x} = x + \omega + \varepsilon f(y, x), \end{cases} \tag{1.1}$$

其中 $x \in \mathbb{T}^n = \mathbb{R}^n / \mathbb{Z}^n$, $y \in G \subset \mathbb{R}^m$；$G$ 是有界连通域；$\varepsilon > 0$ 是小参数.

令 $\delta > 0$ 是给定小的正常数. 对于任意 $D \subset \mathbb{R}^l$, $D + \delta$ 表示 D 在 $\mathbb{C}^l$ 中的复邻域. 假设下列条件成立.

(A1) 频率 ω 是一个常值向量, 满足
$$|\langle k, \omega \rangle + k_0| \geqslant \gamma |k|^{-\tau}, \quad 0 \neq k \in \mathbb{Z}^n, \quad k_0 \in \mathbb{Z},$$
其中 γ 和 τ 是正常数;

(A2) 函数 f 和 g 是 $(G \times \mathbb{T}^n) + \delta$ 上的实解析函数;

(A3) 映射 (1.1) 具有相交性质.

定理 1.1 假设 (A1), (A2) 和 (A3) 成立. 则对于任意 $(y^{(0)}, x^{(0)}) \in G \times \mathbb{T}^n$, 以及对于所有整数 $l \in [0, T(\varepsilon)]$, $T(\varepsilon) = c_1 \exp\left(c_2 \varepsilon^{-1/\varepsilon^{(\tau+n+2)}}\right)$, 当 ε 充分小时,
$$|y^{(l)} - y^{(0)}| \leqslant c_3 \varepsilon,$$
这里 c_1, c_2 和 c_3 是与 ε 无关的正常数, $(y^{(l)}, x^{(l)}) = M^l(y^{(0)}, x^{(0)})$.

注记 1.1 定理 1.1 中, 映射的作用变量和角变量的维数可以不同. 当 $m = 1$ 时, 相交性质可以用映射的保体积性质代替. 定理 1.1 说明计算数学中的保体积算法是稳定的.

注记 1.2 令 $\Theta \subset \mathbb{R}^r$ 是有界开集. 考虑含参数映射
$$\begin{cases} \hat{y} = y + \varepsilon g(y, x, \theta), \\ \hat{x} = x + \omega(\theta) + \varepsilon f(y, x, \theta), \end{cases}$$
其中 $\theta \in \Theta$. 下节将证明, 在适当条件下, 这类映射具有有效稳定性.

注记 1.3 对任意 $\kappa \in (0, 1)$, 从下面的引理 1.1 的证明中可以获得, 时间的稳定指数可以改善为 $1/(\tau + n - \kappa + 2)$.

2.1.2 非共振引理

用 $c_4, c_5, \cdots$ 表示与 ε 和迭代步数无关的常数. 用 $|\cdot|$ 表示向量按坐标的最大模, $\|\cdot\|$ 表示函数的上确界模.

引理 1.1 存在定义于 $(G \times \mathbb{T}^n) + \delta/4$ 上的近恒等实解析坐标变换
$$(y, x) = T_*(Y, X), \quad \begin{cases} y = Y + \varepsilon V_*(Y, X), \\ x = X + \varepsilon U_*(Y, X), \end{cases} \tag{1.2}$$
$$\varepsilon V_* = O\left(\varepsilon^{1/(\tau+n+2)}\right),$$
$$\varepsilon U_* = O\left(\varepsilon^{1/(\tau+n+2)}\right),$$

使得 T_* 化 (1.1) 成

$$\begin{cases} \hat{Y} = Y \qquad\qquad\qquad + \varepsilon g_*(Y, X, \varepsilon), \\ \hat{X} = X + \omega_*(Y, \varepsilon) + \varepsilon f_*(Y, X, \varepsilon), \end{cases} \tag{1.3}$$

并且,

$$\begin{aligned} \omega_*(Y, \varepsilon) &= \omega + O(\varepsilon), \\ \|f_*\| + \|g_*\| &< c_4 \exp\left(-c_5^{-1} \varepsilon^{-1/(\tau+n+2)}\right). \end{aligned} \tag{1.4}$$

设实解析函数 p 在 $(G \times \mathbb{T}^n) + \delta$ 的 Fourier 展开为

$$p(y, x) = \sum_{k \in \mathbb{Z}^n} p_k(y) e^{2\pi\sqrt{-1}\langle k, x \rangle}.$$

则记 $\overline{p}(y) = p_0(y)$, 即

$$\overline{p}(y) = \int_0^1 p(y, x) \mathrm{d}x.$$

考虑差分方程

$$V(y, x + \omega) - V(y, x) = p(y, x) - \overline{p}(y), \quad (y, x) \in \left(G \times \mathbb{T}^n\right) + \delta. \tag{1.5}$$

引理 1.2 如果 ω 满足假设 (A1), 则在 $(G \times \mathbb{T}^n) + (\delta - \sigma), 0 < \sigma < \delta$ 上, 存在唯一实解析解 V, 满足 $\overline{V}(y) = 0$, 且

$$\|V\| \leqslant \frac{2^{n-2}\pi^2}{3\gamma e^{\tau+n+1}} \left(\frac{\tau+n+1}{2\pi\sigma}\right)^{\tau+n+1} \|p\|.$$

证明 令

$$V(y, x) = \sum_{0 \neq k \in \mathbb{Z}^n} V_k(y) e^{2\pi\sqrt{-1}\langle k, x \rangle}.$$

代入 (1.5) 并比较系数得到

$$V(y, x) = \sum_{0 \neq k \in \mathbb{Z}^n} \frac{p_k(y)}{e^{2\pi\sqrt{-1}\langle k, \omega \rangle} - 1} e^{2\pi\sqrt{-1}\langle k, x \rangle}. \tag{1.6}$$

(1.6) 是方程 (1.5) 的均值为零的唯一解. 显然, 存在 $k_0 \in \mathbb{Z}$, 满足

$$\left| e^{2\pi\sqrt{-1}\langle k, \omega \rangle} - 1 \right| = 2\left| \sin \pi \langle k, \omega \rangle \right| \geqslant 2\left| \langle k, \omega \rangle + k_0 \right| \geqslant 2\gamma |k|^{-\tau}.$$

这样, 由 Cauchy 公式, 在 $(G \times \mathbb{T}^n) + (\delta - \sigma)$ 上,

$$\|V\| \leqslant \sum_{0 \neq k \in \mathbb{Z}^n} \frac{\|p_k(y)\|}{\left| e^{2\pi\sqrt{-1}\langle k, \omega \rangle} - 1 \right|} \left| e^{2\pi\sqrt{-1}\langle k, x \rangle} \right|$$

$$\leqslant \frac{\|p\|}{2\gamma} \sum_{0 \neq k \in \mathbb{Z}^n} \frac{|k|^\tau}{e^{2\pi\sigma|k|}}$$

$$\leqslant 2^{n-1} \frac{\|p\|}{\gamma} \sum_{j=1}^{\infty} j^{\tau+n-1} e^{-2\pi\sigma j}$$

$$\leqslant \frac{2^{n-1}}{\gamma e^{\tau+n+1}} \left(\frac{\tau+n+1}{2\pi\sigma} \right)^{\tau+n+1} \sum_{j=1}^{\infty} \frac{1}{j^2} \|p\|.$$

这证明了引理中的不等式. 在上面不等式的证明中用到不等式

$$j^{\tau+n+1} e^{-2\pi\sigma j} \leqslant \left(\frac{\tau+n+1}{2\pi\sigma} \right)^{\tau+n+1} e^{-(\tau+n+1)}.$$

给定集合 D, 定义

$$D - \delta = \left\{ x \in D : \mathrm{dist}(x, \partial D) > \delta \right\},$$

其中 $\delta > 0$ 为常数. 令

$$D_1 = \mathbb{T}^n \times D + \frac{3}{4}\delta,$$

$$D_i = D_1 - 2(i-1)K\varepsilon^{\alpha}, \quad i = 1, 2, \cdots, N,$$

K 和 N 是待定常数, $\alpha = 1/(\tau + n + 2)$.

引理 1.1 的证明　为了将 (1.1) 化成 (1.3), 需要进行有限次坐标变换. 设共进行了 N 次坐标变换, 其中

$$N = \left[\frac{\delta}{4K\varepsilon^{\alpha}} \right],$$

$[\cdot]$ 表示实数的整数部分.

假设 (1.1) 在第 i 次坐标后被化为

$$(\hat{y}, \hat{x}) = M_i(y, x), \quad \begin{cases} \hat{y} = y & + \varepsilon g_i(y, x), \\ \hat{x} = x + \omega_i(y, \varepsilon) + \varepsilon f_i(y, x), \end{cases} \tag{1.1}_i$$

并且, 在 D_i 上,

$$\|f_i\| + \|g_i\| \leqslant \frac{1}{2^i} M, \tag{1.7}$$

其中常数 M 在 $(\mathbb{T}^n \times G) + \delta$ 上, 满足

$$\max \{ \|f\|, \|g\| \} \leqslant \frac{1}{2} M.$$

这里和下面, 省去了函数关于 ε 的依赖关系. 引进坐标变换

$$T_{i+1} : D_{i+1} \to D_i, \quad \begin{cases} y = Y + \varepsilon v_{i+1}(Y, X), \\ x = X + \varepsilon u_{i+1}(Y, X), \end{cases} \tag{1.8}$$

其中 u_{i+1} 和 v_{i+1} 由下列差分方程确定:

$$u_{i+1}(y, x+\omega) - u_i(y,x) = \frac{\partial \omega_{i+1}}{\partial y}(y,\varepsilon) v_{i+1}(y,x) + f_i(y,x) - \overline{f}_i(y), \tag{1.9}$$

$$v_{i+1}(y, x+\omega) - v_i(y,x) = g_i(y,x) - \overline{g}_i(y), \tag{1.10}$$

这里

$$\omega_{i+1}(y,\varepsilon) = \omega_i(y,\varepsilon) + \varepsilon \overline{f}_i(y). \tag{1.11}$$

归纳地,

$$\omega_{i+1}(y,\varepsilon) = \omega + \varepsilon \sum_{j=0}^{i} \overline{f}_j(y), \quad \overline{f}_0 = \overline{f}.$$

根据 Cauchy 公式, 在 D_{i+1} 上,

$$\|\omega_{i+1}\| \leqslant |\omega| + 2M, \tag{1.12}$$

$$\left\| \frac{\partial \omega_{i+1}}{\partial y} \right\| \leqslant \frac{\varepsilon M}{K\varepsilon^\alpha} \sum_{j=0}^{\infty} \frac{1}{2^j}$$

$$\leqslant 2\varepsilon^{1-\alpha} \frac{M}{K}, \tag{1.13}$$

$$\left\| \frac{\partial^2 \omega_{i+1}}{\partial y^2} \right\| \leqslant \frac{\varepsilon M}{K^2 \varepsilon^{2\alpha}} \sum_{j=0}^{\infty} \frac{1}{2^j}$$

$$\leqslant 2\varepsilon^{1-2\alpha} \frac{M}{K^2}. \tag{1.14}$$

令

$$c(\sigma) = \frac{2^{n-2}\pi^2}{3\gamma e^{\tau+n+1}} \left(\frac{\tau+n+1}{2\pi\sigma} \right)^{\tau+n+1},$$

$$\hat{D}_{i+1} = D_1 - (2i-1)K\varepsilon^\alpha, \quad i = 1, 2, \cdots, N.$$

根据引理 1.2, (1.7) 和 (1.13), 在 $\hat{D}_{i+1}$ 上,

$$\|v_{i+1}\| \leqslant 2c(K\varepsilon^\alpha) \|g_i\|$$

$$\leqslant \frac{2c_6}{K^{\tau+n+1}} \varepsilon^{-(\tau+n+1)\alpha} \cdot \frac{1}{2^i} M, \tag{1.15}$$

$$\|u_{i+1}\| \leqslant c(K\varepsilon^\alpha) \left(\left\| \frac{\partial \omega_{i+1}}{\partial y} \right\| \|v_{i+1}\| + 2\|f_i\| \right)$$

$$\leqslant \frac{2c_6}{K^{\tau+n+1}} \varepsilon^{-(\tau+n+1)\alpha} \cdot \frac{2M}{K} \varepsilon^{1-\alpha} \cdot \frac{2c_6}{K^{\tau+n+1}} \varepsilon^{-(\tau+n+1)\alpha} \cdot \frac{1}{2^i} M + \frac{2c_6}{K^{\tau+n+1}} \varepsilon^{-(\tau+n+1)\alpha} \cdot \frac{1}{2^i} M$$

$$\leqslant \frac{c_7}{K 2^{(\tau+n+1)+1}} \varepsilon^{-(\tau+n+1)\alpha} \cdot \frac{1}{2^i} M. \tag{1.16}$$

上面的不等式是在 ε 充分小和 $K>1$ 的条件下得出的, 并且也用到了 α 的定义. 当

$$K^{2(\tau+n+2)} \geqslant \max\left\{c_7 M, 4c_6^2 M^2\right\} \tag{1.17}$$

时，由 α 的定义、(1.15) 和 (1.16) 得到

$$T_{i+1} : D_{i+1} \to D_i.$$

假设 T_{i+1} 在 D_{i+1} 上化 M_i 成 $M_{i+1} = T_{i+1}^{-1} \circ M_i \circ T_{i+1}$：

$$\begin{cases} \hat{Y} = Y & + \varepsilon g_{i+1}(Y, X), \\ \hat{X} = X + \omega_{i+1}(Y, \varepsilon) + \varepsilon f_{i+1}(Y, X). \end{cases} \tag{1.18}$$

由 $T_{i+1} \circ M_{i+1} = M_i \circ T_{i+1}$，通过比较得到

$$X + \omega_{i+1}(Y, \varepsilon) + \varepsilon f_{i+1}(Y, X) + \varepsilon u_{i+1}(\hat{Y}, \hat{X}) = X + \varepsilon u_{i+1}(Y, X) + \omega_i(Y, \varepsilon) + \varepsilon f_i(y, x),$$

$$Y + \varepsilon g_{i+1}(Y, X) + \varepsilon v_{i+1}(\hat{Y}, \hat{X}) = Y + \varepsilon v_{i+1}(Y, X) + \varepsilon g_i(y, x).$$

因此，

$$\begin{aligned}
\varepsilon f_{i+1}(Y, X) &= \left(\omega_{i+1}(y, \varepsilon) - \omega_{i+1}(Y, \varepsilon) - \frac{\partial \omega_{i+1}}{\partial Y} \cdot \varepsilon v_{i+1} \right) \\
&\quad + \varepsilon\left(f_i(y, x) - f_i(Y, X) \right) \\
&\quad + \varepsilon\left(u_{i+1}(Y, X + \omega) - u_{i+1}(Y, X + \omega_{i+1}(Y, \varepsilon)) \right) \\
&\quad + \varepsilon\left(u_{i+1}(Y, X + \omega_{i+1}(Y, \varepsilon)) - u_{i+1}(\hat{Y}, \hat{X}) \right) \\
&= \varepsilon\left(F_1 + F_2 + F_3 + F_4 \right), \\
\end{aligned} \tag{1.19}$$

$$\begin{aligned}
\varepsilon g_{i+1}(Y, X) &= \varepsilon\left(g_i(y, x) - g_i(Y, X) \right) \\
&\quad + \varepsilon\left(v_{i+1}(Y, X + \omega) - v_{i+1}(Y, X + \omega_{i+1}(Y, \varepsilon)) \right) \\
&\quad + \varepsilon\left(v_{i+1}(Y, X + \omega_{i+1}(Y, \varepsilon)) - v_{i+1}(\hat{Y}, \hat{X}) \right) \\
&\quad + \varepsilon \bar{g}_i(y) \\
&= \varepsilon\left(G_1 + G_2 + G_3 \right) + \varepsilon \bar{g}_i(y).
\end{aligned} \tag{1.20}$$

首先估计 f_{i+1}. 下面所有估计，如不特别说明，都是在 D_{i+1} 上进行的，并且要求 $\varepsilon > 0$ 充分小. 根据 Taylor 公式，(1.8)，(1.14)，(1.15) 和 α 的定义，

$$\begin{aligned}
\|F_1\| &\leqslant \left\| \frac{\partial^2 \omega_{i+1}}{\partial y^2} \right\| \|v_{i+1}\|_{\hat{D}_{i+1}}^2 \, \varepsilon \\
&\leqslant 2\varepsilon^{1-2\alpha} \frac{M}{K^2} \left(\frac{2c_6}{K^{\tau+n+1}} \varepsilon^{-(\tau+n+1)\alpha} \right)^2 \cdot \varepsilon \cdot \frac{1}{2^i} M \\
&\leqslant \frac{8M c_6^2}{K^{2(\tau+n+2)}} \cdot \varepsilon^{2-2(\tau+n+2)\alpha} \cdot \frac{1}{2^i} M
\end{aligned}$$

$$\leqslant \frac{1}{2^{i+5}} M. \tag{1.21}$$

上式用到不等式

$$K^{2\tau+2n+4} \geqslant 256Mc_6^2. \tag{1.22}$$

由 Cauchy 公式, (1.15) 和 (1.16), 当

$$K^{\tau+n+2} \geqslant \max\left\{1, 32M(c_7 + 2c_6)\right\} \tag{1.23}$$

时, 我们获得

$$\begin{aligned}
\|F_2\| &\leqslant \varepsilon \left\|\frac{\partial f_i}{\partial x}\right\| \|u_{i+1}\|_{\hat{D}_{i+1}} + \varepsilon \left\|\frac{\partial f_i}{\partial y}\right\| \|v_{i+1}\|_{\hat{D}_{i+1}} \\
&\leqslant \varepsilon \cdot \frac{M}{K\varepsilon^\alpha} \left(\frac{c_7}{K^{2(\tau+n+1)+1}} \varepsilon^{-(\tau+n+1)\alpha} + \frac{2c_6}{K^{\tau+n+1}} \varepsilon^{-(\tau+n+1)\alpha} \cdot \frac{1}{2^i} M \right) \\
&\leqslant \frac{M}{K^{\tau+n+2}} (c_7 + 2c_6) \cdot \frac{1}{2^i} M \\
&\leqslant \frac{1}{2^{i+5}} M. \tag{1.24}
\end{aligned}$$

类似地, 如果 K 满足

$$K^{2\tau+2n+4} \geqslant 64c_7 M, \tag{1.25}$$

则

$$\begin{aligned}
\|F_3\| &\leqslant \left\|\frac{\partial u_{i+1}}{\partial x}\right\|_{\hat{D}_{i+1}} \|\omega - \omega_{i+1}\| \\
&\leqslant \frac{1}{K\varepsilon^\alpha} \cdot \frac{c_7}{K^{2(\tau+n+1)+1}} \varepsilon^{-(\tau+n+1)\alpha} \cdot \frac{1}{2^i} M \cdot \varepsilon \sum_{j=0}^{i} \left\|\overline{f}_j\right\|_{D_j} \\
&\leqslant \frac{2c_7 M}{K^{2(\tau+n+2)}} \cdot \frac{1}{2^i} M \\
&\leqslant \frac{1}{2^{i+5}} M. \tag{1.26}
\end{aligned}$$

根据 Cauchy 公式, (1.16) 和 α 的定义,

$$\begin{aligned}
\|F_4\| &\leqslant \varepsilon \left\|\frac{\partial \partial u_{i+1}}{\partial x}\right\| \|f_{i+1}\| + \varepsilon \left\|\frac{\partial v_{i+1}}{\partial y}\right\| \|g_{i+1}\| \\
&\leqslant \varepsilon \cdot \frac{2}{K\varepsilon^\alpha} \cdot \frac{c_7}{K^{2(\tau+n+1)+1}} \varepsilon^{-(\tau+n+1)\alpha} M \left(\|f_{i+1}\| + \|g_{i+1}\|\right) \\
&\leqslant \frac{1}{4} \left(\|f_{i+1}\| + \|g_{i+1}\|\right), \tag{1.27}
\end{aligned}$$

其中用到不等式

$$K^{2\tau+2n+4} \geqslant 8c_7 M. \tag{1.28}$$

现在估计 g_{i+1}. 显然, 由 (A3), $M_{i+1} = T_{i+1}^{-1} \circ M_i \circ T_{i+1}$ 具有相交性质. 这样, 对于每一个 Y_0, 存在 X_0, 使得 $g_{i+1}(Y_0, X_0) = 0$, 进而得到

$$\sup_X |g_{i+1}(Y_0, X)| \leqslant \operatorname*{osc}_X g_{i+1}(Y_0, X) \leqslant 2\sup_X |g_{i+1}(Y_0, X) - h(Y_0)|,$$

这里 osc$_X$ 表示 X 方向的振荡. 特别取 $h(Y) = -\overline{g}_{i+1}(Y)$. 则

$$\frac{1}{2}\|g_{i+1}\| \leqslant \|g_{i+1} - \overline{g}_i\| \leqslant \|G_1\| + \|G_2\| + \|G_3\|. \tag{1.29}$$

类似于 f_{i+1} 的估计, 当 K 满足 (1.28) 和

$$K^{\tau+n+2} \geqslant \max\{192Mc_6, 48M(c_7 + 2c_6)\} \tag{1.30}$$

时, 最终可以得到

$$\max\{\|G_1\|, \|G_2\|\} \leqslant \frac{1}{3} \cdot \frac{1}{2^{i+4}} M, \tag{1.31}$$

$$\|G_3\| \leqslant \frac{1}{8}(\|f_{i+1}\| + \|g_{i+1}\|). \tag{1.32}$$

选取 K 满足 (1.17), (1.22), (1.23), (1.25), (1.28) 和 (1.30). 根据 (1.21), (1.24), (1.26), (1.27), (1.29), (1.31) 和 (1.32), 得到

$$\|f_{i+1}\| + \|g_{i+1}\| \leqslant \frac{1}{2^{i+1}} M. \tag{1.33}$$

令 $T_* = T_1 \circ T_2 \circ \cdots T_N$. 这样, $T_* : (G \times \mathbb{T}^n) + \delta/4 \to (G \times \mathbb{T}^n) + \delta$, 并且, T_* 有下列形式:

$$\begin{cases} y = Y + \varepsilon V_*(Y, X, \varepsilon), \\ x = X + \varepsilon U_*(Y, X, \varepsilon), \end{cases}$$

满足

$$\varepsilon\|V_*\| \leqslant \varepsilon \sum_{j=1}^N \|v_j\| \leqslant \frac{2c_6}{K^{\tau+n+1}} \varepsilon^\alpha \sum_{j=1}^\infty \frac{1}{2^j} M = O(\varepsilon^\alpha),$$

$$\varepsilon\|U_*\| \leqslant \varepsilon \sum_{j=1}^N \|u_j\| \leqslant \frac{2c_6}{K^{2(\tau+n+1)+1}} \varepsilon^\alpha \sum_{j=1}^\infty \frac{1}{2^j} M = O(\varepsilon^\alpha).$$

令

$$f_* = f_N, \quad g_* = g_N, \quad \omega_* = \omega_N.$$

则 $M_* = T_*^{-1} \circ M \circ T_*$ 有 (1.3) 形式, 且

$$\omega_*(Y,\varepsilon) = \omega + O(\varepsilon).$$

由 (1.33) 和 N 的定义,

$$\|f_*\| + \|g_*\| \leqslant \frac{1}{2^N} M \leqslant c_4 \exp\left(-c_5^{-1}\varepsilon^{-1/(\tau+n+2)}\right).$$

引理证毕.

2.1.3 定理 1.1 证明

由引理 1.1, 首先将 (1.1) 化成 (1.3). 记 $\left(y^{(r)}, x^{(r)}\right) = M^r(y,x)$, $\left(Y^{(r)}, X^{(r)}\right) = M^r(Y,X)$. 这样, 如果 (y,x) 和 (Y,X) 分别表示原坐标和 N 次坐标变换后的新坐标, 则由于 $M_*^r = T_*^{-1} \circ M^r \circ T_*$, $(y^{(r)}, x^{(r)})$ 和 $(Y^{(r)}, X^{(r)})$ 分别表示映射在原坐标和新坐标下的轨道. 对于任意 $l \in [0, T(\varepsilon)]$, $T(\varepsilon) = c_4 \exp c_5^{-1}\varepsilon^{-1/(\tau+n+2)}$, 由引理 1.1,

$$\left|Y^{(l)} - Y\right| \leqslant \sum_{j=1}^{l}\left|Y^{(j)} - Y^{(j-1)}\right| \leqslant l\varepsilon\|f_*\| \leqslant c_8\varepsilon. \tag{1.34}$$

利用 (1.2) 和 (1.34), 对于任意 $(y,x) \in G \times \mathbb{T}^n$, 得到

$$\left|y^{(l)} - y\right| \leqslant \left|y^{(l)} - Y^{(l)}\right| + \left|Y^{(l)} - Y\right| + |Y - y| \leqslant c_3\varepsilon.$$

定理 1.1 证毕.

2.2 近扭转映射的参数化的有效稳定性定理

本节研究含有参数近扭转映射的有效稳定性问题[CL2], 这一结果对应于近可积 Hamilton 系统的类似结果[Ne1,LN1,Po2].

2.2.1 主要结果

考虑近可积映射

$$(\hat{y}, \hat{x}) = F(y,x), \quad \begin{cases} \hat{y} = y \quad\quad\quad + \varepsilon g(y,x,\theta), \\ \hat{x} = x + \omega(\theta) + \varepsilon f(y,x,\theta), \end{cases} \tag{2.1}$$

其中 $(y,x) \in G \times \mathbb{T}^n$, $\mathbb{T}^n = \mathbb{R}^n/\mathbb{Z}^n$, $G \subset \mathbb{R}^m$ 是有界域; $\theta \in \Theta$, θ 是参变量, $\Theta \subset \mathbb{R}^l$ 是有界域; $\varepsilon > 0$ 是一个小常数. 假设下列条件成立:

(H1) 函数 f,g,ω 是 $((G \times \mathbb{T}^n) + \delta) \times \Theta$ 上的实解析函数;

(H2)　在 $\bar{\Theta}$ 上频率 ω 满足

$$\operatorname{rank}\left\{\frac{\partial^\alpha \omega}{\partial \theta^\alpha}:0<|\alpha|\leqslant s,\alpha\in\mathbb{Z}_+^l\right\}=n,$$

其中 $s=\max\{n,l\}$,

$$\frac{\partial^\alpha \omega}{\partial \theta^\alpha}=\left(\frac{\partial^{|\alpha|}\omega_1}{\partial\theta_1^{\alpha_1}\cdots\partial\theta_l^{\alpha_l}},\frac{\partial^{|\alpha|}\omega_2}{\partial\theta_1^{\alpha_1}\cdots\partial\theta_l^{\alpha_l}},\cdots,\frac{\partial^{|\alpha|}\omega_l}{\partial\theta_1^{\alpha_1}\cdots\partial\theta_l^{\alpha_l}}\right),$$

$$|\alpha|=\alpha_1+\cdots+\alpha_l;$$

(H3)　对于任意 $\theta\in\Theta$, 映射 (2.1) 具有相交性质.

本节的主要结果是

定理 2.1　假设 (H1) — (H3) 成立. 则对于充分小的 ε 和给定的 $\tau>n^2+2n$, 存在正测度子集 $\Theta_*\subset\Theta$ 满足

(1) Θ_* 是开子集 (不是 Cantor 集), 满足估计

$$\operatorname{meas}(\Theta\setminus\Theta_*)=O\left(\frac{1}{K}\right),$$

其中 $K>0$ 是一个给定的充分大的常数, 满足下面的不等式 (2.22), (2.24), (2.28) 和 (2.30);

(2) 对于 $\theta\in\Theta_*$, 映射 (2.1) 具有有效稳定性. 具体地, 如果 $\theta\in\Theta_*$, 则对所有 $(y,x)\in G\times\mathbb{T}^n$ 和所有整数 $r\in[0,T(\varepsilon)]$, $T(\varepsilon)=c_1\exp\left(c_2\varepsilon^{-1/(n+\tau+s+2)}\right)$, 有

$$|y^{(r)}-y|\leqslant c_3\varepsilon,$$

其中 $(y^{(r)},x^{(r)})=F^r(y,x)$, c_1,c_2,c_3 是与 ε 无关的正常数.

定理 2.1 说明, 对于大测度集合上的参数 θ, 映射 (2.1) 具有指数为 $1/(\tau+n+s+2)$ 和 1 的有效稳定性.

对于通常定义在 $G\times\mathbb{T}^n\subset\mathbb{R}^n\times\mathbb{R}^m$ 上的近可积映射

$$(y,x)\to(\hat{y},\hat{x}),\quad\begin{cases}\hat{y}=y+\varepsilon g_0(y,x),\\\hat{x}=x+\omega_0(y)+\varepsilon f_0(y,x),\end{cases}\tag{2.2}$$

关于 KAM 稳定性问题, 可见[Mo1, CS1, Xi1, CL2, CLH1]. 这里将考虑 KAM 环面的粘性问题. 令

$$O(I,\varepsilon)=\left\{y\in\mathbb{R}^m:|y-I|\leqslant K_1\sqrt{\varepsilon}\right\},$$

其中 $K_1>0$ 是一个充分大的常数.

定理 2.2　假设 f_0 和 g_0 是 $(G\times\mathbb{T}^n)+\delta_0$ 上的实解析向量值函数, 其中 $\delta_0>0$

是常数, 并且, 在 $\bar{G}$ 上,

$$\operatorname{rank}\left\{\frac{\partial^{\alpha}\omega}{\partial y^{\alpha}}:0<|\alpha|\leqslant\max\{m,n\},\alpha\in\mathbb{Z}_+^m\right\}=n.$$

如果映射 (2.2) 具有相交性质, 则对于充分小的 $\varepsilon>0$ 和固定的 $\tau>n^2+2n$, 存在非空的大测度开子集 $G_*\subset G$, 满足, 对于任意 $y\in G_*$, 映射 (2.2) 起始于 (y,x) 的轨道, 具有指数为 $1/2(\tau+n+\max\{n,m\}+2)$ 和 1 的稳定性.

定理 2.2 的证明　对于任意给定的 $I\in G$, 在 $\{I\}\times\mathbb{T}^n$ 附近研究映射. 令 $y=I+\sqrt{\varepsilon}Y$. 在 $\{Y\in\mathbb{R}^m:|Y|<K_1\}\times\mathbb{T}^n\times G$ 定义映射

$$(Y,x)\to(Y_1,x_1),\quad\begin{cases}\hat{y}=\dfrac{\hat{y}-I}{\sqrt{\varepsilon}}=Y\quad\quad+\sqrt{\varepsilon}G_1(Y,x,I),\\[2mm]x_1=\hat{x}=x+\omega_0(I)\quad+\sqrt{\varepsilon}F(Y,x,I),\end{cases}\tag{2.3}$$

这里 $I\in G$ 作为参数考虑, 并且

$$F(Y,x,I)=\frac{1}{\sqrt{\varepsilon}}\Big(\omega_0(\sqrt{\varepsilon}Y+I)-\omega_0(I)\Big)+f_0(\sqrt{\varepsilon}Y+I,x),$$

$$G_1(Y,x,I)=g_0(\sqrt{\varepsilon}Y+I,x).$$

显然, F 和 G_1 在 $\{Y\in\mathbb{R}^m:|Y|<K_1\}\times\mathbb{T}^n\times G$ 上是有界的.

根据定理 2.2 的假设, 映射 (2.3) 满足 (H1), (H2) 和 (H3). 在映射 (2.3) 中, 将 I 视为参数应用定理 2.1, 可以完成定理 2.2 的证明.

最后, 在 $n=l$ 的情况下, 研究 (2.1) 和 (2.2).

定理 2.3　假设 (H1) 和 (H3) 成立. 如果

$$\det\left(\frac{\partial\omega}{\partial\theta}\right)\neq0,\quad\forall\theta\in\Theta,$$

则存在非空正测度子集 $\Theta_*\subset\Theta$, 使得对于所有 $\theta\in\Theta_*$, 映射 (1.1) 具有指数 $1/(2n+4)$ 和 1 的有效稳定性.

定理 2.3 的证明放在 2.2.5 节. 由定理 2.3, 类似定理 2.2 的证明, 可以获得下面的定理 2.4.

定理 2.4　在实解析条件下, 如果映射 (2.2) 具有相交性质, 并且满足非退化条件

$$\det\left(\frac{\partial\omega}{\partial y}\right)\neq0,\quad\forall y\in\bar{G},$$

则 (2.2) 存在一族 KAM 不变环面, 其附近轨道具有指数为 $1/(2n+4)$ 和 1 的粘性.

2.2.2　非共振引理

给定 $y_0 \in G$. 对于集合 D 和小正数 δ，定义
$$D - \delta = \{x \in D : \mathrm{dist}(x, \partial D) > \delta\}.$$

令
$$D_i = \left((G \times \mathbb{T}^n) + \frac{3}{4}\delta \right) - 2iK\varepsilon^\beta,$$
$$\widehat{D}_i = \left((G \times \mathbb{T}^n) + \frac{3}{4}\delta \right) - (2i-1)K\varepsilon^\beta,$$
$$i = 1, 2, \cdots,$$

其中 $K > 1$ 是后面将确定的常数，$\beta = 1/(\tau + n + s + 2)$.

为方便起见，本节用 $|\cdot|$ 表示按坐标的最大模，用 $\|\cdot\|$ 表示函数的上确界模. 对于定义于 D 上的矩阵函数 $A(u)$，定义
$$\|A\| = \sup_{u \in D} \sup_{|z|=1} |A(u)z|.$$

假设在 $((G \times \mathbb{T}^n) + \delta) \times \Theta$ 上，

$$\|f\| + \|g\| \leqslant M, \tag{2.4}$$

$$\|\omega\| \leqslant \frac{1}{2}M. \tag{2.5}$$

定理 2.1 的证明分为两部分：迭代和测度估计. 本段讨论迭代过程，下段将给出测度估计.

定义
$$L = \left[\frac{4}{3} \cdot \frac{1}{\varepsilon^{\tau+n+s+2}} \ln \frac{7 \cdot 2^{3n+5}}{e^n K^{n+1} \varepsilon^{(n+1)(\tau+n+s+2)}} \right] + 1,$$

其中 $[\cdot]$ 表示实数的整数部分.

一般地，假设在 D_i 上，F_i 被化为

$$(\hat{y}, \hat{x}) = F_i(y, x), \quad \begin{cases} \hat{y} = y & + \varepsilon g_i(y, x, \theta, \varepsilon), \\ \hat{x} = x + \omega_i(\theta, \varepsilon) + \Omega_i(y, \theta, \varepsilon) + \varepsilon f_i(y, x, \theta, \varepsilon), \end{cases} \tag{2.6$_i$}$$

并且，在 $D_i \times S_{i-1}(\varepsilon)$ 上，

$$\|f_i\| + \|g_i\| \leqslant \frac{1}{2^i}M, \tag{2.7}$$

$$\max\{\|\omega_i\|, \|\Omega_i\|\} \leqslant M_1, \tag{2.8}$$

其中 ε 充分小,

$$S_{i-1}(\varepsilon) = \bigcap_{j=1}^{i-1} \Theta_{j-1}(\varepsilon),$$

$$\Theta_{j-1}(\varepsilon) = \left\{ \theta \in \Theta : \left| e^{2\pi\sqrt{-1}\langle k, \omega_j(\theta, \varepsilon)\rangle} - 1 \right| \geqslant \varepsilon^{s\beta} |k|^{\tau}, k \in \mathbb{Z}^n, 0 < |k| < L \right\},$$

$$\omega_0(\theta, \varepsilon) = \omega(\theta).$$

后面, 在迭代过程中, 将省去变量 θ 和 ε 的表示, 除非需要特别指出.

引进坐标变换

$$(y, x) = T_i(Y, X), \quad \begin{cases} y = Y + \varepsilon v_i(Y, X), \\ x = X + \varepsilon u_i(Y, X), \end{cases} \tag{2.9}$$

使得 T_i 满足 $F_{i+1} = T_i^{-1} \circ F_i \circ T_i$, 并且, 在 D_i 上,

$$(\hat{y}, \hat{x}) = F_{i+1}(y, x), \quad \begin{cases} \hat{y} = y \qquad\qquad\qquad + \varepsilon g_{i+1}(y, x), \\ \hat{x} = x + \omega_{i+1} + \Omega_{i+1}(y) + \varepsilon f_{i+1}(y, x). \end{cases} \tag{2.6$_{i+1}$}$$

记

$$\omega_{i+1} = \omega_i + \varepsilon \bar{f}_{i0}, \tag{2.10}$$

$$\Omega_{i+1} = \Omega_i + \varepsilon \left(\bar{f}_i(y) - \bar{f}_i(0) \right), \tag{2.11}$$

其中

$$\bar{f}(y) = \int_0^1 f(y, x) \mathrm{d}x,$$

$\bar{f}_i(0)$ 表示 $\bar{f}_i(y)$ 关于 y 展开式中的常数项.

对于定义在 $D_j \times S_{j-1}(\varepsilon)$ 上的实解析函数 h, 简记

$$\|h\|_j = \|h\|_{D_j \times S_{j-1}(\varepsilon)}.$$

根据 (2.10), 在 $D_{i+1} \times S_i(\varepsilon)$ 上, 对于充分小的 $\varepsilon > 0$,

$$\begin{aligned} \|\omega_{i+1}\| &\leqslant \|\omega\|_0 + \varepsilon \sum_{j=0}^{i} \|\bar{f}_j\|_j \\ &\leqslant \frac{1}{2} M_1 + 2\varepsilon M \\ &< M_1, \\ \|\Omega_{i+1}\| &\leqslant \varepsilon \sum_{j=0}^{i} |\bar{f}_j(y) - \bar{f}_{j0}| \\ &\leqslant 2\varepsilon \sum_{j=0}^{i} \|\bar{f}_j\|_j \end{aligned}$$

$$< 4\varepsilon M$$
$$< M_1.$$

这说明 (2.8) 对于 $j+1$ 时也成立.

设实解析函数 h 的 Fourier 展开式为

$$h(y,x) = \sum_{k \in \mathbb{Z}^n} h_k(y) e^{2\pi\sqrt{-1}\langle k,x \rangle}.$$

对于某正整数 L, 记

$$[h]_L(y,x) = \sum_{k \in \mathbb{Z}^n, 0 < |k| \leqslant L} h_k(y) e^{2\pi\sqrt{-1}\langle k,x \rangle},$$

$$R_L h(y,x) = \sum_{k \in \mathbb{Z}^n, |k| > L} h_k(y) e^{2\pi\sqrt{-1}\langle k,x \rangle}.$$

考虑差分方程

$$\phi(y,x+\omega) - \phi(y,x) = [h]_L(y,x), \tag{2.12}$$

其中 h 是实解析函数, 定义域为 $\left(G \times \mathbb{T}^n\right) + \sigma$.

命题 2.1　如果 ω 满足

$$\left| e^{2\pi\sqrt{-1}\langle k,\omega \rangle} - 1 \right| \geqslant \alpha \, |k|^{-\tau}, \quad \forall k \in \mathbb{Z}^n, \quad 0 < |k| \leqslant L,$$

则方程 (2.12) 有唯一解 ϕ, 满足 $\bar{\phi} = 0$, 并且, 在 $\left(G \times \mathbb{T}^n\right) + (\sigma - \gamma), 0 < \gamma < \sigma$ 上,

$$\|\phi\| \leqslant c(\alpha,\gamma)\|h\|,$$

其中

$$c(\alpha,\gamma) = \frac{\pi^2}{3 \cdot 2^{\tau+3}} \left(\frac{\tau+n+1}{e\pi} \right)^{\tau+n+1} \cdot \frac{1}{\alpha\gamma^{\tau+n+1}}.$$

证明　根据 Cauchy 公式,

$$\|h_k\| \leqslant \|h\| e^{-2\pi\sigma|k|}.$$

显然,

$$\phi(y,x) = \sum_{k \in \mathbb{Z}^n, 0 < |k| \leqslant L} \frac{h_k(y)}{e^{2\pi\sqrt{-1}\langle k,\omega \rangle} - 1} e^{2\pi\sqrt{-1}\langle k,x \rangle} \tag{2.13}$$

是满足均值为零的唯一解. 根据 (2.13) 和 Cauchy 公式, 在 $\left(G \times \mathbb{T}^n\right) + (\sigma - \gamma)$ 上,

$$\|\phi\| \leqslant \sum_{k \in \mathbb{Z}^n, 0 < |k| \leqslant L} \frac{\|h_k\|}{\left| e^{2\pi\sqrt{-1}\langle k,\omega \rangle} - 1 \right|} \left| e^{2\pi\sqrt{-1}\langle k,x \rangle} \right|$$

$$\leqslant \frac{\|h\|}{\alpha} \sum_{j=1}^{L} \frac{2^n \, j^{\tau+n+1}}{e^{2\pi\gamma j}}$$

$$\leqslant \frac{1}{2^{\tau+2}}\left(\frac{\tau+n+1}{e\pi}\right)^{\tau+n+1} \cdot \frac{1}{\alpha\gamma^{\tau+n+1}} \sum_{j=1}^{\infty} \frac{1}{j^2} \|h\|$$

$$= c(\alpha,\gamma)\|h\|.$$

这里用到了不等式

$$j^{\tau+n+1} e^{-2\pi\gamma j} \leqslant \left(\frac{\tau+n+1}{2\pi\gamma}\right)^{\tau+n+1} e^{-(\tau+n+1)}.$$

这个不等式可以通过求函数

$$h(x) = x^{\tau+n+1} e^{-2\pi\gamma x}, \quad 0 < x < \infty$$

的最大值给出证明. 这样, 我们完成命题的证明.

命题 2.2[Ar1] 假设 $l(x)$ 是 $\mathbb{T}^n + \rho$ 上的实解析函数. 则, 当 $2\delta < \gamma$, 且 $\delta + \nu < \rho < 1$ 时, 在 $\mathbb{T}^n + (\rho - \delta - \nu)$ 上, 有不等式

$$\|R_L l\| < \left(\frac{2n}{e}\right)^n \frac{\|l\|}{\delta^{n+1}} e^{-L\nu}.$$

选取

$$\delta = \frac{1}{4} K\varepsilon^\beta, \quad \nu = \frac{3}{4} K\varepsilon^\beta. \tag{2.14}$$

这样, 在 D_{i+1} 上, 根据命题 2.2 和 L 的定义,

$$\|R_L f_i\| \leqslant \frac{1}{56}\|f_i\|,$$
$$\|R_L g_i\| \leqslant \frac{1}{56}\|g_i\|. \tag{2.15}$$

现在确定变换 T_i. 定义

$$\Theta_i(\varepsilon) = \left\{\theta \in \Theta : \left|e^{2\pi\sqrt{-1}\langle k, \omega_{i+1}(\theta,\varepsilon)\rangle} - 1\right| \geqslant \varepsilon^{s\beta} |k|^\tau, k \in \mathbb{Z}^n, 0 < |k| < L\right\},$$
$$S_i(\varepsilon) = S_{i-1}(\varepsilon) \bigcap \Theta_i(\varepsilon),$$

这里 $\tau > n^2 + 2n$ 是给定的常数. 对 $\theta \in \Theta_i(\varepsilon)$, 在 D_i 上求解差分方程

$$v_i(y, x + \omega_{i+1}(\theta,\varepsilon)) - v_i(y,x) = [g_i]_L(y,x), \tag{2.16}$$

$$u_i(y, x + \omega_{i+1}(\theta,\varepsilon)) - u_i(y,x) = \frac{\partial\Omega_{i+1}}{\partial y} \cdot v_i + [f_i]_L(y,x). \tag{2.17}$$

根据 (2.16) 和 (2.17), 得到

$$f_{i+1} = \frac{1}{\varepsilon}\left(\Omega_{i+1}(y,\varepsilon) - \Omega_{i+1}(Y,\varepsilon) - \frac{\partial\Omega_{i+1}}{\partial Y}\varepsilon \cdot v_i\right)$$

$$+\left(f_i(y,x)-f_i(Y,X)\right)$$
$$+\left(u_i(X,Y+\omega_{i+1})-u_i(Y,X+\omega_{i+1}+\Omega_{i+1})\right)$$
$$+\left(Y,u_i(X+\omega_{i+1}+\Omega_{i+1})-u_i(\hat{Y},\hat{X})\right)$$
$$+R_L f_i(Y,X)$$
$$=F_1+F_2+F_3+F_4+F_5, \tag{2.18}$$
$$g_{i+1}=\left(v_i(Y,X+\omega_{i+1})-v_i(Y,X+\omega_{i+1}+\Omega_{i+1})\right)$$
$$+\left(v_i(Y,X+\omega_{i+1}+\Omega_{i+1})-v_i(\hat{Y},\hat{X})\right)$$
$$+\left(g_i(y,x)-g_i(Y,X)\right)$$
$$+R_L g_i(Y,X)+\overline{g}_i(Y)$$
$$=G_1+G_2+G_3+G_4+\overline{g}_i(Y). \tag{2.19}$$

利用 (2.16)，(2.17)，(2.15)，Ω_{i+1} 的估计，命题2.1和Cauchy公式，在 $\hat{D}_{i+1}\times S_i(\varepsilon)$ 上得到

$$\|v_i\|\leqslant 2c(\varepsilon^{s\beta},K\varepsilon^{\beta})\|[g_i]_L\|_i$$
$$\leqslant \frac{c_4}{K^{\tau+n+1}}\cdot\varepsilon^{-(\tau+n+s+1)\beta}\cdot\frac{1}{2^i}M, \tag{2.20}$$

$$\|u_i\|\leqslant c(\varepsilon^{s\beta},K\varepsilon^{\beta})\left(\left\|\frac{\partial\Omega_{i+1}}{\partial y}\right\|_{\hat{D}_{i+1}\times S_i(\varepsilon)}\|v\|_{\hat{D}_{i+1}\times S_i(\varepsilon)}+\|[f_i]_L\|_i\right)$$
$$\leqslant 2c(\varepsilon^{s\beta},K\varepsilon^{\beta})\left(\frac{c_5}{K^{\tau+n+2}}\cdot\varepsilon^{-(\tau+n+s+1)\beta}\cdot\frac{1}{2^i}M+\frac{1}{2^i}M\right)$$
$$\leqslant \frac{3c_4}{K^{\tau+n+1}}\varepsilon^{-(\tau+n+s+1)\beta}(c_5+1)\cdot\frac{1}{2^i}M. \tag{2.21}$$

不等式 (2.20)，(2.21) 和 β 的定义说明，当

$$K^{\tau+n+2}>c_4(c_5+1)M \tag{2.22}$$

时，T_i 映 D_{i+1} 到 D_i.

首先估计 f_{i+1}. 根据 (2.20)，Ω_{i+1} 的估计，Taylor 表达式和 Cauchy 公式，

$$\|F_1\|_{i+1}\leqslant\left\|\frac{\partial^2\Omega_{i+1}}{\partial y^2}\right\|_{\hat{D}_{i+1}\times S_i(\varepsilon)}\|v_i\|_{i+1}^2\varepsilon$$
$$\leqslant\frac{c_6 M}{K^{\tau+n+3}}\varepsilon^{2-2(\tau+n+s+2)\beta}\cdot\frac{1}{2^i}M$$
$$\leqslant\frac{1}{7}\cdot\frac{1}{2^{i+2}}M. \tag{2.23}$$

上式中不等式

$$K^{\tau+n+3} \geqslant 28c_6 M \tag{2.24}$$

被用到.

类似地, 由 (2.20), (2.21), Ω_{i+1} 的估计和 Cauchy 公式, 得到

$$
\begin{aligned}
\left\|F_2\right\|_{i+1} &\leqslant \varepsilon \left\|\frac{\partial f_i}{\partial x}\right\|_{i+1} \left\|u_i\right\|_{i+1} + \varepsilon \left\|\frac{\partial f_i}{\partial y}\right\|_{i+1} \left\|v_i\right\|_{i+1} \\
&\leqslant \varepsilon \cdot \frac{1}{K\varepsilon^\beta} \cdot \frac{3c_4}{K^{\tau+n+1}} \varepsilon^{-(\tau+n+s+2)\beta} (c_5+1)M \cdot \frac{1}{2^i}M \\
&\leqslant \frac{1}{7} \cdot \frac{1}{2^{i+2}}M;
\end{aligned}
\tag{2.25}
$$

$$
\begin{aligned}
\left\|F_3\right\|_{i+1} &\leqslant \left\|\frac{\partial u_i}{\partial x}\right\|_{i+1} \left\|\Omega_{i+1}\right\|_{i+1} \\
&\leqslant \frac{1}{K\varepsilon^\beta} \cdot \frac{3c_4}{K^{\tau+n+1}} \varepsilon^{1-(\tau+n+s+2)\beta} (c_5+1)M \cdot \frac{1}{2^i}M \\
&\leqslant \frac{1}{7} \cdot \frac{1}{2^{i+2}}M;
\end{aligned}
\tag{2.26}
$$

$$
\begin{aligned}
\left\|F_4\right\|_{i+1} &\leqslant \varepsilon \left(\left\|\frac{\partial u_i}{\partial x}\right\|_{i+1} \left\|f_{i+1}\right\|_{i+1} + \left\|\frac{\partial u_i}{\partial y}\right\|_{i+1} \left\|g_{i+1}\right\|_{i+1} \right) \\
&\leqslant \varepsilon \cdot \frac{1}{K\varepsilon^\beta} \cdot \frac{3c_4}{K^{\tau+n+1}} (c_5+1)M \varepsilon^{-(\tau+n+s+1)\beta} \left(\left\|f_{i+1}\right\|_{i+1} + \left\|g_{i+1}\right\|_{i+1} \right) \\
&\leqslant \frac{1}{4} \left(\left\|f_{i+1}\right\|_{i+1} + \left\|g_{i+1}\right\|_{i+1} \right).
\end{aligned}
\tag{2.27}
$$

不等式 (2.25) — (2.27) 用到条件

$$K \geqslant \max \left\{ \left(84c_6 M\right)^{1/(\tau+n+3)}, \left(84c_4(c_5+1)M\right)^{1/(\tau+n+2)} \right\}. \tag{2.28}$$

从命题 2.2 和 (2.15), 我们有

$$\left\|F_5\right\|_{i+1} \leqslant \frac{1}{7} \cdot \frac{1}{2^{i+2}}M. \tag{2.29}$$

我们在 D_{i+1} 上继续估计 g_{i+1}. 取 K 满足

$$K^{\tau+n+2} \geqslant \max \left\{ 120c_4 M, 120c_4(c_5+1)M \right\}. \tag{2.30}$$

类似于 f_{i+1} 的估计, 由 (2.30), 得到

$$\max \left\{ \left\|G_1\right\|_{i+1}, \left\|G_3\right\|_{i+1} \right\} \leqslant \frac{1}{14} \cdot \frac{1}{2^{i+2}}M, \tag{2.31}$$

$$\left\|G_2\right\|_{i+1} \leqslant \frac{1}{8}\left(\left\|f_{i+1}\right\|_{i+1} + \left\|g_{i+1}\right\|_{i+1}\right). \tag{2.32}$$

由命题 2.2,

$$\left\|G_4\right\|_{i+1} \leqslant \frac{1}{14} \cdot \frac{1}{2^{i+2}} M. \tag{2.33}$$

由于 F 具有相交性质, $F_{i+1} = T_i^{-1} \circ F_i \circ T_i$ 也具有相交性质. 这样, 对于每个 Y^0, 存在 X^0, 使得 $g_{i+1}(Y^0, X^0) = 0$. 因此,

$$\sup_X \left|g_{i+1}(Y^0, X)\right| \leqslant \underset{X}{\operatorname{osc}}\, g_{i+1}(Y^0, X) \leqslant 2\sup_X \left|g_{i+1}(Y^0, X) - \bar{g}_i(Y^0)\right|,$$

这里 $\underset{X}{\operatorname{osc}}$ 表示 X 方向的振荡. 因此,

$$\frac{1}{2}\left\|g_{i+1}\right\|_{i+1} \leqslant \left\|g_{i+1} - \bar{g}_{i+1}\right\|_{i+1} \leqslant \left\|G_1\right\|_{i+1} + \left\|G_2\right\|_{i+1} + \left\|G_3\right\|_{i+1} + \left\|G_4\right\|_{i+1}. \tag{2.34}$$

由 (2.22) — (2.34), 最后在 $D_{i+1} \times S_i(\varepsilon)$ 上得到

$$\left\|f_{i+1}\right\|_{i+1} + \left\|g_{i+1}\right\|_{i+1} \leqslant \frac{1}{2^{i+1}} M. \tag{2.35}$$

取

$$N = \left[\frac{\delta}{4K\varepsilon^\beta}\right],$$

其中 $[\cdot]$ 表示实数的整数部分. 令 $T_* = T_0 \circ T_1 \circ \cdots \circ T_N$, $D_* = D_{N+1}$, $\Theta_*(\varepsilon) = S_N(\varepsilon)$, $F_* = T_*^{-1} \circ F \circ T_*$. 则在 $D_* \times \Theta_*(\varepsilon)$ 上,

$$(\hat{Y}, \hat{X}) = F_*(Y, X), \quad \begin{cases} \hat{Y} = Y & + \varepsilon g_*(Y, X, \theta, \varepsilon), \\ \hat{X} = X + \omega_*(\theta, \varepsilon) + \Omega_*(Y, \theta, \varepsilon) + \varepsilon f_*(Y, X, \theta, \varepsilon), \end{cases} \tag{2.36}$$

其中 $\omega_* = \omega_N, \Omega_* = \Omega_N, f_* = f_N, g_* = g_N$. 由此得到, 在 $\left((G \times \mathbb{T}^n) + \delta/4\right) \times \Theta_*$ 上,

$$\left\|f_*\right\| + \left\|g_*\right\| \leqslant \frac{1}{2^N} M \leqslant c_7 \exp\left(-c_8^{-1}\varepsilon^{-1/(\tau+n+s+2)}\right). \tag{2.37}$$

综合以上得到如下引理.

引理 2.1　存在定义在 $\left((G \times \mathbb{T}^n) + \delta/4\right) \times \Theta_*$ 上的实解析近恒等变换 $T_* : (y, x) \to (Y, X)$, 化映射 (2.1) 成 (2.36), 满足 (2.37) 和

$$|Y - y| \leqslant c_0 \varepsilon.$$

并且, 对于所有 $\theta \in \Theta_*(\varepsilon)$,

$$\omega_* = \omega(\theta) + O(\varepsilon), \quad \Omega_* = O(\varepsilon).$$

2.2.3 测度估计

定义

$$O_i(\varepsilon) = \left\{ \theta \in \Theta : \left| \langle k, \omega_{i+1}(\theta, \varepsilon) \rangle + k_0 \right| \geqslant \frac{\varepsilon^{s\beta}}{2} | k |^{-\tau}, \right.$$

$$\left. 0 \neq k \in \mathbb{Z}^n, k_0 \in \mathbb{Z}, | k_0 | \leqslant (M_1 + 1) | k | \right\}.$$

由于 $\omega_{i+1}(\theta, \varepsilon)$ 是实的, 且 $\| \omega_{i+1} \| \leqslant M_1$, 当 $\theta \in O_i(\varepsilon)$ 时,

$$\begin{aligned} \left| e^{2\pi\sqrt{-1}\langle k, \omega_{i+1}(\theta, \varepsilon) \rangle} - 1 \right| &= 2 \left| \sin \pi \langle k, \omega^{i+1}(\theta, \varepsilon) \rangle \right| \\ &= 2 \left| \sin \pi \left(\langle k, \omega^{i+1}(\theta, \varepsilon) \rangle + k_0 \right) \right| \\ &\geqslant \left| \langle k, \omega^{i+1}(\theta, \varepsilon) \rangle + k_0 \right| \\ &\geqslant \varepsilon^{s\beta} | k |^{-\tau}, \end{aligned}$$

其中 $k_0 \in \mathbb{Z}$, $| k_0 | \leqslant (M_1 + 1) | k |$ 使得

$$\pi \left| \langle k, \omega_{i+1}(\theta, \varepsilon) \rangle + k_0 \right| \leqslant \frac{\pi}{2}.$$

因此,

$$O_i(\varepsilon) \subset \Theta_i(\varepsilon). \tag{2.38}$$

引理 2.2[XYQ]　假设 P 是从 $\overline{B}$ 到 $\mathbb{R}^n$ 的实解析函数, 这里 B 是 $\mathbb{R}^n$ 中有界连通域. 定义

$$B_\Delta = \left\{ \theta \in B : \left| \langle k, P(\theta) \rangle \right| \geqslant \Delta | k |^{-\tau}, 0 \neq k \in \mathbb{Z}^n \right\},$$

其中 $\tau > n^2 - 1$ 是常数. 如果对于所有 $\theta \in \overline{B}$,

$$\text{rank} \left\{ \frac{\partial^\alpha P}{\partial \theta^\alpha} : \forall \alpha \in \mathbb{Z}_+^n, | \alpha | \leqslant n - 1 \right\} = n,$$

则对于充分小的 $\Delta > 0$,

$$\text{meas}(B \setminus B_\Delta) \leqslant c \Delta^{1/(n-1)},$$

其中 c 是与 Δ 无关的正常数.

现在估计 Θ_*. 根据 ω_i 的估计、 (H1) 和 (H2), 当 ε 充分小时, 在 Θ 上,

$$\text{rank} \left\{ \frac{\partial^\alpha \omega_i}{\partial \theta^\alpha} : \forall \alpha, 0 < |\alpha| \leqslant s \right\} = n, \quad i = 1, 2, \cdots, N. \tag{2.39}$$

令

$$O_i^0(\varepsilon) = \left\{ \theta \in \Theta : \left| \langle k, \omega_{i+1}(\theta,\varepsilon) \rangle + k_0 \right| \geqslant \frac{\varepsilon^{s\beta}(2+M_1)^{\tau}}{2(|k|+|k_0|)^{\tau}}, 0 \neq (k,k_0) \in \mathbb{Z}^{n+1} \right\}.$$

引理 2.3　如果 $l = n$，则存在与 ε 无关的常数 c，满足
$$\mathrm{meas}\left(\Theta \setminus O_i^0(\varepsilon)\right) \leqslant c\varepsilon^{\beta}.$$

证明　记 $\tilde{\omega}_{i+1} = (\omega_{i+1}, 1)$，$\tilde{\theta} = (\theta, \theta_{n+1})$，$\theta_{n+1} \in (1,2)$. 令
$$O_i^1(\varepsilon) = O_i^0 \times (1,2), \quad \Theta^1 = \Theta \times (1,2).$$

显然，在 Θ^1 上，
$$\mathrm{rank}\left\{ \tilde{\omega}_{i+1}, \frac{\partial^{\alpha} \tilde{\omega}_{i+1}}{\partial \tilde{\theta}^{\alpha}} : \forall \alpha \in \mathbb{Z}_+^{n+1}, 0 < |\alpha| \leqslant n \right\} = n+1.$$

根据引理 2.3，存在常数 c，使得
$$\mathrm{meas}(\Theta^1 \setminus O_i^1(\varepsilon)) \leqslant c\varepsilon^{\beta}.$$

根据 Fubini 定理，
$$\mathrm{meas}(\Theta \setminus O_i^0(\varepsilon)) \leqslant c\varepsilon^{\beta}.$$

令 $\theta \in O_i^0(\varepsilon)$，则当 $|k_0| \leqslant (M_1+1)|k|$ 时，
$$\left| \langle k, \omega_{i+1}(\theta,\varepsilon) \rangle + k_0 \right| \geqslant \frac{\varepsilon^{s\beta}(2+M_1)^{\tau}}{2(|k|+|k_0|)^{\tau}} \geqslant \frac{\varepsilon^{s\beta}}{2} |k|^{-\tau}.$$

因此，
$$O_i^0(\varepsilon) \subset O_i(\varepsilon). \tag{2.40}$$

(1) $l = n$. 由 (2.38)—(2.40)、引理 2.3 和 N 的定义，
$$\begin{aligned}
\mathrm{meas}(\Theta \setminus \Theta_*) &\leqslant \sum_{j=0}^{N-1} \mathrm{meas}(\Theta \setminus \Theta_i(\varepsilon)) \\
&\leqslant \sum_{j=0}^{N-1} \mathrm{meas}(\Theta \setminus O_i(\varepsilon)) \\
&\leqslant \sum_{j=0}^{N-1} \mathrm{meas}(\Theta \setminus O_i^0(\varepsilon)) \\
&\leqslant cN\varepsilon^{\beta} \\
&\leqslant \frac{c}{4K}. \tag{2.41}
\end{aligned}$$

(2) $l < n$. 记 $\hat{\theta} = (\theta, \theta_{l+1}, \cdots, \theta_n)$，$\hat{\omega}_i(\hat{\theta}) = \omega_i(\theta)$，$\Theta^2 = \Theta \times \prod_1^{n-l}(1,2)$. 同时，如果 $\alpha \in \mathbb{Z}_+^l$，在 n 维空间考虑求导时，认为 α 为 $\mathbb{Z}_+^n$ 中的向量，其后 $n-l$ 个分量为零. 由假设 (H2)，

$$\text{rank}\left\{\frac{\partial^\alpha \hat{\omega}_{i+1}}{\partial \bar{\theta}^\alpha} : \forall \alpha \in \mathbb{Z}_+^n, 0 < |\alpha| \leqslant n\right\} = n.$$

定义

$$\Theta_i^2 = \Theta_i \times \prod_1^{n-l}(1,2), \quad i = 0, 1, \cdots, N-1,$$

$$\Theta_*^2 = \Theta_* \times \prod_1^{n-l}(1,2).$$

类似于情况 (1)，得到

$$\text{meas}(\Theta^2 \setminus \Theta_*^2) \leqslant \frac{c}{4K}.$$

根据 Fubini 定理，

$$\text{meas}(\Theta \setminus \Theta_*) \leqslant \frac{c}{4K}.$$

(3) $l > n$. 任意给定指标 $i, 1 \leqslant i \leqslant N$. 对于任意 $\theta \in \bar{\Theta}$，由 (2.38)，存在 $\alpha^1, \alpha^2, \cdots, \alpha^n \in \mathbb{Z}_+^l$，满足

$$\text{rank}\left\{\frac{\partial^{\alpha^1} \omega_i}{\partial \theta^{\alpha^1}}, \frac{\partial^{\alpha^2} \omega_i}{\partial \theta^{\alpha^2}}, \cdots, \frac{\partial^{\alpha^n} \omega_i}{\partial \theta^{\alpha^n}}\right\} = n. \tag{2.42}$$

令 $\{e_j\}$ 表示 $\mathbb{R}^l$ 中通常的正交单位向量基. 显然，存在不属于 $\{\alpha^1, \alpha^2, \cdots, \alpha^n\}$ 的 $l-n$ 个向量 e_j，记之为 $e_{n+1}, \cdots, e_l$，使得

$$\text{rank}\left\{\frac{\partial^{e_{n+1}} \breve{\omega}_i}{\partial \theta^{e_{n+1}}}, \cdots, \frac{\partial^{e_l} \breve{\omega}_i}{\partial \theta^{e_l}}\right\} = l-n,$$

其中 $\breve{\omega}_i(\theta) = (\omega_i(\theta), \theta_{n+1}, \cdots, \theta_l)$. 上式和 (2.42) 说明，在给定的 θ 附近，

$$\text{rank}\left\{\frac{\partial^\alpha \breve{\omega}_i}{\partial \theta^\alpha} : \forall \alpha \in \mathbb{Z}_+^l, 0 < |\alpha| \leqslant l\right\} = l.$$

再由有限覆盖定理，可以认为上式在 $\bar{\Theta}$ 上成立. 定义

$$O_i^3(\varepsilon) = \left\{\theta \in \Theta : \left|\langle k^1, \omega_i(\theta, \varepsilon)\rangle + \langle k^2, (\theta_{n+1}, \cdots, \theta_l)\rangle + k_0\right| \geqslant \frac{\varepsilon^{s\beta}}{2}|k|^{-\tau},\right.$$

$$\left. 0 \neq k = (k^1, k^2) \in \mathbb{Z}^l, k_0 \in \mathbb{Z}, |k_0| \leqslant (M_1 + 1)|k|\right\}.$$

对应地，定义 $\Theta_i^3(\varepsilon)$. 类似于情况 (1) 得到

$$\text{meas}(\Theta \setminus \Theta_i^3(\varepsilon)) \leqslant c\varepsilon.$$

取 $k^2 = 0$，有 $\Theta_i^3(\varepsilon) \subset \Theta_i(\varepsilon)$. 因此，

$$\text{meas}(\Theta \setminus \Theta_*) \leqslant \sum_{j=0}^{N-1} \text{meas}(\Theta \setminus \Theta_j(\varepsilon))$$

$$\leqslant \sum_{j=0}^{N-1} \text{meas}(\Theta \setminus \Theta_j^3(\varepsilon))$$

$$\leqslant cN\varepsilon^{\beta}$$

$$\leqslant \frac{c}{4K}. \tag{2.43}$$

2.2.4　定理 2.1 的证明

首先由引理 2.1, 在 $D_* \times \Theta_*$ 上将 (2.1) 化成 (2.36). 用 (Y, X) 表示新坐标. 由 $\Theta_i(\varepsilon)$, L 和 N 的定义, 得到 Θ_* 是正测度子集. 对于任意 $(y, x) \in G \times \mathbb{T}^n$ 和 $r \in \left[0, c_1 \exp\left(-c_8^{-1} \varepsilon^{-1/(\tau+n+s+2)} \right) \right]$, 由引理 2.1,

$$\left| y - Y \right| \leqslant c_9 \varepsilon,$$

$$\left| y^{(r)} - Y^{(r)} \right| \leqslant c_9 \varepsilon,$$

$$\left| Y - Y^{(r)} \right| \leqslant c_{10} \varepsilon,$$

进而得到

$$\left| y^{(r)} - y \right| \leqslant \left| y - Y \right| + \left| y^{(r)} - Y^{(r)} \right| + \left| Y - Y^{(r)} \right| \leqslant c_3 \varepsilon.$$

再结合前面的测度估计, 我们完成了定理 2.1 的证明.

2.2.5　定理 2.3 的证明

在 (1.1) 中考虑 $l = n$ 的情况. 令

$$O = \left\{ \theta \in \Theta : \left| \langle k, \omega(\theta) \rangle + k_0 \right| \geqslant \Delta \, |k|^{-(n+\kappa)}, 0 \neq k \in \mathbb{Z}^n, k_0 \in \mathbb{Z}, |k_0| \leqslant (M_1 + 1)|k| \right\},$$

其中 $\kappa \in (0,1)$ 和 $M_1 > 0$ 是常数. 利用文献 [XYQ] 中的引理 2.1, 并结合 2.2.3 节的测度估计, 在频率的经典非退化条件下, 可以得到

$$\text{meas}(\Theta \setminus O) \leqslant O(\Delta^{1/2}). \tag{2.44}$$

定义

$$\Theta = \left\{ \theta \in \Theta : \left| \langle k, \omega_{i+1}(\theta, \varepsilon) \rangle + k_0 \right| \geqslant \varepsilon^{2\beta} \, |k|^{-\tau}, 0 \neq k \in \mathbb{Z}^n, k_0 \in \mathbb{Z}, |k_0| \leqslant (M_1 + 1)|k| \right\},$$

其中 $\tau = n + \kappa > (n+1) - 1$. 则

$$\text{meas}\left(\Theta \setminus \Theta_i(\varepsilon)\right) \leqslant O(\varepsilon^{\beta}).$$

因此,

$$\text{meas}\left(\Theta \setminus \Theta_*(\varepsilon)\right) \leqslant O\left(\frac{1}{K}\right). \tag{2.45}$$

重复引理 2.2 的证明思路, 可得到

$$\|v_i\| \leqslant \frac{c_4}{K^{\tau+n+1}} \cdot \varepsilon^{-(\tau+n+3-\kappa)} \cdot \frac{1}{2^i} M, \tag{2.46}$$

$$\|u_i\| \leqslant \frac{c_4}{K^{\tau+n+1}} \cdot \varepsilon^{-(\tau+n+3-\kappa)}(c_5+1) \cdot \frac{1}{2^i} M. \tag{2.47}$$

于是,

$$\beta = \frac{1}{\tau+n+3-\kappa+1} = \frac{1}{2n+4}. \tag{2.48}$$

利用 (2.45) — (2.48), 并重复定理 2.1 的证明, 最终可以完成定理 2.3 的证明.

2.3　具有椭圆不变环面的 Hamilton 系统的有效稳定性

本节研究具有稳定低维不变环面的近可积 Hamilton 系统的有效稳定性问题.

2.3.1　问题

设 $G \subset \mathbb{R}^d$ 是有界连通域, $\mathbb{T}^d = \mathbb{R}^d / 2\pi\mathbb{Z}^d$ 表示通常的 d 维环面. 设 $d + m = n$, m 和 n 为非负整数. 赋予集合 $\mathbb{T}^d \times G \times \mathbb{R}^m \times \mathbb{R}^m$ 自然的辛结构. 在 $\mathbb{T}^d \times G \times \mathbb{R}^m \times \mathbb{R}^m$ 上考虑 Hamilton 函数

$$H(\theta, I, x, y) = h(I) + \mu P(\theta, I, x, y),$$

其中 θ 和 I 是共轭的角变量和作用变量, x 和 y 是共轭变量; $\mu > 0$ 是小参数. 如果对于每个 $I_0 \in G$, 系统

$$\begin{cases} \dot{\theta} = \dfrac{\partial H}{\partial I}, \\[2mm] \dot{I} = -\dfrac{\partial H}{\partial \theta}, \\[2mm] \dot{x} = \dfrac{\partial H}{\partial y}, \\[2mm] \dot{y} = -\dfrac{\partial H}{\partial x} \end{cases}$$

具有一个低维不变环面 $\left\{(\theta, I, 0, 0) : \theta \in \mathbb{T}^d, I = I_0\right\}$，并且其法向具有椭圆结构，那么，只要法频率满足 $l\,(\geqslant 4)$ 阶以上的非共振性，则根据 Birkhoff 法形式理论，必存在一个辛映射化 Hamilton 函数 H 呈下述形式：

$$H = h(I) + \langle \mu\, \Omega(\theta, I), L \rangle + \frac{1}{2} \langle \mu A(\theta, I)L, L \rangle + \mu B(\theta, I, L) + \mu P(\theta, I, x, y), \quad (3.1)$$

其中

$$L = (L_1, L_2, \cdots, L_m), \quad L_i = \frac{1}{2}(x_i^2 + y_i^2), \quad i = 1, 2, \cdots, m;$$

$B(\theta, I, L)$ 关于 L 至少是 3 阶的；$P = O_{l+1}(x, y)$ 关于 (x, y) 是 $l+1$ 阶的.

本节考虑 (3.1) 的一种情况，具体如下：

$$H = h(I) + \langle \mu\Omega(I), L \rangle + \frac{1}{2} \langle \mu A(I)L, L \rangle + \mu B(I, L) + \mu P(\theta, I, x, y), \quad (3.2)$$

即 Ω, A, B 与角变量 θ 无关. 假设 (3.2) 在 G 上满足下面条件.

(T1) 矩阵 $A(I)$ 是正定的；函数 $h(I)$ 是凸的，即对于任意 $\xi \in \mathbb{R}^d$，存在 $c_0 > 0$ 使得

$$\left| \left\langle \frac{\partial^2 h}{\partial I^2} \xi, \xi \right\rangle \right| \geqslant c_0 \, |\xi|^2. \quad (3.3)$$

记

$$g(I, L, \mu) = h(I) + \langle \mu\Omega, L \rangle + \frac{1}{2} \langle \mu A(I)L, L \rangle + \mu B(I, L). \quad (3.4)$$

这样，g 的 Jacobi 矩阵可表示为

$$\frac{\partial^2 g}{\partial (I, L)^2} = \begin{pmatrix} \dfrac{\partial^2 h}{\partial I^2} + \mu \dfrac{\partial^2}{\partial I^2}\langle \Omega, L \rangle + \dfrac{1}{2}\mu\dfrac{\partial^2}{\partial I^2}\langle AL, L \rangle + \mu\dfrac{\partial^2 B}{\partial I^2} & \mu\dfrac{\partial \Omega}{\partial I} + \mu\dfrac{\partial}{\partial I}AL + \mu\dfrac{\partial^2 B}{\partial I \partial L} \\[2ex] \mu\dfrac{\partial \Omega}{\partial I} + \mu\dfrac{\partial}{\partial I}AL + \mu\dfrac{\partial^2 B}{\partial I \partial L} & \mu A + \mu\dfrac{\partial^2 B}{\partial L^2} \end{pmatrix}.$$

$$(3.5)$$

对于充分小 L，进一步假设

(T2) 存在 $\mu_0 > 0$，使得当 $0 < \mu < \mu_0$ 时，矩阵 (3.5) 在假设 (T1) 下为正定的，并且 $|\partial g / \partial(I, L)| \geqslant c_1$.

定理 3.1　假设 (T1) 和 (T2) 成立. 则对于 Hamilton 系统 (3.2) 的每个满足

$$I(0) \in G, \quad |L(0)| < \varepsilon^{2/(l-3)}$$

的轨道，当 ε 充分小，并且当

$$|t| \leqslant c_2 \varepsilon^2 \exp(c_3 \varepsilon^{-1/2n})$$

时,

$$\max\{|I(t)-I(0)|,|L(t)-L(0)|\} < c_4 \varepsilon^{(4n+l-3)/2n(l-3)},$$

其中 c_2, c_3 和 c_4 是正常数, 仅依赖于条件 (T1) 和 (T2) 中矩阵的正定性, 以及相关系数的有界性.

为方便定理的证明, 引进伸缩变换

$$\begin{aligned} I &= \delta^2 \tilde{I}, \\ x &= \delta \tilde{x}, \\ y &= \delta \tilde{y}. \end{aligned} \tag{3.6}$$

变换 (3.6) 将 $|L| < \delta^2$ 变换为 $|\tilde{L}| < 1$, 将 G 变为 $\tilde{G}$. 对 (3.2) 两端同时除以 δ^4 得到

$$\begin{aligned} \tilde{H} &= \delta^{-4} H \\ &= \tilde{h}(\tilde{I}) + \left\langle \mu\tilde{\Omega}(\tilde{I}), \tilde{L} \right\rangle + \frac{1}{2}\left\langle \mu\tilde{A}(\tilde{I})\tilde{L}, \tilde{L} \right\rangle \\ &\quad + \delta^{-4}\mu B(\delta^2\tilde{I}, \delta^2\tilde{L}) + \mu\delta^{-4} P(\theta, \delta^2\tilde{I}, \delta\tilde{x}, \delta\tilde{y}), \end{aligned} \tag{3.7}$$

其中

$$\tilde{h} = \frac{h(\delta^2\tilde{I})}{\delta^4},$$

$$\tilde{\Omega} = \frac{\Omega(\delta^2\tilde{I})}{\delta^2},$$

$$\tilde{A} = A(\delta^2\tilde{I}).$$

取 $\delta = \varepsilon^{1/(l-3)}$, 并注意到 $P = O_{l+1}(x,y)$, $B = O_3(L)$. 不失一般性, 可设在 $\mathbb{T}^d \times \tilde{G} \times \mathbb{R}^m \times \mathbb{R}^m$ 上,

$$\tilde{H} = \tilde{h}(\tilde{I}) + \mu\left\langle \tilde{\Omega}(\tilde{I}), \tilde{L} \right\rangle + \frac{1}{2}\left\langle \mu\tilde{A}(\tilde{I})\tilde{L}, \tilde{L} \right\rangle + \mu\delta^2\tilde{B}(\tilde{I}, \tilde{L}) + \mu\varepsilon\tilde{P}(\theta, \tilde{I}, \tilde{x}, \tilde{y}),$$

$$\tag{3.8}$$

其中

$$\tilde{B} = \frac{B(\delta^2\tilde{I}, \delta^2\tilde{L})}{\delta^6}, \quad \tilde{P} = \frac{P(\theta, \delta^2\tilde{I}, \delta x, \delta y)}{\delta^{l+1}}.$$

记

$$\tilde{g} = \tilde{h}(\tilde{I}) + \mu\left\langle \tilde{\Omega}(\tilde{I}), \tilde{L} \right\rangle + \frac{1}{2}\left\langle \mu\tilde{A}(\tilde{I})\tilde{L}, \tilde{L} \right\rangle + \mu\delta^2\tilde{B}(\tilde{I}, \tilde{L}).$$

由于

$$\frac{\partial^2 h}{\partial I^2} = \frac{\partial^2 \tilde{h}}{\partial \tilde{I}^2},$$

$$\frac{\partial}{\partial I}\langle \Omega(I), \cdot \rangle = \frac{\partial}{\partial I}\langle \tilde{\Omega}(\tilde{I}), \cdot \rangle,$$

因此, 对于充分小的 $\varepsilon > 0$, 可以假设 (T2) 中的 μ_0 也满足: 当 $0 < \mu < \mu_0$ 时, 矩阵 $\dfrac{\partial^2 \tilde{g}}{\partial(\tilde{I}, \tilde{L})^2}$ 在 $\tilde{G} \times \left\{(\tilde{x}, \tilde{y}) : |\tilde{L}| < 1\right\}$ 上为正定的, 并且满足同样的量度, 即若在 $G \times \left\{(x, y) : |L| < \delta^2\right\}$ 上,

$$M_1 |\xi|^2 \leqslant \left\langle \frac{\partial^2 g}{\partial(I, L)^2} \xi, \xi \right\rangle \leqslant M_2 |\xi|^2, \quad 0 \neq \xi \in \mathbb{R}^n,$$

则在 $\tilde{G} \times \left\{(\tilde{x}, \tilde{y}) : |\tilde{L}| < 1\right\}$ 上,

$$M_1 |\xi|^2 \leqslant \left\langle \frac{\partial^2 \tilde{g}}{\partial(\tilde{I}, \tilde{L})^2} \xi, \xi \right\rangle \leqslant M_2 |\xi|^2, \quad 0 \neq \xi \in \mathbb{R}^n. \tag{3.9}$$

同时,

$$\left| \frac{\partial \tilde{g}}{\partial(\tilde{I}, \tilde{L})} \right| \geqslant c_1, \tag{3.10}$$

其中 M_1, M_2 和 c_1 是与 δ 无关的正常数. 简记 $\tilde{H}, \tilde{I}, \tilde{\Omega}, \tilde{A}, \tilde{B}, \tilde{P}, \tilde{x}, \tilde{y}, \tilde{L}, \tilde{G}, \tilde{g}$ 为 $H, I,$ $\Omega, A, B, P, x, y, L, G, g$, 并取 $\mu = 1$. 则 (3.8) 变为

$$H = h(I) + \langle \Omega(I), L \rangle + \frac{1}{2}\langle A(I)L, L \rangle + \delta^2 B(I, L) + \varepsilon P(\theta, I, x, y), \tag{3.11}$$

$$g(I, L, \delta) = h(I) + \langle \Omega(I), L \rangle + \frac{1}{2}\langle A(I)L, L \rangle + \delta^2 B(I, L). \tag{3.12}$$

定理 3.2　如果 $g(I, L, \delta)$ 满足 (3.9) 和 (3.10), 则系统 (3.11) 开始于 $(I(0), L(0)) \in G \times \left\{(x, y) : \|L\| < 1\right\}$ 的轨道 $(\theta(t), I(t), x(t), y(t))$, 当 ε 充分小, 并且, 当

$$|t| \leqslant c_2 \varepsilon^2 \exp(c_3 \varepsilon^{-1/2n})$$

时,

$$\max \left\{ |I(t) - I(0)|, |L(t) - L(0)| \right\} < c_4 \varepsilon^{1/2n},$$

其中 c_2, c_3 和 c_4 是只依赖于 $c_1, M_1, M_2, \omega, A, B, P$ 的正常数.

我们只证明定理 3.2, 因为利用变换 (3.6) 可以从定理 3.2 直接推出定理 3.1.

定理 3.1 的结论在 G 上一致成立, 因此这也是一种有效稳定. 作用变量的稳

定程度不是利用参数 μ 控制, 而是通过法坐标到环面的距离控制的.

条件 (T2) 表明, 法频率 $\mu\Omega$ 的长度不能太大. 否则, 矩阵 (3.5) 不是正定的. 考虑等时的情况, 即 Hamilton 函数为

$$H = \langle \omega, I \rangle + \langle \Omega(I), L \rangle + P(\theta, I, x, y), \tag{3.13}$$

其中 ω 为常值向量, $P = O_3(x, y)$. 在 [JV1] 中证明: 若 $\Omega(I)$ 与作用变量无关, 且 (ω, Ω) 满足非共振条件

$$\left| \langle k, \omega \rangle + \langle l, \Omega \rangle \right| \geqslant \frac{\kappa}{(|k| + |l|)^\gamma}, \quad \forall (k, l) \in \mathbb{Z}^r, \quad |k| + |l| \neq 0, \tag{3.14}$$

其中 $\gamma > n - 1$ 和 κ 为正常数, 系统 (3.13) 是具有半径为 $O(R)$、时间为 $O\left(\exp\left(R^{-2/(\gamma+1)}\right)\right)$ 的有效稳定量度, 其中 R 为法坐标到环面 $\{(\theta, I, 0, 0) : I = 常数\}$ 的距离.

如果在 (3.13) 中, $\Omega(I)$ 与 I 无关, 由 KAM 理论知, 在 G 的一个近似满测度子集上, (3.14) 成立. 因此, [JV1] 的结论能推广到 "多数" 不变环面附近. 进而系统在 G 的一个接近满测度的开集上是有效稳定的, 即系统具有拟有效稳定性.

当不变环面退化为平衡点, 即在 (3.2) 中 H 与作用变量 I 和角变量 θ 无关时, 不需要用 μ 来调整法频率向量的长度, 即条件 (T2) 可略去. 在 A 为正定条件下, Guzzo, Fasso 和 Benettin[GFB], Niederman[Ni1], 以及 Pöschel[Po5]证明: 系统

$$H = \langle \Omega, L \rangle + \frac{1}{2} \langle AL, L \rangle + B(L) + P(x, y) \tag{3.15}$$

具有量度为 $O\left(\delta^{2+(l-1)/2n}\right)$ 和 $O\left(\exp\left(\delta^{(3-l)/2n}\right)\right)$ 的有效稳定性, 其中 δ 为 (x, y) 到平衡点 $(0, 0)$ 的距离. 这一结论是定理 3.1 的特殊情况.

定理 3.2 的证明是基于 Lochak 的同步逼近法. 2.3.2 节介绍非共振引理. 它的作用在于利用一个辛坐标变换将非共振项消去, 使得除了共振项外, 余项指数小, 从而确定了稳定时间的指数估计; 2.3.3 节建立局部稳定引理, 即对在 $G \times \{L : |L| < 1\}$ 的使频率 (由切向频率和法向频率组成的向量) 为 T 周期的 (I, L) 点附近建立稳定估计; 2.3.4 节在局部稳定引理基础上, 给出 $G \times \{L : |L| < 1\}$ 上的稳定估计. 其思想是, 集合 $G \times \{L : |L| < 1\}$ 的每一点一定位于频率为 T 的周期点附近. 基于此, 给出定理 3.2 的证明.

2.3.2　非共振引理

为简单起见, 令 $l = 4$. 这样, 在 (3.11) 中, $B(I, L)$ 不存在, 且 $P = O_5(x, y), \delta = \varepsilon$;
(3.12) 变为

$$g(I, L) = h(I) + \langle \Omega(I), L \rangle + \frac{1}{2} \langle A(I)L, L \rangle, \tag{3.16}$$

并且, $g(I, L)$ 满足 (3.9). 于是, (3.12) 可简记为

$$H(\theta, I, x, y) = g(I, L) + \varepsilon P(\theta, I, x, y). \tag{3.17}$$

不失一般性, 假设

$$\|P\| \leqslant 1. \tag{3.18}$$

否则, 可以通过调整 ε 来实现.

Hamilton 系统 (3.16) 满足初始条件 $(\theta_0, I_0, x_0, y_0)$ 的解为

$$\begin{cases} \theta(t) = \theta_0 + \dfrac{\partial g}{\partial I}(I_0, L_0), \\[2mm] I(t) = I_0, \\[2mm] x(t) = \sqrt{2L_0} \cos\left(\arctan \dfrac{y_0}{x_0} + \dfrac{\partial g}{\partial L}(I_0, L_0)t \right), \\[2mm] y(t) = \sqrt{2L_0} \sin\left(\arctan \dfrac{y_0}{x_0} + \dfrac{\partial g}{\partial L}(I_0, L_0)t \right), \end{cases} \tag{3.19}$$

其中 $L_0 = (x_0^2 + y_0^2)/2$. 显然, (3.19) 是 (3.16) 的频率为 $\omega_0 = \partial g/\partial (I, L)(I_0, L_0)$ 的拟周期解. 支撑这一流的 n 维不变环面是 $\{(\theta, I, x, y) : I = I_0, x^2 + y^2 = 2L_0\}$.

一般地, 集合 $\{(\theta, I, x, y) : I = I_0, L = L_0\}$ 是一个不变环面, 它的真实维数取决于 L_0 的正分量的个数.

假设 T 满足

$$1 \leqslant T < \varepsilon^{-(n-1)/2n}. \tag{3.20}$$

令

$$R = \frac{4}{M_1} \frac{1}{T} \varepsilon^{1/2n}. \tag{3.21}$$

考虑 ω_0 为 T 周期的情况, 即 $T\omega_0 \in \mathbb{Z}^n$. 记

$$g_0 = \langle \omega_0, (I, L) \rangle,$$

并且用 $X_{g_0}^t$ 表示由 Hamilton 函数 g_0 产生的相流. 对于函数 f, 定义

$$\bar{f}(\theta,I,x,y) = \frac{1}{T}\int_0^T f \circ X_{g_0}^t(\theta,I,x,y)\mathrm{d}t,$$

$$\tilde{f}(\theta,I,x,y) = f(\theta,I,x,y) - \bar{f}(\theta,I,x,y).$$

假设 (3.9) 和 (3.10) 在 $D = G \times \mathbb{T}^d \times \{(x,y): |L| < 1\}$ 的某邻域 $D+\sigma$ 上成立. 并且在 $D+\sigma$ 上,

$$|P| \leqslant c_5. \tag{3.22}$$

用 $c_6, c_7, \cdots$ 表示只与 c_0, c_5, M_1, M_2, n 和 σ 有关的常数. 改写 (3.17) 为

$$H = \langle \omega_0, (I,L) - (I_0, L_0) \rangle + F(I - I_0, L - L_0) + \varepsilon\bar{P} + \varepsilon\tilde{P}, \tag{3.23}$$

其中 $F(\cdot) = O_2(\cdot)$. 利用 Lochak 和 Neishdt 的思想[LN1], 我们可以获得如下引理.

引理 3.1　存在一个实解析近恒等变换 $F: (\varphi, J, X, Y) \to (\theta, I, x, y)$, 其定义域为

$$D_* = \Big\{ (\varphi, J, X, Y): |\operatorname{Im}\varphi| < 0.9\sigma, |J - I_0| < 0.9R,$$

$$|K - L_0| < 0.9R, |(X,Y) - (x_0, y_0)| < 0.9\sqrt{R} \Big\}$$

上, 其中 $K = (X^2 + Y^2)/2$, R 的定义见 (3.21), 化 (3.23) 成下列形式

$$H_* = \langle \omega_0, (J,K) - (I_0, L_0) \rangle + F(J - I_0, K - L_0)$$
$$+ \varepsilon Q_*(\varphi, J, X, Y) + \varepsilon P_*(\varphi, J, X, Y), \tag{3.24}$$

满足

$$|\varepsilon P_*| < \varepsilon \exp(-c_6^{-1}\varepsilon^{1/2n}), \tag{3.25}$$

Q_* 是 ω_0 共振项之和, 并且

$$\max\big\{|I - J|, |K - L|\big\} < c_7 \varepsilon T, \tag{3.26}$$

$$|\varphi - \theta| < c_7 \frac{\varepsilon T}{R},$$
$$\max\big\{|X - x|, |Y - y|\big\} < c_7 \frac{\varepsilon T}{\sqrt{R}}. \tag{3.27}$$

证明　构造一串变换 $\Phi_1, \cdots, \Phi_N$, 使 $\Phi = \Phi_1 \circ \Phi_2 \circ \cdots \circ \Phi_N$. 假设 (3.23) 在第 j 次变换后被化成

$$H_j = \langle \omega_0, (J,K) - (I_0, L_0) \rangle + F(J - I_0, K - L_0)$$
$$+ \varepsilon Q_j(\varphi, J, X, Y) + \varepsilon P_j(\varphi, J, X, Y), \tag{3.28}$$

Q_j 为 ω_0 共振项之和. 在第 $j+1$ 步, 构造变换 $\Phi_{j+1}: (\varphi, J, X, Y) \to (\theta, I, x, y)$,

$$\Phi_{j+1} = X_{\varepsilon\phi_j}^1,$$

$$\phi_j = \frac{1}{T}\int t\tilde{P}_j \circ X_{g_0}^t \, \mathrm{d}t. \tag{3.29}$$

则 ϕ_j 满足方程

$$\{\phi, g_0\} = \tilde{P}_j, \tag{3.30}$$

利用李括号的展开方法,

$$H_j \circ \Phi_{j+1} = \langle \omega_0, (J, K) - (I_0, L_0) \rangle + F(J - I_0, K - L_0)$$
$$+ \varepsilon Q_{j+1}(\varphi, J, X, Y) + \varepsilon P_{j+1}(\varphi, J, X, Y), \tag{3.31}$$

其中

$$Q_{j+1} = Q_j + \overline{P}_j, \tag{3.32}$$

$$P_{j+1} = \int_0^1 \{Q_j + P_{jt}, \varepsilon\phi_j\} \circ X_{\varepsilon\phi_j}^t \, \mathrm{d}t, \tag{3.33}$$

$$P_{jt} = tP_j + (1 - t)\tilde{P}_j. \tag{3.34}$$

取

$$\rho = \frac{R}{10N}, \quad \gamma = \frac{\sigma}{10N}, \quad \lambda = \frac{\sqrt{R}}{10N}, \quad N = \left[\frac{c_8}{RT}\right],$$

其中 c_8 为待定常数. 令

$$D_j = \Big\{(\theta, I, x, y) : |\operatorname{Im}\theta| < \sigma - j\gamma, \ |I - I_0| < R - j\rho,$$
$$|L - L_0| < R - j\rho, \ |(x, y) - (x_0, y_0)| < \sqrt{R} - j\lambda \Big\}.$$

我们归纳地证明引理 3.1. 当 $j = 1$ 时, 由 (3.29) 和 (3.22),

$$\|\phi_0\| < \frac{1}{T}\int_0^T \left| t\tilde{P} \circ X_{g_0}^t \right| \mathrm{d}t \leqslant c_5 T. \tag{3.35}$$

因此, 注意到 $P_{0t} = P_t = tP + (1 - t)\tilde{P}$, 对于 $(\varphi, K, X, Y) \in D_1$, 有

$$|\varepsilon P| \leqslant |\{P_t, \varepsilon\phi_0\}|$$
$$\leqslant d\varepsilon^2 \left|\frac{\partial P_t}{\partial I}\right|\left|\frac{\partial \phi_0}{\partial \theta}\right| + d\varepsilon^2 \left|\frac{\partial P_t}{\partial \theta}\right|\left|\frac{\partial \phi_0}{\partial I}\right| + m\varepsilon^2 \left|\frac{\partial P_t}{\partial X}\right|\left|\frac{\partial \phi_0}{\partial Y}\right| + m\varepsilon^2 \left|\frac{\partial P_t}{\partial Y}\right|\left|\frac{\partial \phi_0}{\partial X}\right|$$
$$\leqslant 2n\varepsilon^2 \left(\frac{(10N)^2}{R\sigma} + \frac{(10N)^2}{R}\right)|P_t||\phi_0|$$
$$\leqslant c_9 \frac{N^2}{R} T\varepsilon^2$$
$$\leqslant c_{10} c_8^2 \varepsilon TR. \tag{3.36}$$

假设, 对于 j, 当 $1 \leqslant j \leqslant i$ 时,

$$\left|\varepsilon P_j\right| < \eta_j = \frac{1}{2^{j-1}}\eta_1, \quad \eta_1 = c_{10}c_8^2 \varepsilon TR. \tag{3.37}$$

要证明, 对于第 $j+1$ 步, (3.37) 也成立. 由 (3.29), 对于 $(\varphi, J, X, Y) \in D_i$,

$$\left|\varepsilon\phi_i\right| < T\eta_i, \tag{3.38}$$

$$\left|\frac{\partial\phi_i}{\partial I}\right| < c_{11}\frac{T\eta_i}{\rho},$$

$$\left|\frac{\partial\phi_i}{\partial\theta}\right| < c_{11}\frac{T\eta_i}{\gamma}, \tag{3.39}$$

$$\max\left\{\left|\frac{\partial\phi_i}{\partial x}\right|, \left|\frac{\partial\phi_i}{\partial y}\right|\right\} < c_{11}\frac{T\eta_i}{\lambda}. \tag{3.40}$$

令 $X_{\varepsilon\phi_i}^t$ 是方程

$$\left(\dot\theta, \dot I, \dot x, \dot y\right) = X_{\varepsilon\phi}(\theta, I, x, y)$$

的解. 当 $|t| \leqslant 1$ 时,

$$|\theta - \varphi| < c_{11}\frac{T\eta_i}{\gamma},$$

$$|I - J| < c_{11}\frac{T\eta_i}{\rho}, \tag{3.41}$$

$$\max\{|x - X|, |y - Y|\} < c_{11}\frac{T\eta_i}{\lambda},$$

$$|L - K| < c_{11}\frac{T\eta_i}{\rho}. \tag{3.42}$$

当选择

$$c_8 < \left(\frac{\min\{\sigma, 1\}}{200c_{10}c_{11}}\right)^{1/4} \tag{3.43}$$

时,

$$\max\left\{\frac{T\eta_i}{\rho\lambda}, \frac{T\eta_i}{\lambda^2}\right\} < \frac{100c_2c_8^4}{\min\{\sigma, 1\}} \leqslant \frac{1}{2c_{11}}. \tag{3.44}$$

根据 (3.35) — (3.37), 坐标变换 $\Phi_{j+1}: (\varphi, J, X, Y) \to (\theta, I, x, y)$, 当

$$(\varphi, J, X, Y) \in D_i' = \Big\{(\varphi, J, X, Y): |\operatorname{Im}\varphi| < \sigma - (i-0.5)\gamma, |J - I_0| < R - (i-0.5)\rho,$$

$$|K - L_0| < R - (i-0.5)\rho, |(X, Y) - (x_0, y_0)| < \sqrt{R} - (i-0.5)\lambda\Big\}$$

时, 有定义. 根据 (3.28), (3.32), 类似于 (3.36) 的估计, 可以获得

$$|\varepsilon P_{i+1}| \leqslant 200n\varepsilon^2\left(\frac{1}{\sigma}+1\right)\frac{N^2}{R}|Q_i| + |P_{it}||\phi_i| \leqslant c_{12}\frac{T\eta_i N^2 \varepsilon}{R} < \frac{1}{2}\eta_i. \tag{3.45}$$

(3.45) 中用到不等式

$$c_8 < \left(\frac{1}{2c_{10}c_{12}+1}\right)^{1/4}. \tag{3.46}$$

这说明, 对于 $i+1$, (3.37) 也成立. 选择 c_8 满足 (3.43) 和 (3.46). 根据 R 和 T 的定义,

$$N\left[\frac{c_8}{R}\right] > c_{13}\varepsilon^{-1/2n}.$$

取 $\Phi = \Phi_1 \circ \Phi_2 \circ \cdots \circ \Phi_N$, 则 $H_N = H \circ \Phi$. 取 $P_* = P_N, Q_* = Q_N, D_* = D_N$. 将迭代进行 N 步, 当 $(\varphi, J, X, Y) \in D_*$ 时, $(\theta, I, x, y) \in D_0$, 并且

$$|\varepsilon P_*| < \eta_{N+1} < c_{14}\left(\frac{1}{2}\right)^N \varepsilon TR < \varepsilon \exp\left(-c_6^{-1}\varepsilon^{-1/2n}\right).$$

这表明引理中的尾项估计成立.

　　下面证明坐标估计. 当 $(\varphi, J, X, Y) \in D_*$ 时, 由 (3.38) — (3.40),

$$|\varphi - \theta| \leqslant \sum_{i=1}^{N} \varepsilon \left|\frac{\partial \phi_i}{\partial I}\right|$$

$$< c_{11}\frac{T}{\rho}\sum_{i=1}^{N}\eta_i$$

$$\leqslant 2c_{11}\frac{T\eta_1}{\rho}$$

$$\leqslant c_7\frac{T\varepsilon}{R};$$

$$|J - I| \leqslant \sum_{i=1}^{N} \varepsilon \left|\frac{\partial \phi_i}{\partial \theta}\right|$$

$$< 2c_{11}\frac{T\eta_1}{\gamma}$$

$$\leqslant c_7 T\varepsilon;$$

$$\max\{|X-x|, |Y-y|\} \leqslant 2c_{11}\frac{T\eta_1}{\lambda}$$

$$< c_7\frac{T\varepsilon}{\sqrt{R}}.$$

至此, 引理证毕.

2.3.3 局部稳定引理

根据变换 (3.6)，存在常数 c_{15} 使得

$$\left|\frac{\partial g}{\partial I}\right| < \frac{c_{15}}{\varepsilon^2}, \tag{3.47}$$

其中 g 是简记前的 $\tilde{g}$，I 是简记前的 $\tilde{I}$.

引理 3.2 设 $(\theta(0), I(0), x(0), y(0)) \in D_0$，$\omega_0$ 是 T 周期的. Hamilton 系统具有有效稳定性. 即，当 $|t| \leqslant \varepsilon^2 \exp(c_{16}\varepsilon^{-1/2n})$ 时，

$$\max\{|I(t) - I(0)|, |L(t) - L(0)|\} \leqslant c_{17}\varepsilon^{1/2n}.$$

证明 设 $(\theta, I, x, y) \in D_0$. 根据引理 3.1，存在坐标变换 $F: D_* \to D_0$，化 (3.17) 为 (3.24)，并满足 (3.25) 和 (3.26).

设 $(\varphi(t), J(t), X(t), Y(t))$ 是系统 (3.24) 开始于 $(\varphi(0), J(0), X(0), Y(0))$ 的轨道. 记

$$g_0(t) = \langle \omega_0, (J(t), K(t)) \rangle.$$

则

$$\dot{g}_0 = \{g_0, H\} = \{g_0, \varepsilon P_*\}. \tag{3.48}$$

因此，

$$|\dot{g}_0| \leqslant c_{18}|\omega_0| \cdot \frac{\varepsilon P_*}{R} \leqslant \frac{1}{\varepsilon^2}\exp\left(-c_6^{-1}\varepsilon^{-1/2n}\right). \tag{3.49}$$

利用能量守恒，

$$H(\varphi(t), J(t), X(t), Y(t)) = H(\varphi(0), J(0), X(0), Y(0)).$$

于是，

$$|F(t)| \leqslant |F(0)| + |g_0(t) - g_0(0)| + \varepsilon|Q_*(t) - Q_*(0)| + \varepsilon|P_*(t) - P_*(0)|. \tag{3.50}$$

检查引理 3.2 的证明，可得到

$$|Q_*| \leqslant \sum_{i=1}^{N}|P_i| \leqslant c_{19}. \tag{3.51}$$

根据 (3.9)，当 ε 充分小时，对于任意 $0 \neq \xi \in \mathbb{R}^n$，我们有

$$\frac{1}{2}M_1|\xi|^2 \leqslant \left\langle \frac{\partial^2 F}{\partial(\tilde{I}, \tilde{L})^2}\xi, \xi \right\rangle \leqslant 2M_2|\xi|^2, \quad 0 \neq \xi \in \mathbb{R}^n. \tag{3.52}$$

因此，当

$$|t| \leqslant \varepsilon^2 \exp\left(\frac{1}{2}c_6\varepsilon^{-1/2n}\right)$$

时, 利用 (3.49) — (3.52) , 我们有

$$|J(t) - I_0|^2 \leqslant c_{20}\left(|J(0) - I_0|^2 + \varepsilon\right),$$

$$|K(t) - L_0|^2 \leqslant c_{20}\left(|K(0) - L_0|^2 + \varepsilon\right).$$

再由 (3.26) 和 R 与 T 的选取,

$$\max\left\{|J(t) - J(0)|, |K(t) - K(0)|\right\} < c_{21}R. \tag{3.53}$$

使用引理 3.1 返回到 (3.17) , 最终获得

$$|I(t) - I(0)| \leqslant |I(t) - J(t)| + |J(t) - J(0)| \leqslant c_{22}R, \tag{3.54}$$

$$|L(t) - L(0)| \leqslant |L(t) - K(t)| + |K(t) - K(0)| \leqslant c_{22}R. \tag{3.55}$$

引理 3.2 证毕.

2.3.4　定理 3.2 的证明

对于 (3.11) 的开始于 $(\theta(0), I(0), x(0), y(0))$ 的轨道, 只需证明: 存在 $(\theta_0, I_0, x_0, y_0)$, 使得 ω_0 是 T 周期的, 并且满足

$$|\theta(0) - \theta_0| < \sigma,$$
$$|I(0) - I_0| < R,$$
$$|L(0) - L_0| < R,$$
$$|x(0) - x_0| < \sqrt{R},$$
$$|y(0) - y_0| < \sqrt{R}.$$

另外, T 满足 (3.20) . 这样, 由局部稳定引理, 即可证明定理 3.2.

取

$$Q = \varepsilon^{-(n-1)/2n}.$$

记

$$\omega_* = \frac{\partial g}{\partial(I, L)}(I(0), L(0)).$$

对 Q 和 ω_* 用 Dirichlet 逼近定理, 则存在满足 (3.20) 的 T 和 T 周期向量 ω_0 满足

$$|\omega_* - \omega_0| \leqslant \frac{1}{TQ^{1/(n-1)}} = \frac{\varepsilon^{1/2n}}{T}.$$

根据 T 的凸性, 存在唯一的 (I_0, L_0) 使得

$$\omega_0 = \frac{\partial g}{\partial(I,L)}(I_0, L_0),$$

$$\max\left\{\left|I(0)-I_0\right|,\left|L(0)-L_0\right|\right\} \leqslant \frac{2}{M}\frac{\varepsilon^{1/2n}}{T} < R.$$

这完成了定理 3.2 的证明.

第 3 章 近可积系统的拟有效稳定性

KAM 理论和有效稳定性理论是近可积动力系统理论中的重要研究内容. 前者是在 1954 年至 1963 年期间由 Kolmogorov, Arnold 和 Moser 建立的[Ko1, Ar1, Mo1], 后者是由 Nekhoroshev 在 1977 年建立的[Ne1]. 一方面, KAM 理论表明, 在适当的非退化条件下, 例如, 经典的非退化条件、 Rüssmann 非退化条件、等能非退化条件等, 近可积系统或者保持可积系统的大多数不变环面, 或者存在大量不变环面. 因此, 环面支撑的轨道是永恒稳定的. 另一方面, Nekhoroshev 的定理指出, 只要扰动充分小, 在 "陡性" 条件下, 在扰动倒数的指数长时间内, 系统轨道不发生明显的变化.

一个自然的问题是研究 KAM 理论和有效稳定性理论之间的关系. 众所周知, 二者在刻化近可积系统运动轨道的稳定性方面是一致的, 并且支持结论成立的共同条件是可积函数需要满足拟凸性条件[LN1, Po2].

1995 年, Morbidelli 和 Giorgilli 考虑了一类近可积 Hamilton 系统, 在轨道扩散速度方面找到二者之间的联系[MG]. Delshams 和 Gutiérrez 也研究了类似的问题[DG]. 他们研究了拟凸系统, 利用修改的 Nekhoroshev 迭代程序对 KAM 理论和有效稳定理论给出了一个统一的处理.

本章从非退化性条件出发, 考虑近可积系统的轨道稳定问题, 获得系统的拟有效稳定性. 这从另一个侧面反映一般近可积系统轨道的长时间稳定性. 本章获得的结论说明, 在近可积系统不变环面存在的条件下, Arnold 扩散轨道也可以是轨道长时间稳定的, 并且, 在一个大测度开集上的轨道是长时间稳定的.

3.1 近可积 Hamilton 系统的拟有效稳定性

本节研究在非退化性条件下, 近可积系统轨道的有效稳定性问题. 我们希望得到一个 Nekhoroshev 类的结果[CHL].

3.1.1 主要结果

考虑近可积 Hamilton 系统

$$\begin{aligned}\dot{p} &= -H_q(p,q),\\ \dot{q} &= H_p(p,q),\end{aligned} \tag{1.1}$$

其中

$$\begin{aligned}H(p,q) &= h(p) + f_\epsilon(p,q),\\ f_\epsilon(p,q) &= \epsilon f_*(p,q,\epsilon),\end{aligned} \tag{1.2}$$

ϵ 是一个非负参数. 这里 $p \in D$ 是作用变量, D 是 $\mathbb{R}^n$ 中某有界域, $q \in \mathbb{T}^n$ 是共轭的角变量, $\mathbb{T}^n = \mathbb{R}^n / 2\pi\mathbb{Z}^n$ 是通常的环面, 并且, 考虑的所有函数是实解析的. 系统 (1.1) 的相空间是 $D \times \mathbb{T}^n \subset D \times \mathbb{R}^n$, 其上为标准的辛结构 $\sum_{j=1}^{n} \mathrm{d}p_j \wedge \mathrm{d}q_j$. 当 $\epsilon = 0$ 时, 系统 (1.1) 是可积的, 它的解为

$$p(t) = p_0,$$
$$q(t) = q_0 + \omega(p_0)t \pmod{2\pi},$$

$\omega(p_0) = h_p(p_0)$, 该轨道形成一个环面 $\mathbb{T}_{p_0} = \{p_0\} \times \mathbb{T}^n$.

为陈述结果, 需要给出某些概念和记号. 在本节中, 为方便起见, 有时使用欧几里得模, 有时使用上确界模, 并且分别表示为 $|\cdot|$ 和 $\|\cdot\|$. 对于 $m \times n$ 矩阵函数 $A(u)$, 在 D 上定义,

$$\| A \| = \sup_{u \in D} \sup_{|z|=1} \| A(u)z \|.$$

定义 1.1[Ne1] 对所有 $(p_0, q_0) \in E \times \mathbb{T}^n$, 如果存在正常数 a, b, c 和 ϵ_0, 使得当 $0 \leqslant \epsilon \leqslant \epsilon_0$, 并且, $|t| \leqslant \exp(c\epsilon^{-a})$ 时, 初值为 $(p(0), q(0)) = (p_0, q_0)$ 的轨道满足

$$| p(t) - p_0 | \leqslant c\epsilon^b,$$

则称系统 (1.1) 在相空间 $E \times \mathbb{T}^n$ 上是有效稳定的. a 和 b 称为稳定指数, $T(\epsilon) = \exp(c\epsilon^{-a})$ 称为稳定时间, $R(\epsilon) = c\epsilon^b$ 称为稳定半径.

定义 1.2 如果存在正常数 a, b, c, ϵ_0 和 $d \geqslant 0$, 以及定义在 $E \times \mathbb{T}^n$ 上的函数 ω_{**}, 使得当 $0 \leqslant \epsilon \leqslant \epsilon_0$, 并且 $|t| \leqslant \exp(c\epsilon^{-a})$ 时, 初值为 (p_0, q_0) 轨道满足

$$| p(t) - p_0 | \leqslant c\epsilon^b,$$
$$| q(t) - q_0 - t\omega_{**}(p_0, q_0) | \leqslant c\epsilon^d,$$

则称轨道 $(p(t), q(t))$ 在指数长时间内是近不变环面的.

定义 1.2 是由 Morbidelli 和 Giorgilli 建立的[MG1, MG2, MG], Perry 和 Wiggins[PW], 以及 Delshams 和 Gutiérrez[DG]也各自研究过类似问题. 他们涉及了可积系统不变

环面的两个不同情况. 在 [PW] 和 [MG2] 中, 近不变环面的性质表述为轨道到给定 KAM 不变环面的距离. 在 [MG1, MG, DG] 中, 不变环面的频率假设为满足有限个小除数不等式. 本节将涉及这两种情况.

定义 1.3　系统 (1.1) 是拟有效稳定的, 如果存在正常数 a,b,c,d 和 ϵ_0, 使得, 对于任意 $\epsilon \in (0, \epsilon_0]$, 存在 D 的开子集 E_ϵ, 当

$$|t| \leqslant \exp(c\epsilon^{-a})$$

时, 下列条件成立:

(1) $\mathrm{meas} E_\epsilon = \mathrm{meas} D - O(\epsilon^d)$.

(2) 对于所有 $(p_0, q_0) \in E_\epsilon \times \mathbb{T}^n$, 初值为 (p_0, q_0) 的轨道 $(p(t), q(t))$ 有估计

$$|p(t) - p_0| \leqslant c\epsilon^b,$$

这里 a 和 b 称为系统稳定指数, $T(\epsilon) = \exp(c\epsilon^{-a})$ 为稳定时间, $R(\epsilon) = c\epsilon^b$ 为稳定半径.

根据上述定义, 有效稳定性蕴含拟有效稳定性.

令 B 是 $\mathbb{C}^n$ 的有界子集. 对给定的常数 $\delta > 0$, 记

$$B + \delta = \{x \in \mathbb{C}^n : \mathrm{dist}(x, B) < \delta\},$$
$$B - \delta = \{x \in B : \mathrm{dist}(x, \partial B) > \delta\},$$

这些记号是 Arnold 在 [Ar] 中引进的. 令 $\mathrm{Re}(B) = B \bigcap \mathbb{R}^n$.

Hamilton 函数 H 的实解析性蕴含存在正常数 δ 使得它本身在 $(D \times \mathbb{T}^n) + \delta$ 上是解析的, 并且在 $(D \times \mathbb{T}^n) + \delta$ 上, 对于任意 $\epsilon, 0 \leqslant \epsilon \leqslant 1$,

$$\max\{\|p\|, \|f_\epsilon\|, \|h\|, \|\omega\|, \|\omega_p\|\} \leqslant \frac{1}{2}M, \tag{1.3}$$

其中 M 是一个正常数, $\omega(p) = h_p(p)$. 假设 $\omega(p)$ 满足 Rüssmann 型非退化条件:

(H1)

$$\mathrm{rank}\left\{\omega, \frac{\partial^\alpha \omega}{\partial p^\alpha} : \forall \alpha \in \mathbb{Z}_+^n, |\alpha| < n - 1\right\} = n, \quad \forall p \in \mathrm{Re}(D + \delta), \tag{1.4}$$

这里 $\mathbb{Z}_+^n$ 表示 $\mathbb{Z}^n$ 的分量为非负整数的向量;

$$\frac{\partial^\alpha \omega}{\partial p^\alpha} = \frac{\partial^{|\alpha|} \omega}{\partial p_1^{\alpha_1} \cdots \partial p_n^{\alpha_n}}, \quad |\alpha| = \alpha_1 + \cdots + \alpha_n.$$

现在我们给出本节的主要结果.

定理 1.1　在假设 (H1) 下, 系统 (1.1) 是拟有效稳定的.

最近, Guzzo, Chierchia 和 Benettin 在陡性条件下研究了近可积系统的有效稳

定性问题，并且宣布他们获得最佳的稳定指数[GCB]；Bounemoura 和 Fischler 应用数论的对偶 Diophantus 逼近理论研究了 KAM 理论和 Nekhoroshev 理论的相关问题，并获得相当深刻的结论[BF1]. 类似的结论，也可见 [BF2, FW, KS, SG].

3.1.2　Diophantus 不变环面的粘性

所谓不变环面的粘性是指开始于不变环面附近的轨道，在 "很长" 时间内，仍停留在不变环面附近. 在这一段，我们将讨论 Diophantus 不变环面的粘性问题.

对于给定的 $p_0 \in D$，如果 $\omega(p_0)$ 满足下列不等式

$$|\langle k, \omega(p_0)\rangle| \geqslant \alpha |k|^{-\tau}, \quad \forall k \in \mathbb{Z}^n \setminus \{0\}, \tag{1.5}$$

其中 α 和 τ 是常数，那么称 $\mathbb{T}_{p_0}$ 是 Diophantus 的.

根据 KAM 理论，存在近恒等变换 Φ_ϵ，把可积系统的 Diophantus 不变环面 $\mathbb{T}_{p_0}$ 变成扰动系统 (1.1) 的不变环面 $\Phi_\epsilon(\mathbb{T}_{p_0})$（$\epsilon$ 是充分小的），$\Phi_0(\mathbb{T}_{p_0}) = \mathbb{T}_{p_0}$.

定理 1.2　如果 $\omega(p_0)$ 满足 (1.5)，那么存在 $\epsilon_0 > 0$，使得当 $0 < \epsilon \leqslant \epsilon_0$ 时，存在 p_0 的邻域 O_ϵ 满足对于任意 $(p_*, q_*) \in O_\epsilon \times \mathbb{T}^n$，系统 (1.1) 开始于不变环面附近点 (p_*, q_*) 的轨道 $(p(t), q(t))$ 仍位于不变环面附近.

3.1.3　一个辅助命题

为了证明定理，首先构造一个含有两个参数的快速收敛迭代程序. 注意到，在定理的证明中，我们只需要有限个迭代步数. 因此，代替 Diophantus 条件，我们应用一个比较弱的条件. 固定 $p_0 \in D$ 和一个充分小的正常数 κ. 定义两个依赖于 κ 的整数 $L(\kappa)$ 和 $J(\kappa)$，

$$
\begin{aligned}
L(\kappa) &= \left[\frac{8}{3\kappa} \log\left(\frac{64}{\kappa}\left(\frac{16n}{e\kappa}\right)^n\right)\right] + 1, \\
J(\kappa) &= \left[\frac{\delta}{8\kappa}\right],
\end{aligned}
\tag{1.6}
$$

其中 $[\cdot]$ 表示实数的整数部分. 对于常数 $K_1 > 0$，令

$$O(p_0, \epsilon) = \{p \in D : |p - p_0| < K_1\sqrt{\epsilon}\},$$
$$\mathcal{O}(0,1) = \{p \in \mathbb{R}^n : |p| \leqslant K_1\}.$$

为方便起见，用 $c_1, c_2, \cdots$ 表示只依赖于 M, n, K_1 和 τ 的正常数.

进一步假设：

(H2) 存在常数 $\alpha > 0$ 和 $\tau > 0$, 对于任意 $k \in \mathbb{Z}^n, 0 < |k| \leq L(\kappa)$, $\omega(p_0)$ 满足不等式

$$|\langle k, \omega(p_0) \rangle| \geq \alpha |k|^{-\tau}. \tag{1.7}$$

命题 1.1　假设条件 (H2) 成立. 那么存在依赖于 $M, n, K_1, \tau, \delta, \alpha$ 和 κ 的正常数 ϵ_0, 对于所有 ϵ, 当 $0 \leq \epsilon \leq \epsilon_0$ 时, 下列结论成立:

(1) 存在定义于 $\mathcal{O}(0,1) \times \mathbb{T}^n$ 上的变换 Φ_* 和近恒等坐标变换 Ψ, 化 Hamilton 函数 (1.1) 成下列形式

$$H \circ \Phi_* \circ \Psi = N_* + \sqrt{\epsilon} f_{**},$$

其中

$$N_*(p, \epsilon) = \langle \omega(p_0), p \rangle + O(\sqrt{\epsilon}),$$

$$\omega_*(p, \epsilon) = \frac{\partial N_*}{\partial p}(p, \epsilon) = \omega(p_0) + O(\sqrt{\epsilon}),$$

$$\|f_{**}\| \leq c_1 \sqrt{\epsilon} \exp\left(-\frac{c_2}{\kappa}\right).$$

(2) 对于所有 $(p(0), q(0)) \in O_*(p_0, \epsilon) \times \mathbb{T}^n$, 存在环面

$$\hat{p}(t) = p(0),$$

$$\hat{q}(t) = q(0) + \omega_{**}(p_0, p(0), q(0), \epsilon)t \pmod{2\pi}, \quad t \in \mathbb{R},$$

$$\omega_{**}(p_0, p(0), q(0), \epsilon) = \omega(p_0) + O(\sqrt{\epsilon}),$$

使得系统 (1.1) 的初值为 $(p(0), q(0))$ 的轨道 $(p(t), q(t))$, 满足当

$$|t| \leq c_1 \exp\left(\frac{c_2}{4\kappa}\right)$$

时, 下列估计成立:

$$|p(t) - \hat{p}(t)| \leq c_3 \kappa \sqrt{\epsilon},$$

$$|q(t) - \hat{q}(t)| \leq c_4 \kappa.$$

为了证明命题 1.1, 引进坐标变换 $\Phi_* : (\mathcal{O}(0,1) \times \mathbb{T}^n) + \delta \to (O(p_0, \epsilon) \times \mathbb{T}^n) + \delta$,

$$p = p_0 + \sqrt{\epsilon} P, \quad q = Q.$$

在这个变换下, Hamilton 函数变为

$$\hat{H}(P, Q) = \frac{H(p, q)}{\sqrt{\epsilon}}$$

$$= \frac{h(p_0)}{\sqrt{\epsilon}} + \langle \omega(p_0), P \rangle + O(\sqrt{\epsilon} P^2) + \sqrt{\epsilon} f_*(p_0 + \sqrt{\epsilon} P, Q, \epsilon).$$

不失一般性, 令 $h(p_0)=0$, 并且记 $\varepsilon=\sqrt{\epsilon}, \omega_0=\omega(p_0)$,

$$f_0(P,Q,p_0,\varepsilon)=O(P^2)+f_*(p_0+\varepsilon P,Q,\varepsilon^2).$$

则

$$\hat{H}(P,Q)=\langle\omega_0,P\rangle+\varepsilon f_0(P,Q,p_0,\varepsilon), \tag{1.8}$$

其中 (P,Q) 定义在 $(\mathcal{O}(0,1)\times\mathbb{T}^n)+\delta$ 上. 显然, 根据 (1.3) 和 (1.8), 在 $((\mathcal{O}(0,1)\times\mathbb{T}^n)+\delta)\times D\times[0,1]$ 上,

$$|f_0(P,Q,p_0,\varepsilon)|<c_5. \tag{1.9}$$

改记 $\hat{H}, P$ 和 Q 为 H, p 和 q, 并且在函数 f_0 的变量中略去参数 p_0 和 ε. 这样, Hamilton 系统 (1.1) 被化为

$$\dot{p}=-H_q(p,q),$$
$$\dot{q}=H_p(p,q),$$

其中 Hamilton 函数为

$$H(p,q)=\langle\omega_0,p\rangle+\varepsilon f_0(p,q). \tag{1.10}$$

这里 ω_0 满足不等式 (1.7).

对于实解析函数 f, 它的 Fourier 级数可以表示为

$$f(p,q)=\sum_{k\in\mathbb{Z}^n}f_k(p)e^{i\langle k,q\rangle}.$$

令

$$\overline{f}(p)=f_0(p),$$
$$[f]_L(p,q)=\sum_{k\in\mathbb{Z}^n,0<|k|\leqslant L}f_k(p)e^{i\langle k,q\rangle},$$
$$R_Lf(p,q)=\sum_{k\in\mathbb{Z}^n,k>L}f_k(p)e^{i\langle k,q\rangle}.$$

我们需要下列引理.

引理 1.1[Po2, Ru1]   假设 ω_0 满足条件 (1.7). 则调和方程

$$\langle\omega_0,S_q\rangle+[f]_L(p,q)=0$$

有唯一的实解析解 $S, \overline{S}=0$. 并且, 对于任意 $\sigma, 0<\sigma<\delta$, 有

$$\|S\|_{D_0-\sigma}\leqslant\frac{c_6}{\alpha\sigma^\tau}\|[f]_L\|_{D_0},$$

这里 $D_0=(\mathcal{O}(0,1)\times\mathbb{T}^n)+\delta$.

引理 1.2[Ar1]   假设 $f(q)$ 是 $\mathbb{T}^n+\delta$ 上的实解析函数. 则当 $0<2\sigma_0<\nu$,

$\sigma_0 + v < \delta < 1$ 时，在 $\mathbb{T}^n + (\delta - \sigma_0 - v)$ 上有

$$\| R_L l \| < \left(\frac{2n}{e} \right)^n \frac{\| l \|}{\sigma_0^{n+1}} e^{-Lv}. \tag{1.11}$$

命题 1.1 的证明　考虑 Hamilton 函数 (1.10)．令
$$D_k = (\mathcal{O}(0,1) \times \mathbb{T}^n) + (\delta - 4k\kappa), \quad k = 0,1,2,\cdots,J(\kappa).$$
简记
$$\Phi_0 = \Phi_*,$$
$$H_0 = H,$$
$$N_0(p,\varepsilon) = \langle \omega_0, p \rangle.$$
假设在第 j 步，在 D_j 上，Hamilton 函数 (1.10) 被化为

$$H_j(p,q) = N_j(p,\varepsilon) + \varepsilon f_j(p,q), \tag{1.12}$$

$$N_j(p,q) = \langle \omega_0, p \rangle + \tilde{N}_j(p,\varepsilon), \tag{1.13}$$

$$\tilde{N}_j(p,\varepsilon) = \sum_{i=0}^{j-1} \overline{f}(p,\varepsilon)_i, \tag{1.14}$$

$$|f_j| \leq \frac{1}{2^{j+1}} M. \tag{1.15}$$

利用发生函数 $\Phi_{j+1} = \phi_{j+1}^1$ 引进辛坐标变换 $\Phi_{j+1}: D_{j+1} \to D_j$，这里 ϕ_{j+1}^t 是 Hamilton 系统

$$\frac{\mathrm{d}}{\mathrm{d}t} \phi_{j+1}^t = \varepsilon \begin{pmatrix} 0 & -\mathrm{Id}_n \\ \mathrm{Id}_n & 0 \end{pmatrix} \nabla S_j(\phi_{j+1}^t) \tag{1.16}$$

的时间 1-映射流，其中 S_j 将在后面通过 (1.24) 确定．利用 Taylor 公式，我们有

$$\begin{aligned}
H_{j+1}(p,q) &= H_j \circ \Phi_{j+1}(p,q) \\
&= N_j \circ \Phi_{j+1}(p,q) + \varepsilon f_j \circ \Phi_{j+1}(p,q) \\
&= N_j(p,q) + \varepsilon\{N_j, S_j\} + \varepsilon^2 \int_0^1 (1-t)\{\{N_j, S_j\}, S_j\} \circ \phi_{j+1}^t \mathrm{d}t \\
&\quad + \varepsilon f_j(p,q) + \varepsilon^2 \int_0^1 \{f_j, S_j\} \circ \phi_{j+1}^t \mathrm{d}t \\
&= N_j(p,\varepsilon) + \varepsilon \overline{f}_j(p,\varepsilon) \\
&\quad + \varepsilon^2 \int_0^1 (1-t)\{\{N_j, S_j\}, S_j\} \circ \phi_{j+1}^t \mathrm{d}t \\
&\quad + \varepsilon R_L f_j(p,q) \\
&\quad + \varepsilon\{\tilde{N}_j, S_j\}
\end{aligned}$$

$$+ \varepsilon^2 \int_0^1 \{f_j, S_j\} \circ \phi_{j+1}^t \mathrm{d}t$$
$$+ \varepsilon(\{N_0, S_j\} + [f_j]_L).$$

令

$$\tilde{N}_{j+1} = \tilde{N}_j + \varepsilon \overline{f}_j, \tag{1.17}$$

$$N_{j+1} = N_j + \varepsilon \overline{f}_j, \tag{1.18}$$

$$f_{j+1}^1 = \varepsilon \int_0^1 (1-t)\{\{N_j, S_j\}, S_j\} \circ \phi_{j+1}^t \mathrm{d}t, \tag{1.19}$$

$$f_{j+1}^2 = R_L f_j, \tag{1.20}$$

$$f_{j+1}^3 = \{\tilde{N}_j, S_j\}, \tag{1.21}$$

$$f_{j+1}^4 = \varepsilon \int_0^1 \{f_j, S_j\} \circ \phi_{j+1}^t \mathrm{d}t, \tag{1.22}$$

$$f_{j+1} = f_{j+1}^1 + f_{j+1}^2 + f_{j+1}^3 + f_{j+1}^4. \tag{1.23}$$

为了确定变换 Φ_{j+1}, 选择 S_j 满足

$$\{N_0, S_j\} + [f_j]_L = 0. \tag{1.24}$$

进而在变换 Φ_{j+1} 下, Hamilton 函数 H_j 被化成

$$H_{j+1} = H_j \circ \Phi_{j+1} = N_{j+1} + \varepsilon f_{j+1}. \tag{1.25}$$

利用 (1.3), (1.9), (1.15) 和 (1.17), 在 D_j 上, 得到

$$\| \tilde{N}_j \| \leqslant \varepsilon \sum_{i=0}^{j-1} \frac{1}{2^{i+1}} M \leqslant M\varepsilon. \tag{1.26}$$

取

$$\sigma_0 = \frac{1}{8}\kappa,$$

$$\nu = \frac{3}{8}\kappa.$$

这样, 根据引理 1.2 和 $L(\kappa)$ 的定义, 在 $D_j - \kappa/2$ 上,

$$\| f_{j+1}^2 \|_{D_j - \kappa/2} = \| R_L f_j \|_{D_j - \kappa/2}$$
$$\leqslant \left(\frac{2n}{e}\right)^n \frac{\| f_j \|}{\sigma_0^{n+1}} e^{-L\nu}$$
$$\leqslant \frac{1}{8} \| f_j \|_{D_j}.$$

因此,

$$\|f_{j+1}^2\|_{D_{j+1}} \leqslant \|f_{j+1}^2\|_{D_j-\kappa/2} \leqslant \frac{1}{8}\|f_j\|_{D_j}, \qquad (1.27)$$

$$\|\nabla R_L f_j\|_{D_j-\kappa} \leqslant \frac{1}{4\kappa}\|f_j\|_{D_j}. \qquad (1.28)$$

根据 (1.27) 和 Cauchy 公式, 我们得到

$$\|[f_j]_L\|_{D_j-\kappa/2} \leqslant \|\bar{f}_j\|_{D_j} + \| R_L f_j \|_{D_j-\kappa/2} + \|f_j\|_{D_j}$$
$$\leqslant 3\|f_j\|_{D_j}. \qquad (1.29)$$

令 $(P_t, Q_t) = \phi_{j+1}^t(p,q)$. 利用 (1.24), (1.29), 引理 1.1 和 Cauchy 公式, 对所有 $(P_t, Q_t) \in D_j - 2\kappa$, $0 \leqslant t \leqslant 1$, 我们得到

$$|(p,q) - (P_t, Q_t)| \leqslant \varepsilon \| \nabla S_j(P_t, Q_t) \|_{D_j-2\kappa}$$
$$\leqslant \frac{2\varepsilon}{\kappa} \| S_j(P_t, Q_t) \|_{D_j-3\kappa/2}$$
$$\leqslant \frac{2c_6\varepsilon}{\alpha\kappa^{\tau+1}} \|[f_j]\|_{D_j-\kappa/2}$$
$$\leqslant \frac{6c_6\varepsilon}{\alpha\kappa^{\tau+1}} \|f_j\|_{D_j}$$
$$\leqslant \frac{6c_6\varepsilon}{\alpha\kappa^{\tau+1}} \frac{1}{2^{j+1}} M$$
$$\leqslant \frac{1}{2^{j+1}} \kappa$$
$$< \kappa, \qquad (1.30)$$

其中需要 ε 满足

$$\frac{6c_6\varepsilon}{\alpha\kappa^{\tau+1}} \leqslant \kappa. \qquad (A)$$

由 [Ar1] 中的引理可知, $\phi_{j+1}^{-t}(D_j - 2\kappa) \supset D_j - 3\kappa$, ϕ_{j+1}^{-t} 在 D_{j+1} 上有定义. 这表明 $\phi_{j+1}^t(D_{j+1}) \subset D_j$.

如果 ε 满足

$$\frac{3c_6 M \varepsilon}{\alpha\kappa^{\tau+2}} \leqslant \frac{1}{8}, \qquad (B)$$

那么, 根据引理 1.1, Cauchy 公式, (1.16) 和 (1.26), 我们获得

$$\|f_{j+1}^3\|_{D_j-2\kappa} = \|\{\tilde{N}_j, S_j\}\|_{D_j-2\kappa}$$
$$\leqslant \left\|\frac{\partial \tilde{N}_j}{\partial p}\right\|_{D_j-2\kappa} \left\|\frac{\partial S_j}{\partial q}\right\|_{D_j-2\kappa}$$

$$\leqslant \frac{1}{\kappa^2}\|\tilde{N}_j\|_{D_j}\|S_j\|_{D_j-3\kappa/2}$$

$$\leqslant \frac{M\varepsilon}{\kappa^2}\cdot\frac{c_6}{\alpha\kappa^\tau}\|[f_j]_L\|_{D_j-\kappa/2}$$

$$\leqslant \frac{3c_6M\varepsilon}{\alpha\kappa^{\tau+2}}\|f_j\|_{D_j}$$

$$\leqslant \frac{1}{8}\|f_j\|_{D_j}.$$

因此,

$$\|f_{j+1}^3\|_{D_{j+1}}\leqslant \|f_{j+1}^3\|_{D_j-2\kappa}\leqslant \frac{1}{8}\|f_j\|_{D_j}, \tag{1.31}$$

$$\|\nabla f_{j+1}^3\|_{D_j-3\kappa}\leqslant \frac{1}{\kappa}\|f_{j+1}^3\|_{D_j-2\kappa}\leqslant \frac{1}{8\kappa}\|f_j\|_{D_j}. \tag{1.32}$$

类似地, 当 ε 满足不等式

$$\frac{3c_6M\varepsilon}{\alpha\kappa^{\tau+2}}\leqslant \frac{1}{8} \tag{C}$$

时, 对所有 $t\in[0,1]$, 可以得到

$$\|f_{j+1}^4\|_{D_{j+1}}\leqslant \varepsilon\|\{f_j,S_j\}\phi_{j+1}^t\|_{D_{j+1}}$$

$$\leqslant \varepsilon\|\{f_j,S_j\}\|_{D_j-3\kappa}$$

$$\leqslant \frac{\varepsilon}{\kappa^2}\|f_j\|_{D_j-2\kappa}\|S_j\|_{D_j-2\kappa}$$

$$\leqslant \frac{c_6\varepsilon}{\alpha\kappa^{\tau+2}}\|f_j\|_{D_j-2\kappa}\|[f_j]\|_{D_j-\kappa}^2$$

$$\leqslant \frac{1}{2^{j+1}}\frac{3c_6\varepsilon}{\alpha\kappa^{\tau+2}}M\|f_j\|_{D_j}$$

$$\leqslant \frac{1}{8}\|f_j\|_{D_j-3\kappa}. \tag{1.33}$$

现在估计扰动 f_{j+1}^1. 注意

$$\{N_j,S_j\}=\{\tilde{N}_j,S_j\}+\{N_0,S_j\}=f_{j+1}^3-[f_j]_L.$$

从 (1.24), 上述不等式蕴含

$$\{f_j+(1-t)\{N_j,S_j\},S_j\}=\{(1-t)f_{j+1}^3+t[f_j]_L+\overline{f}_j+R_Lf_j,S_j\}. \tag{1.34}$$

因此, 应用结论 $\phi_{j+1}^t D_{j+1}\subset D_j-3\kappa$, Cauchy 公式, (1.31), (1.33), (1.29), (1.27), (1.28), (1.32) 和引理 1.1, 当

$$\frac{105c_6\varepsilon M}{8\alpha\kappa^{\tau+2}}\leqslant\frac{1}{8} \tag{D}$$

时, 我们得到

$$
\begin{aligned}
\|f_{j+1}^1\|_{D_{j+1}} &\leqslant \varepsilon(\|\nabla f_{j+1}^3\|_{D_j-3\kappa}+\|\nabla[f_j]_L\|_{D_j-3\kappa}+\|\nabla\overline{f}_j\|_{D_j-3\kappa} \\
&\quad +\|\nabla R_L f_j\|_{D_j-3\kappa})\|\nabla S_j\|_{D_j-3\kappa} \\
&\leqslant \frac{\varepsilon}{\kappa^2}\left(\frac{1}{8}\|f_j\|_{D_j}+\|[f_j]_L\|_{D_j-2\kappa}+\|\overline{f}_j\|_{D_j-2\kappa}+\frac{1}{4}\|f_j\|_{D_j}\right)\|S_j\|_{D_j-2\kappa} \\
&\leqslant \frac{\varepsilon}{\kappa^2}\left(\frac{3}{8}\|f_j\|_{D_j}+3\|f_j\|_{D_j}+\|f_j\|_{D_j}\right)\cdot\frac{3c_6}{\alpha\kappa^\tau}\|f_j\|_{D_j-\kappa} \\
&\leqslant \frac{105c_6\varepsilon M}{8\alpha\kappa^{\tau+2}}\|f_j\|_{D_j} \\
&\leqslant \frac{1}{8}\|f_j\|_{D_j}.
\end{aligned} \tag{1.35}
$$

因此, 从 (1.23), (1.27), (1.31), (1.33) 和 (1.35), 得到

$$
\begin{aligned}
\|f_{j+1}\|_{D_{j+1}} &\leqslant \|f_{j+1}^1\|_{D_{j+1}}+\|f_{j+1}^2\|_{D_{j+1}}+\|f_{j+1}^3\|_{D_{j+1}}+\|f_{j+1}^4\|_{D_{j+1}} \\
&\leqslant \frac{1}{2}\|f_j\|_{D_j} \\
&\leqslant \frac{1}{2^{j+2}}M.
\end{aligned} \tag{1.36}
$$

令 $\Psi=\Phi_1\circ\cdots\circ\Phi_J$. 则 $\Psi:D_J\to D_0$, $D_j\supset D_{**}=(\mathcal{O}(0,1)\times\mathbb{T}^n)+\delta/2$. 记 $\Psi(r,\theta)=(p,q)$. 最终得到

$$H_J(r,\theta)=\hat{H}\circ\Psi(r,\theta)=N_J(r,\varepsilon)+\varepsilon f_J(r,\theta), \tag{1.37}$$

其中

$$\|\tilde{N}_J\|_{D_{**}}\leqslant M\varepsilon, \tag{1.38}$$

$$\|f_J\|_{D_{**}}\leqslant\frac{1}{2^{J+1}}M=c_1\exp\left(-\frac{c_2}{\kappa}\right), \tag{1.39}$$

这里 $c_1=M/2$, $c_2=\delta\log 2/12$.

Hamilton 函数 (1.37) 对应的系统为

$$\dot{r}=-\varepsilon\frac{\partial f_J}{\partial\theta}, \tag{1.40}$$

$$\dot{\theta}=\omega_0+\frac{\partial\tilde{N}_J}{\partial r}+\varepsilon\frac{\partial f_J}{\partial r}. \tag{1.41}$$

取 $D_*=(\mathcal{O}(0,1)\times\mathbb{T}^n)+\delta/4$. 根据 Cauchy 公式,

$$\max\left\{\left\|\frac{\partial f_L}{\partial r}\right\|_{D_*},\left\|\frac{\partial f_L}{\partial \theta}\right\|_{D_*}\right\}\leqslant\frac{4}{\delta}\|f_L\|_{D_{**}}. \tag{1.42}$$

这样, 对于任意 $(r(0),\theta(0))\in\mathcal{O}(0,1)\times\mathbb{T}^n$, 当

$$|t|\leqslant\exp\left(\frac{c_2}{2\kappa}\right)$$

时, 有

$$|r(t)-r(0)|\leqslant c_7\varepsilon\exp\left(-\frac{c_2}{2\kappa}\right). \tag{1.43}$$

记

$$\omega_*(r,\varepsilon)=\omega_0+\frac{\partial\tilde{N}_J}{\partial p}(r,\varepsilon).$$

于是, 在 $\mathcal{O}(0,1)\times\mathbb{T}^n$ 上,

$$\begin{aligned}|\omega_*(r(t),\varepsilon)-\omega_*(r(0),\varepsilon)|&\leqslant c_8\varepsilon|r(t)-r(0)|\\&\leqslant c_9\varepsilon\exp\left(-\frac{c_2}{2\kappa}\right).\end{aligned} \tag{1.44}$$

从 (1.41), (1.31), (1.44) 和 Cauchy 公式, 当

$$|t|\leqslant\exp\left(\frac{c_2}{4\kappa}\right)$$

时, 得到

$$|\theta(t)-\omega_*(r(0),\varepsilon)t-\theta(0)|\leqslant c_{10}\varepsilon\exp\left(-\frac{c_2}{4\kappa}\right). \tag{1.45}$$

显然, 不等式 (D) 蕴含 (A), (B) 和 (C). 令

$$\varepsilon_0(\alpha,\kappa)=\min\left\{\max\{\varepsilon:\varepsilon\geqslant 0,\varepsilon\text{ 满足不等式 }(D)\},\frac{1}{2}\right\},$$

也就是,

$$\varepsilon_0(\alpha,\kappa)=\min\left\{\frac{\alpha\kappa^{\tau+2}}{105c_6M},\frac{1}{2}\right\}.$$

不失一般性, 取

$$\varepsilon_0(\alpha,\kappa)=\frac{\alpha\kappa^{\tau+2}}{105c_6M}. \tag{1.46}$$

记 $\epsilon_0=\varepsilon_0^2$. 令 $(p(t),q(t))$ 表示系统 (1.1) 的初值为 $(p(0),q(0))\in O(p_0,\epsilon)\times\mathbb{T}^n$ 的轨道. 则 $(P(t),Q(t))$ 是 Hamilton 系统 (1.8) 的轨道, 其中 $P(0)\in\mathcal{O}(0,1)$. 用 (r,θ) 表

示在变换 Ψ 下的新坐标变量. 根据 (1.30),

$$|(P,Q)-(r,\theta)|=|\Psi(r,\theta)-(r,\theta)|\leqslant\sum_{j=0}^{J}\frac{1}{2^{j+1}}\kappa<\kappa. \tag{1.47}$$

上述不等式和 (1.42) 蕴含, 当

$$|t|\leqslant\exp\left(\frac{c_2}{4\kappa}\right)$$

时,

$$|P(t)-P(0)|\leqslant|P(t)-r(t)|+|P(0)-r(0)|+|r(t)-r(0)|$$
$$\leqslant 2\kappa+c_7\varepsilon\exp\left(-\frac{c_2}{2\kappa}\right)\leqslant c_{11}\kappa; \tag{1.48}$$
$$|Q(t)-\omega_*(r(0),\varepsilon)t-Q(0)|\leqslant|Q(t)-\theta(t)|$$
$$+|\theta(t)-\omega_*(r(0),\varepsilon)t-\theta(0)|+|Q(0)-\theta(0)|$$
$$\leqslant 2\kappa+c_{10}\varepsilon\exp\left(-\frac{c_2}{4\kappa}\right)\leqslant c_{12}\kappa. \tag{1.49}$$

注意到 $\Phi_*(P,Q)=(p,q)$, 即,

$$p=p_0+\sqrt{\epsilon}P, \quad q=Q.$$

因此,

$$(r(0),\theta(0))=\Psi^{-1}(P(0),Q(0))=\Psi^{-1}\left(\frac{p(0)-p_0}{\sqrt{\epsilon}},q(0)\right). \tag{1.50}$$

用 $\mathfrak{P}$ 表示将整个相空间投影到作用变量空间算子. 从 (1.50) 得到

$$r(0)=\mathfrak{P}\circ\Psi^{-1}\left(\frac{p(0)-p_0}{\sqrt{\epsilon}},q(0)\right).$$

令

$$\omega_{**}(p_0,p(0),q(0),\epsilon)=\omega_*\left(\mathfrak{P}\circ\Psi^{-1}\left(\frac{p(0)-p_0}{\sqrt{\epsilon}},q(0)\right),\sqrt{\epsilon}\right).$$

选取环面,

$$\hat{p}(t)=p(0), \quad \hat{q}(t)=q(0)+\omega_{**}(p_0,p(0),q(0),\epsilon)t(\mathrm{mod}2\pi), \quad t\in\mathbb{R}.$$

结合 (1.48), (1.49) 和变换 Φ_*, 可完成命题 1.1 的证明.

3.1.4 定理 1.2 的证明

为了证明定理 1.2, 将 κ 视为关于 ϵ 的函数. 选择

$$\kappa = \varepsilon^{1/(\tau+3)} = \epsilon^{1/2(\tau+3)}.$$

根据 (1.46) 和 ϵ_0 的定义, 我们获得

$$\epsilon_0(\alpha) = \left(\frac{\alpha}{105Mc_6}\right)^{2(\tau+3)}.$$

取

$$O_\epsilon = O(p_0, \epsilon).$$

从命题 1.1 及其证明可以推出, 当 $0 < \epsilon \leqslant \epsilon_0(\alpha)$ 时, 对所有 $(p(0), q(0)) \in O_\epsilon \times \mathbb{T}^n$, 存在环面 $\{(\hat{p}(t), \hat{q}(t))\}$, 其频率 $\omega_{**}(p_0, p(0), q(0), \epsilon)$, 使得系统 (1.1) 的初值为 $(p(0), q(0))$ 的轨道 $(p(t), q(t))$, 当

$$|t| \leqslant c_1 \exp\left(\frac{c_2}{4} \epsilon^{-1/2(\tau+3)}\right)$$

时, 满足下列不等式

$$|p(t) - \hat{p}(t)| \leqslant c_3 \epsilon^{1/2 + 1/2(\tau+3)},$$
$$|q(t) - \hat{q}(t)| \leqslant c_4 \epsilon^{1/2(\tau+3)}.$$

定理 1.2 证毕.

3.1.5　定理 1.1 的证明

现在证明定理 1.1. 将 κ 和 α 分别视为 ϵ 的函数. 简单地, 令

$$\alpha = \kappa = \epsilon^{1/2(\tau+4)}. \tag{1.51}$$

利用 (1.46), 我们确定

$$\epsilon_0 = \left(\frac{1}{105Mc_6}\right)^{2(\tau+4)}.$$

定义

$$D_\epsilon = \{p \in D : |\langle k, \omega(p) \rangle| \geqslant \alpha |k|^{-\tau}, 0 \neq k \in \mathbb{Z}^n\}, \tag{1.52}$$

这里 $\tau > n(n-1)$. 这个条件是测度估计要求的. 令

$$D_{\alpha,k}^\tau = \{y \in D : |\langle k, \omega(y) \rangle| \leqslant \alpha |k|^{-\tau}\},$$
$$D_\alpha^\tau = \bigcup_{0 \neq k \in \mathbb{Z}^n} D_{\alpha,k}^\tau.$$

根据假设 (H1) 和文献 [XYQ] 中的引理 2.1, 我们有

$$\text{meas}(D_{\alpha,k}^{\tau}) = O\left(\alpha^{1/n} \mid k \mid^{-(\tau+1)/n}\right),$$

$$\text{meas}(D_{\alpha}^{\tau}) = O(\alpha^{1/n}).$$

定义

$$D_{\epsilon} = D - D_{\alpha}^{\tau},$$

$$D_* = \bigcup_{\epsilon > 0} D_{\epsilon}.$$

那么, 由 KAM 理论, $\text{meas} D_{\epsilon} = \text{meas} D - O(\alpha^{1/n})$, 并且对 $\tau > n(n-1)$, D_* 是 $\mathbb{R}^n$ 的满测度子集.

对任意 $p_0 \in D_*$, 令

$$\alpha(p_0) = \max\{\alpha : 0 < \alpha \leqslant 1, \mid \langle k, \omega(p_0) \rangle \mid \geqslant \alpha \mid k \mid^{-\tau}, \forall 0 \neq k \in \mathbb{Z}^n\},$$

$$\epsilon(p_0) = \min\{\alpha(p_0)^{2(\tau+4)}, \epsilon_0\}.$$

记 $O_{\epsilon}(p_0) = O(p_0, \epsilon)$. 如果 $0 < \epsilon \leqslant \epsilon(p_0)$, 由命题 1.1, 对于所有 $(p(0), q(0)) \in O_{\epsilon}(p_0) \times \mathbb{T}^n$, 当

$$\mid t \mid \leqslant c_1 \exp\left(\frac{c_2}{4} \epsilon^{-1/2(\tau+4)}\right)$$

时,

$$\mid p(t) - p(0) \mid \leqslant c_3 \epsilon^{1/2 + 1/2(\tau+4)}.$$

对于任意 $\epsilon \in (0, \epsilon_0]$, 定义

$$E_{\epsilon} = \bigcup_{p_0 \in \{p \in D_* : \epsilon(p) \geqslant \epsilon\}} O_{\epsilon}(p_0). \tag{1.53}$$

这是 D 的一个开子集, 并且

$$\text{meas} E_{\epsilon} = \text{meas} D - O\left(\epsilon^{1/2n(\tau+4)}\right),$$

$$\lim_{\epsilon \to 0+} E_{\epsilon} = D_*.$$

对于任意 $(p(0), q(0)) \in E_{\epsilon} \times \mathbb{T}^n$, 根据 (1.53), 存在 $p_0 \in D_*$ 和常数 $\epsilon(p_0) \geqslant \epsilon$, 满足 $p(0) \in O_{\epsilon}(p_0)$. 对 p_0 和 $O_{\epsilon}(p_0)$, 应用命题 1.1 得到, 当

$$\mid t \mid \leqslant c_1 \exp\left(\frac{c_2}{4} \epsilon^{-1/2(\tau+4)}\right) \tag{1.54}$$

时, 初值为 $(p(0), q(0))$ 的轨道 $(p(t), q(t))$ 满足估计

$$\mid p(t) - p(0) \mid \leqslant c_3 \epsilon^{1/2 + 1/2(\tau+4)}.$$

定理 1.1 证毕.

在定理 1.1 的证明中, κ 和 α 的选择也可以是其他形式, 例如, 令

$$\alpha = \epsilon^{\eta}, \quad \kappa = \epsilon^{\iota}, \quad \eta + 2\iota(\tau + 2) + \chi = \frac{1}{2},$$

其中 η, ι, χ 是给定常数. 从 (1.46) 得到

$$\epsilon_0(\eta, \iota, \chi) = \left(\frac{1}{105Mc_6} \right)^{1/\chi}. \tag{1.55}$$

类似于定理 1.1 的证明, 我们也可以获得, 对于初值为 $(p(0), q(0)) \in O_\epsilon \times \mathbb{T}^n$ 的轨道 $(p(t), q(t))$, 当

$$0 < \epsilon \leqslant \min\{\epsilon(y_0), \epsilon_0(\eta, \iota, \chi)\}$$

时, 是近不变环面的, 并且 $p(t)$ 和 t 是指数为 $1/2 + \iota$ 和 ι 的稳定估计. 因此, 由 (1.54), 系统 (1.1) 的稳定指数可以选取为 $1/2 + 1/2(\tau + 2) - \epsilon_{*1}$ 和 $1/2(\tau + 2) - \epsilon_{*1}$, 其中 ϵ_{*1} 是任意小的正数.

现在考虑 Diophantus 指数 τ. 在 Rüssmann 非退化条件下, 由于测度估计的需要, τ 可以被取为 $\tau > n(n-1)$. 结合前面的分析, 系统 (1.1) 的稳定指数可以被取为 $1/2 + 1/(2n^2 - 2n + 4) - \epsilon_{*2}$ 和 $1/(2n^2 - 2n + 4) - \epsilon_{*2}$, 其中 ϵ_{*2} 是任意小的正数.

如果系统 (1.1) 满足经典的非退化性条件, 即

$$h_{pp} \neq 0,$$

则稳定指数为 $1/2 + 1/(2n + 2) - \epsilon_{*3}$ 和 $1/(2n + 2) - \epsilon_{*3}$, ϵ_{*3} 是任意小的正数.

3.2　时间相关的近可积 Hamilton 系统的拟有效稳定性

2013 年, Boenemoura 研究了可积 Hamilton 系统的非自治扰动问题, 他证明如果扰动依赖于慢时间, 并且可积函数是凸的情况下, 系统具有有效稳定性[Bo]. 本节考虑拟周期近可积 Hamilton 系统的拟有效稳定性. 拟有效稳定的概念可参见文献 [CL3, CHL]. 这个概念是有效稳定概念的推广[Nel].

在 KAM 非退化条件下, 我们获得慢时间相关的一类 Hamilton 系统具有拟有效稳定性. 注意 Morbidelli 和 Giorgilli 关于 Hamilton 系统有效稳定性问题的研究工作, 他们证明 KAM 环面支撑的轨道的扩散速度是零[MG2]. 这个工作再次印证了 KAM 定理和有效稳定性定理之间的联系.

3.2.1　问题

考虑 Hamilton 系统

$$\dot{p} = -H_q(p,q,t),$$
$$\dot{q} = H_p(p,q,t),$$

其中

$$H(p,q,t) = h(p) + \epsilon f(p,q,\theta), \quad \theta = \omega_* t \qquad (2.1)$$

为 Hamilton 函数, $(p,q,\theta) \in \mathcal{D} \times \mathbb{T}^n \times \mathbb{T}^m$, $\mathcal{D}$ 是 $\mathbb{R}^n$ 的某有界域, $\omega_* \in \mathbb{R}^m$ 是一个给定的向量.

定义 2.1　系统 (2.1) 是拟有效稳定的, 如果存在正常数 a,b,c,d 和 ϵ_0, 使得对于任意 $\epsilon \in (0, \epsilon_0]$, 存在 $\mathcal{D}$ 的一个开子集 $\mathcal{E}_\epsilon$, 满足下列条件:

(1) $\mathrm{meas}\mathcal{E}_\epsilon = \mathrm{meas}\mathcal{D} - O(\epsilon^d)$;

(2) 对于所有 $(p_0, q_0) \in \mathcal{E}_\epsilon \times \mathbb{T}^n$, 当 $|t| \leqslant \exp(c\epsilon^{-a})$ 时, 开始于 (p_0, q_0) 的轨道 $(p(t), q(t))$ 有估计

$$|p(t) - p_0| \leqslant c\epsilon^b,$$

这里 a 和 b 被称为系统的稳定指数, $T(\epsilon) = \exp(c\epsilon^{-a})$ 为稳定时间, $R(\epsilon) = c\epsilon^b$ 为稳定半径.

上述定义说明, 有效稳定性蕴含拟有效稳定性.

假设 h, f 和 ω_* 满足下列条件:

(H1) h 和 f 是 $(\mathcal{D} \times \mathbb{T}^n \times \mathbb{T}^m) + \rho$ 上关于变量 p, q 和 θ 的解析函数, 其中 ρ 是一个小的正常数, "$\cdot + \rho$" 表示一个给定集合在复空间的 ρ-邻域.

(H2) ω_* 满足不等式

$$|\langle l, \omega_* \rangle| > \gamma |l|^{-\tau}, \quad \forall l, \quad 0 \neq l \in \mathbb{Z}^m,$$

其中 γ 和 $\tau > n + m$ 是给定的正常数, 即 ω_* 满足通常的 Diophantus 条件.

(H3)　频率 $\omega(p)$ 满足经典的非退化性条件:

$$\det\left(\frac{\partial \omega}{\partial p}\right) = n, \quad \forall p \in \mathrm{Re}(\mathcal{D} + \rho),$$

其中 $\omega(p) = \partial h / \partial p(p)$, $\mathrm{Re}(\mathcal{D} + \rho) = (\mathcal{D} + \rho) \bigcap \mathbb{R}^n$.

定理 2.1　如果 (H1) — (H3) 成立, 那么系统 (1.1) 具有拟有效稳定性.

3.2.2 法形式

为了证明定理 2.1, 我们需要某些预备性知识. 选取

$$\alpha = \kappa = \epsilon^{1/2(2\tau+7)},$$

$$L(\kappa) = \left[\frac{1}{3\kappa}(\ln 8 + (n+m)(\ln 2 + \ln(n+m) - 1) - (n+m+1)\ln\kappa) \right] + 1,$$

这里 $[r]$ 表示实数 r 的整数部分. 令

$$\mathcal{E}_\epsilon = \{p \in \mathcal{D} : |\langle k, \omega(p) \rangle + \langle l, \omega_* \rangle| > \alpha(|k| + |l|)^{-\tau},$$

$$\forall (k,l) \in \mathbb{Z}^{n+m}, 0 < |k| + |l| \leqslant L(\kappa)\},$$

这里 α 是关于 ϵ 的函数, $0 < \alpha < \gamma$. 对于给定的 $p_0 \in \mathcal{D}$, 定义 p_0 的邻域如下:

$$\mathbb{O}(p_0, \epsilon) = \{p : p \in \mathcal{D}, |p - p_0| < \sqrt{\epsilon}\}.$$

令

$$\mathbb{O}(0,1) = \{p : p \in \mathbb{R}^n, |p| < 1\},$$

记

$$M = \max\left\{ \sup_{(y,x,\theta,\varepsilon) \in ((\mathcal{D} \times \mathbb{T}^n \times \mathbb{T}^m) + \rho) \times [0,1]} |f(y,x,\theta,\varepsilon)|, \sup_{y \in \mathcal{D}+\rho} |h(y)|, \sup_{y \in \mathcal{D}+\rho} |\omega(y)|, |\omega_*| \right\}.$$

定理 2.2 假设对于小参数 $\alpha > 0$ 和常数 $\tau > 0$, $\omega(p_0)$ 满足不等式

$$|\langle k, \omega(p_0) \rangle + \langle l, \omega_* \rangle| > \alpha(|k| + |l|)^{-\tau} \qquad (2.2)$$

对任意 $(k,l) \in \mathbb{Z}^n \times \mathbb{Z}^m, 0 < |k| + |l| \leqslant L(\kappa)$ 成立. 则存在正常数 ϵ_0, 它依赖于 M, n, m, τ 和 ρ, 使得对于所有 $\epsilon, 0 \leqslant \epsilon \leqslant \epsilon_0$, 下列结论成立:

(1) 存在定义在 $\mathbb{O}(0,1) \times \mathbb{T}^n$ 上的变换 Φ_* 和近恒等坐标变换 Ψ_*, 化 Hamilton 函数 (1.1) 为

$$H_* = N_* + \sqrt{\epsilon} f_*,$$

其中

$$N_*(Y, \epsilon) = \langle \omega(p_0), Y \rangle + O(\sqrt{\epsilon}),$$

$$\omega_*(Y, \epsilon) = \frac{\partial N_*}{\partial Y}(Y, \epsilon) = \omega(p_0) + O(\sqrt{\epsilon}),$$

$$|f_*| \leqslant M\sqrt{\epsilon} \exp\left(-\frac{\rho \ln 2}{18} \cdot \frac{1}{\kappa}\right);$$

(2) 对所有 $(p(0), q(0)) \in \mathbb{O}(p_0, \epsilon) \times \mathbb{T}^n$, 存在环面

$$\hat{p}(t) = p(0),$$
$$\hat{q}(t) = q(0) + \omega_*(p_0, p(0), q(0), \epsilon)t(\mathrm{mod} 2\pi), \quad t \in \mathbb{R},$$

其中

$$\omega_*(p_0, p(0), q(0), \epsilon) = \omega(p_0) + O(\sqrt{\epsilon}),$$

使得初值为 $(p(0), q(0))$ 的轨道 $(p(t), q(t))$, 当

$$|t| \leqslant \exp\left(\frac{\rho \ln 2}{54} \cdot \frac{1}{\kappa}\right)$$

时, 满足估计

$$|p(t) - \hat{p}(t)| \leqslant 5\kappa^{\tau+4}\sqrt{\epsilon},$$
$$|q(t) - \hat{q}(t)| \leqslant 10\left(\frac{8M^2}{\rho^2} + 1\right)\frac{M}{\rho}\kappa^{\tau+1}\sqrt{\epsilon}.$$

为方便研究, 引进坐标变换 $\Phi_* : (\mathbb{O}(0,1) \times \mathbb{T}^n) + \rho \to (\mathbb{O}(p_0, \epsilon) \times \mathbb{T}^n) + \rho,$

$$p = p_0 + \sqrt{\epsilon}P,$$
$$q = Q.$$

这样,

$$\hat{H}(P, Q, t) = \frac{1}{\sqrt{\epsilon}}H(p, q, t)$$
$$= \frac{1}{\sqrt{\epsilon}}h(p_0) + \langle \omega(p_0), P \rangle + O(\sqrt{\epsilon}P^2) + \sqrt{\epsilon}f(p_0 + \sqrt{\epsilon}P, Q, \theta).$$

简记

$$\varepsilon = \sqrt{\epsilon},$$
$$\omega_0 = \omega(p_0),$$
$$e_0 = e_0(\varepsilon, p_0) = \frac{1}{\varepsilon}h(p_0),$$
$$f_0(P, Q, \theta, \varepsilon) = O(\varepsilon P^2) + \varepsilon f(p_0 + \varepsilon P, Q, \theta).$$

则

$$\hat{H}(P, Q, t) = e_0 + \langle \omega_0, P \rangle + \varepsilon f_0(P, Q, \theta, \varepsilon). \tag{2.3}$$

改记 (2.3) 为

$$H_0(y, x, t) = e_0 + \langle \omega_0, y \rangle + \varepsilon f_0(y, x, \theta, \varepsilon)$$
$$= N_0(y, \varepsilon) + \varepsilon f_0(y, x, \theta, \varepsilon), \tag{2.4}$$

其定义域为 $(\mathbb{O}(0,1) \times \mathbb{T}^n \times \mathbb{T}^m) + \rho$, 并且 $\theta = \omega_* t$.

3.2.3　定理 2.2 的证明

我们应用 KAM 技术归纳地证明定理 2.2. 取快速迭代序列如下.

$$\mathbb{D}_k = (\mathbb{O}(0,1) \times \mathbb{T}^n \times \mathbb{T}^m) + \rho_k = \mathbb{D}_* + \rho_k,$$

$$\rho_k = \rho - 9k\kappa,$$

$$k = 0,1,2,\cdots,T(\kappa),$$

这里 $T(\kappa)$ 是一个下面要确定的依赖于 κ 的整数, κ 是一个依赖于 ε 的参数.

假设我们已构造一系列新坐标变换 $\Phi_{k-1}: \mathbb{D}_k \to \mathbb{D}_{k-1}$, $k=1,\cdots,i$, 使得在每一个定义 $\mathbb{D}_k$ 上的辛坐标变换 $\Psi_k = \Phi_0 \circ \Phi_1 \circ \cdots \circ \Phi_{k-1}$ 下, Hamilton 函数 (2.1) 被化为一个新的 Hamilton 函数

$$H_k(y,x,t) = N_k(y,\varepsilon) + \varepsilon f_k(y,x,\theta,\varepsilon), \quad k=1,\cdots,i, \tag{2.5}$$

满足下列关系:

$$N_k(y,\varepsilon) = N_0(y) + \varepsilon \sum_{j=0}^{k-1} f_{j0}(y,\varepsilon), \quad k=1,\cdots,i, \tag{2.6}$$

$$|f_k|_{\rho_k} \leqslant \frac{1}{2^k} M, \quad k=0,1,\cdots,i, \tag{2.7}$$

这里

$$f_{k0}(y,\varepsilon) = \frac{1}{\mathrm{Vol}\,\mathbb{T}^{n+m}} \int_{\mathbb{T}^{n+m}} f_k(y,x,\theta,\varepsilon)\mathrm{d}x\mathrm{d}\theta.$$

现在考虑第 $i+1$ 步迭代. 利用发生函数 $\varepsilon S_i + Yx$ 引进辛坐标变换 $\Phi_i : (Y,X) \to (y,x)$,

$$y = Y + \varepsilon \frac{\partial S_i(Y,x,\theta)}{\partial x},$$

$$X = x + \varepsilon \frac{\partial S_i(Y,x,\theta)}{\partial Y},$$

它化 Hamilton 函数 H_i 成新的 Hamilton 函数 H_{i+1},

$$H_{i+1}(Y,X,t) = H_i \circ \Phi_i(Y,X,\theta) + \varepsilon \frac{\partial S_i}{\partial t}$$

$$= N_i(Y,\varepsilon) + f_{i0}(Y,\varepsilon) + \varepsilon\left(\left\langle \omega_0, \frac{\partial S_i}{\partial x}\right\rangle + \frac{\partial S_i}{\partial t} + [f_i]_L\right)(Y,x,\theta,\varepsilon)$$

$$+ \varepsilon(f_i(y,x,\theta,\varepsilon) - f(Y,x,\theta,\varepsilon))$$

$$+ \varepsilon(f_i(Y,x,\theta,\varepsilon) - f_{i0}(Y,\varepsilon) - [f_i]_L(Y,x,\theta,\varepsilon))$$

$$+ ((N_i(y,\varepsilon) - N_0(y,\varepsilon)) - ((N_i(Y,\varepsilon) - N_0(Y,\varepsilon)))$$

$$+ \varepsilon\left(\frac{\partial S_i}{\partial t}(Y,X,\theta) - \frac{\partial S_i}{\partial t}(Y,x,\theta)\right),$$

其中

$$[f_i]_L(Y,x,\theta,\varepsilon) = \sum_{0<|k|+|l|\leqslant L} f_{ikl}(Y,\varepsilon)e^{\sqrt{-1}(\langle k,x\rangle+\langle l,\theta\rangle)}.$$

这里用到 f_i 的 Fourier 展开式

$$\sum_{k,l} f_{ikl}(Y,\varepsilon)e^{\sqrt{-1}(\langle k,x\rangle+\langle l,\theta\rangle)}.$$

令

$$N_{i+1}(y,\varepsilon) = N_i(y,\varepsilon) + \varepsilon f_{i0}(y,\varepsilon), \tag{2.8}$$

$$\tilde{N}_i(y,\varepsilon) = N_i(y,\varepsilon) - N_0(y,\varepsilon), \tag{2.9}$$

$$f_{i+1}^1 = f_i(y,x,\theta,\varepsilon) - f_i(Y,x,\theta,\varepsilon), \tag{2.10}$$

$$f_{i+1}^2 = f_i(Y,x,\theta,\varepsilon) - f_{i0}(Y,\varepsilon) - [f_i]_L(Y,x,\theta,\varepsilon)$$

$$:= (R_L f_i)(Y,x,\theta,\varepsilon), \tag{2.11}$$

$$f_{i+1}^3 = \frac{1}{\varepsilon}(\tilde{N}_i(y,\varepsilon) - \tilde{N}_i(Y,\varepsilon)), \tag{2.12}$$

$$f_{i+1}^4 = \frac{\partial S_i}{\partial t}(Y,X,\theta) - \frac{\partial S_i}{\partial t}(Y,x,\theta), \tag{2.13}$$

$$f_{i+1} = f_{i+1}^1 + f_{i+1}^2 + f_{i+1}^3 + f_{i+1}^4. \tag{2.14}$$

选择 S_i 满足

$$\left\langle \omega_0, \frac{\partial S_i}{\partial x}\right\rangle + \frac{\partial S_i}{\partial t} + [f_i]_L = 0. \tag{2.15}$$

总结上述推导过程得到, 在坐标变换 Ψ_i 的变换下, 函数 H_0 被变换成 H_{i+1},

$$H_{i+1}(y,x,t) = N_{i+1}(y,\varepsilon) + \varepsilon f_{i+1}(y,x,\theta,\varepsilon),$$

并且新函数的定义域为 $\mathbb{D}_{i+1}$.

我们要证明对于 $i+1$, f_{i+1} 也满足不等式 (2.7). 为此, 需要下面的引理.

引理 2.1　假设 $f(y,x,\theta)$ 是定义于 $(\mathbb{O}(0,1) \times \mathbb{T}^n \times \mathbb{T}^m) + \rho$ 上的实解析函数, 并且 $f_0(y) = 0$. 如果给定向量 $\omega \in \mathbb{R}^n$ 和 $\omega_* \in \mathbb{R}^m$ 满足 Diophantus 条件, 即存在正常数 γ 和 τ, 不等式

$$|\langle \omega, k\rangle + \langle \omega_*, l\rangle| > \gamma(|k|+|l|)^{-\tau}$$

对任意的 $(k,l)\in\mathbb{Z}^n\times\mathbb{Z}^m, 0<|k|+|l|\leqslant L$ 成立. 当 $\theta=\omega_*t$ 时, 方程

$$\left\langle\omega,\frac{\partial S}{\partial x}\right\rangle+\frac{\partial S}{\partial t}+[f]_L=0 \tag{2.16}$$

有唯一的实解析解 $S(y,x,\omega_*t)$, 满足 $S_0(y)=0.$ 并且对于任意 $0<\sigma<\rho,$

$$|S|_{\rho-\sigma}\leqslant\frac{M_1}{\gamma\sigma^\tau}|[f]_L|_\rho, \tag{2.17}$$

其中 M_1 是正常数.

引理 2.1 的证明 将 f 和 S 展开为 Fourier 级数,

$$f(y,x,\theta)=\sum_{(k,l)\in\mathbb{Z}^{n+m}\setminus\{(0,0)\}}f_{kl}(y)e^{\sqrt{-1}(\langle k,x\rangle+\langle l,\theta\rangle)},$$

$$S(y,x,\theta)=\sum_{(k,l)\in\mathbb{Z}^{n+m}\setminus\{(0,0)\}}S_{kl}(y)e^{\sqrt{-1}(\langle k,x\rangle+\langle l,\theta\rangle)}.$$

将上述表达式代入 (2.16) 中, 并且比较 k 和 l 的同阶系数, 我们获得唯一的实解析解

$$S(y,x,\omega_*t)=\sum_{(k,l)\in\mathbb{Z}^{n+m},0<|k|+|l|\leqslant L}\frac{f_{kl}(y)}{\sqrt{-1}(\langle\omega,k\rangle+\langle\omega_*,l\rangle)}e^{\sqrt{-1}(\langle k,x\rangle+\langle l,\theta\rangle)},$$

$S_0(y)=0.$ 对于证明的细节, 见文献 [Po2] 和 [Ru1].

引理 2.2[Ar1] 假设 $l(q)$ 是定义在 $\mathbb{T}^n+\delta$ 上的实解析函数. 则当 $0<2\sigma_0<v,$ 并且 $\sigma_0+v<\delta<1$ 时, 在 $\mathbb{T}^n+(\delta-\sigma_0-v)$ 上, 有

$$\|R_Ll\|<\left(\frac{2n}{e}\right)^n\frac{\|l\|}{\sigma_0^{n+1}}e^{-Lv}. \tag{2.18}$$

引理 2.3[Ar1] 假设 $\mathbb{U}$ 是 $\mathbb{R}^s$ 的有界域, 并且 $\Phi:\mathbb{U}\to\mathbb{R}^s$ 是连续映射. 如果对于任意 $x\in\mathbb{U}$, 存在一个小的正常数 $\kappa>0$ 使得

$$|\Phi(x)-x|<\kappa,$$

则 $\mathbb{U}-\kappa\subset\Phi(\mathbb{U})$.

我们首先估计扰动项. 在引理 2.2 中取 $\sigma_0=\kappa, v=3\kappa$, 在 $\mathbb{D}_*+(\rho_i-4\kappa)$ 上获得

$$|R_Lf_i|_{\rho_i-4\kappa}<\left(\frac{2(n+m)}{e}\right)^{n+m}\frac{e^{-3L\kappa}}{\kappa^{n+m+1}}|f_i|_{\rho_i}.$$

由此, 根据 L 的定义,

$$|R_L f_i|_{\rho_i - 4\kappa} < \frac{1}{8} |f_i|_{\rho_i}. \tag{2.19}$$

由 f_{i0} 的定义,

$$|f_{i0}|_{\rho_i} \leqslant |f_i|_{\rho_i}. \tag{2.20}$$

根据 (2.11), (2.19) 和 (2.20), 我们得到

$$|[f_i]|_{\rho_i - 4\kappa} \leqslant |f_i|_{\rho_i - 4\kappa} + |f_{i0}|_{\rho_i - 4\kappa} + |R_L f_i|_{\rho_i - 4\kappa}$$
$$\leqslant 3|f_i|_{\rho_i}. \tag{2.21}$$

注意到函数 S_i 是利用 (2.15) 定义的, 并且 p_0 满足 (2.11). 根据引理 2.1, 我们获得

$$|S_i|_{\rho_i - 5\kappa} \leqslant \frac{M_1}{\alpha \kappa^\tau} |[f_i]|_{\rho_i - 4\kappa}. \tag{2.22}$$

它蕴含

$$\max\left\{\left|\frac{\partial S_i}{\partial x}\right|_{\rho_i - 6\kappa}, \left|\frac{\partial S_i}{\partial y}\right|_{\rho_i - 6\kappa}\right\} \leqslant \frac{M_1}{\alpha \kappa^{\tau+1}} |[f_i]|_{\rho_i - 4\kappa}. \tag{2.23}$$

这里用到了 Cauchy 公式. 取参数 κ 满足不等式

$$0 < \kappa < \min\left\{\frac{1}{3M_1 M + 1}, \left(\frac{3}{4}\right)^{1/(\tau+3)}, \left(\frac{1}{8M_1 M + 1}\right)^{1/(\tau+4)}, \left(\frac{1}{3M_1 M + 1}\right)^{1/(\tau+4)}, \gamma\right\}. \tag{2.24}$$

这样, 利用 (2.23) 和 (2.21), 我们得到

$$\max\left\{\varepsilon\left|\frac{\partial S_i}{\partial x}\right|_{\rho_i - 6\kappa}, \varepsilon\left|\frac{\partial S_i}{\partial y}\right|_{\rho_i - 6\kappa}\right\} \leqslant \frac{3\varepsilon M_1}{\alpha \kappa^{\tau+1}} |f_i|_{\rho_i - 4\kappa}$$
$$< \frac{1}{2^i} \kappa^{\tau+4}$$
$$< \kappa.$$

现在对坐标变换进行估计. 根据变换的定义和引理 2.3, Φ_i 是实解析的, 并且满足 $\mathbb{D}_* + (\rho_i - 8\kappa) \subset \Phi(\mathbb{D}_* + (\rho_* - 6\kappa))$. 这说明新旧坐标变换的偏差满足估计,

$$|(Y, X) - (y(Y, X), x(Y, X))|_{\rho_i - 8\kappa} < \max\left\{\varepsilon\left|\frac{\partial S_i}{\partial x}\right|_{\rho_i - 6\kappa}, \varepsilon\left|\frac{\partial S_i}{\partial y}\right|_{\rho_i - 6\kappa}\right\}$$
$$< \frac{1}{2^i} \kappa^{\tau+4}$$
$$< \kappa. \tag{2.25}$$

在扰动项 f_{i+1}^1, f_{i+1}^2 和 f_{i+1}^3 中, y 和 x 需要利用坐标变换 Φ_i 表示为 Y 和 X 的函数. 根据中值定理、Cauchy 公式、(2.24) 和 (2.25), 我们有

$$|f_{i+1}^1|_{\rho_i-8\kappa} \leqslant \left|\frac{\partial f_i}{\partial y}\right|_{\rho_i-6\kappa} |y(Y,X,\theta,\varepsilon)-Y|_{\rho_i-8\kappa}$$

$$\leqslant \frac{1}{6\kappa}|f_i|_{\rho_i}\,\kappa^{\tau+4}$$

$$< \frac{1}{8}|f_i|_{\rho_1}. \tag{2.26}$$

利用 (2.19) 和 (2.25) 得到

$$|f_{i+1}^2|_{\rho_i-8\kappa} = |R_L f_i(Y,x(Y,X,\theta,\varepsilon),\theta,\varepsilon)|_{\rho_i-8\kappa}$$

$$\leqslant |R_L f_i|_{\rho_i-6\kappa}$$

$$< \frac{1}{8}|f_i|_{\rho_i}. \tag{2.27}$$

归纳地, 我们估计 f_{i+1}^3 和 f_{i+1}^4 得到下列结果:

$$|f_{i+1}^3|_{\rho_i-8\kappa} \leqslant \sum_{j=0}^{i-1}|f_{j0}(y(Y,X,\theta,\varepsilon),\varepsilon)-f_{j0}(Y,\varepsilon)|_{\rho_i-8\kappa}$$

$$\leqslant \sum_{j=0}^{i-1}\left|\frac{\partial f_{j0}}{\partial y}\right|_{\rho_i-6\kappa} |y(Y,X,\theta,\varepsilon)-Y|_{\rho_i-8\kappa}$$

$$\leqslant \frac{1}{6\kappa}|f_{j0}|_{\rho_j}\cdot\varepsilon\left|\frac{\partial S_i}{\partial x}\right|_{\rho_i-6\kappa}$$

$$\leqslant \frac{M}{3\kappa}\cdot\frac{3M_1\varepsilon}{\alpha\kappa^{\tau+1}}|f_i|_{\rho_i-4\kappa}$$

$$\leqslant MM_1\kappa^{\tau+3}|f_i|_{\rho_i}$$

$$< \frac{1}{8}|f_i|_{\rho_i}, \tag{2.28}$$

$$|f_{i+1}^4|_{\rho_i-9\kappa} \leqslant |\omega_*|\left|\frac{\partial^2 S_i}{\partial\theta\partial x}\right|_{\rho_i-7\kappa} |X-x(Y,X,\theta,\varepsilon)|_{\rho_i-9\kappa}$$

$$\leqslant M\kappa^{\tau+4}\cdot\frac{1}{\kappa}\left|\frac{\partial S_i}{\partial x}\right|_{\rho_i-6\kappa}$$

$$\leqslant M\kappa^{\tau+3}\cdot\frac{3M_1}{\alpha\kappa^{\tau+1}}|f_i|_{\rho_i-4\kappa}$$

$$\leqslant 3MM_1\kappa|f_i|_{\rho_i}$$

$$\leqslant \frac{1}{8}|f_i|_{\rho_i}. \tag{2.29}$$

在上述不等式的证明中, 我们用到了 (2.23) — (2.25), 以及中值定理和 Cauchy 公式.

最后, 根据 (2.26) — (2.29), 我们得到新的扰动项估计如下:

$$|f_{i+1}|_{\rho_i-9\kappa} \leqslant \frac{1}{2}|f_i|_{\rho_i}. \tag{2.30}$$

选择

$$T(\kappa) = \left[\frac{\rho}{18\kappa}\right].$$

取 $\Psi_* = \Phi_0 \circ \Phi_1 \circ \cdots \circ \Phi_{T(\kappa)-1}$. 那么, 从 $T(\kappa)$ 的选取, 得到 $\mathbb{D}_{T(\kappa)-1} \supseteq \mathbb{D} + \rho/2$. 这证明变换 Ψ_* 映集合 $\mathbb{D} + \rho/2$ 到 $\mathbb{D}_0$, 并且 Hamilton 函数 $H_0(y,x,\theta)$ 被化成

$$H_{T(\kappa)}(Y,X,\theta) = N_{T(\kappa)}(Y,\varepsilon) + \varepsilon f_{T(\kappa)}(Y,X,\theta,\varepsilon), \tag{2.31}$$

满足

$$\left|\tilde{N}_{T(\kappa)}\right|_{\rho/2} \leqslant \varepsilon \sum_{j=0}^{T(\kappa)-1} |f_j|_{\rho_j} < 2\varepsilon M < 2M, \tag{2.32}$$

$$|f_{T(\kappa)}|_{\rho_{T(\kappa)}} \leqslant Me^{-\rho \ln 2/18\kappa}. \tag{2.33}$$

考虑 Hamilton 系统

$$\begin{cases} \dot{Y} = -\varepsilon \dfrac{\partial f_{T(\kappa)}}{\partial X}(Y,X,\theta,\varepsilon), \\ \dot{X} = \dfrac{\partial N_{T(\kappa)}}{\partial Y}(Y,\varepsilon) + \varepsilon \dfrac{\partial f_{T(\kappa)}}{\partial Y}(Y,X,\theta,\varepsilon) \end{cases} \tag{2.34}$$

的轨道 $(Y(t),X(t))$, 这里 $(Y(0),X(0)) \in \mathbb{D}_*$. 注意, 在 $\mathbb{D}_*$ 上,

$$\max\left\{\left|\frac{\partial f_{T(\kappa)}}{\partial X}\right|, \left|\frac{\partial f_{T(\kappa)}}{\partial Y}\right|\right\} \leqslant \frac{2}{\rho}|f_{T(\kappa)}|_{\rho_{T(\kappa)}},$$

$$\left|\frac{\partial^2 N_{T(\kappa)}}{\partial Y^2}\right| = \left|\frac{\partial^2 \tilde{N}_{T(\kappa)}}{\partial Y^2}\right| \leqslant \frac{4}{\rho^2}|\tilde{N}_{T(\kappa)}|_{\rho_{T(\kappa)}}.$$

因此, 从 (2.32) 和 (2.33), 当

$$|t| \leqslant e^{\rho \ln 2/54\kappa}$$

时,

$$|Y(t) - Y(0)| \leqslant \varepsilon |t| \left|\frac{\partial f_{T(\kappa)}}{\partial X}\right|_{\mathbb{D}_*}$$

$$\leqslant \frac{2\varepsilon}{\rho}|t|\,\|\,f_{T(\kappa)}\,|_{\rho_{T(\kappa)}}$$

$$\leqslant \frac{2}{\rho}M\varepsilon e^{-\rho\ln 2/27\kappa}, \tag{2.35}$$

$$|X(t)-X(0)-\omega_*(Y(0),\varepsilon)t| \leqslant \int_0^{|t|}\left|\frac{\partial N_{T(\kappa)}}{\partial Y}(Y(t),\varepsilon)-\frac{\partial N_{T(\kappa)}}{\partial Y}(Y(0),\varepsilon)\right|\mathrm{d}t$$

$$+\varepsilon\int_0^{|t|}\left|\frac{\partial f_{T(\kappa)}}{\partial Y}(Y(t),X(t),\theta(t),\varepsilon)\right|\mathrm{d}t$$

$$\leqslant |t|\left|\frac{\partial^2\tilde{N}_{T(\kappa)}}{\partial Y^2}\right||Y(t)-Y(0)|+\frac{2\varepsilon}{\rho}|t|\,\|\,f_{T(\kappa)}\,|_{\rho_{T(\kappa)}}$$

$$\leqslant \frac{4}{\rho^2}|t|\,\|\,\tilde{N}_{T(\kappa)}\,|_{T(\kappa)}|Y(t)-Y(0)|+\frac{2}{\rho}M\varepsilon e^{-\rho\ln 2/27\kappa}$$

$$\leqslant 10\left(\frac{8M^2}{\rho^2}+1\right)\frac{M}{\rho}\varepsilon\kappa^{\tau+4}. \tag{2.36}$$

令 $(y,x)=\Psi_*(Y,X)$. 根据 (2.25)，我们有

$$|(y,x)-(Y,X)|=|\Psi_*(Y,X)-(Y,X)|$$

$$\leqslant \sum_{j=0}^{T(\kappa)-1}\frac{1}{2^i}\kappa^{\tau+4}$$

$$<2\kappa^{\tau+4}. \tag{2.37}$$

因此, 当

$$|t|\leqslant e^{\rho\ln 2/54\kappa}$$

时,

$$|y(t)-y(0)|\leqslant |Y(t)-y(t)|+|Y(0)-y(0)|+|Y(t)-Y(0)|$$

$$\leqslant 4\kappa^{\tau+4}+\frac{2}{\rho}M\varepsilon e^{-\rho\ln 2/27\kappa}$$

$$\leqslant 5\kappa^{\tau+4}. \tag{2.38}$$

上面不等式成立要求 ϵ 是充分小的. 记

$$H_{T(\kappa)}=H_*,$$

$$N_{T(\kappa)}=N_*,$$

$$f_{T(\kappa)}=f_*.$$

根据 (2.37)，(2.38) 和 Ψ_* 的定义, 我们即可完成定理 2.2 的证明.

3.2.4　定理 2.1 的证明

在这一段, 我们给出定理 2.1 的证明. 根据定理 2.2, 我们只需要证明定理 2.1 的测度估计. 为此, 我们定义某些子集如下:

$$\Omega = \omega(\mathcal{D}),$$
$$\Omega_{k,l} = \left\{ \omega \in \Omega : |\langle k, \omega \rangle + \langle l, \omega_* \rangle| \leqslant \alpha(|k| + |l|)^{-\tau} \right\},$$
$$\tilde{\Omega}_\epsilon = \bigcup_{0 < |k| + |l| \leqslant L(\kappa), k \neq 0} \Omega_{k,l},$$
$$\Omega_{*\epsilon} = \Omega - \tilde{\Omega}_\epsilon.$$

这样, 由于 $\omega : p \to \omega(p)$ 是同胚, $\mathcal{E}_\epsilon = \omega^{-1}(\Omega_{*\epsilon})$ 是开子集. 利用 Arnold 的技术[Ar1], 并且根据引理 (见[Ar1]), 对任意 $k \in \mathbb{Z}_+^n \setminus \{0\}, l \in \mathbb{Z}_+^m$, 我们有

$$\mathrm{meas}(\Omega_{k,l}) \leqslant 2\alpha(|k| + |l|)^{-\tau} Cn\mathrm{meas}\Omega,$$

其中 C 是一个仅依赖于 Ω 的正数. 这导致

$$\mathrm{meas}\tilde{\Omega}_\epsilon \leqslant \sum_{j=1}^{L(\kappa)} \sum_{|k|+|l|=j} \mathrm{meas}\Omega_{k,l}$$
$$\leqslant \sum_{j=1}^{L(\kappa)} 2^{n+m+1} j^{n+m-1} \alpha j^{-\tau} Cn\mathrm{meas}\Omega$$
$$\leqslant 2^{n+m+1} Cn\mathrm{meas}\Omega\alpha \sum_{j=1}^{\infty} \frac{1}{j^{\tau-(n+m)+1}}$$
$$= O(\alpha).$$

因此,

$$\mathrm{meas}\Omega_{*\epsilon} = \mathrm{meas}\Omega - O(\alpha),$$
$$\mathrm{meas}\mathcal{E}_\epsilon = \int_{\mathcal{E}_\epsilon} \mathrm{d}p$$
$$= \left| \int_{\Omega_{*\epsilon}} \left(\det\left(\frac{\partial\omega}{\partial p}\right) \right)^{-1} \mathrm{d}\omega \right|$$
$$= \mathrm{meas}\mathcal{D} - O(\alpha).$$

这样, 我们完成了定理 2.1 的证明.

3.3　扰动氢原子 Hamilton 系统的有效稳定性

应用扰动理论研究弱静电磁场中氢原子的运动机制始于 Pauli[Pa]. 这方面研究也可以见 [ES] 及其参考文献. 这些研究涉及一类含有小扰动的特殊 Kepler

Hamilton 系统. Fasso, Fontanari 和 Sadovskii[FFS]使用有效稳定理论[Ne]研究扰动的氢原子系统, 他们对 n-壳 Hamilton 系统给出了有效稳定理论的一个解释. 注意到, 在他们的工作中 Hamilton 函数中的共振项是不能被消去的, 也没有得到 Nekhoroshev 类稳定性结果.

本节中, 应用 KAM 技术[Ar1−Ar4], 研究扰动的氢原子模型, 并且证明其具有关于参数的有效稳定性. 这里考虑的参数取值于区间 $(-1, 1)$ 的某开子集. 这是关于参数的拟有效稳定性研究的一个应用 [CL3, CHL]. 本节应用的 KAM 迭代是等步长的, 迭代过程含有两个参数.

3.3.1 问题和结果

首先对扰动原子 n-壳法形式进行简单介绍. 对于具体细节, 见 [ES, FFS]. 令 $E(<0)$ 是扰动氢原子系统的能量, $\mathcal{E}$ 和 $\mathcal{B}$ 分别表示电场和磁场场强. 本节中, 用 $\|\cdot\|$ 表示欧几里得模, 用

$$n = (-2E)^{-1/2} \tag{3.1}$$

表示 Kepler 作用和对应的主原子量子数关系. 令 $S_r^2 \subset \mathbb{R}^3$ 表示中心为原点、半径为 r 的球面. 记 $s_1 = (s_{11}, s_{12}, s_{13})$, $s_2 = (s_{21}, s_{22}, s_{23})$, $s = (s_1, s_2) \in S_{n/2}^2 \times S_{n/2}^2$. 将 s 嵌入到 $\mathbb{R}^3 \times \mathbb{R}^3$, 并且简记 $s \in \mathbb{R}^3 \times \mathbb{R}^3$. 球面 $S_{n/2}^2 \times S_{n/2}^2$ 的辛结构通过球面法化面积元素 σ_r 的和来表示,

$$\sigma_r(x)(u, v) = r^{-2} x \cdot u \times v, \quad \forall x \in S_r^2, \quad u, v \in T_x S_r^2.$$

假设 $\|\mathcal{E}\| \|\mathcal{B}\|$ 和 $-E$ 充分小, 这一点将在后面的评注中解释. 令

$$\mathcal{E}_n = 3n^4 \mathcal{E},$$
$$\mathcal{B}_n = n^3 \mathcal{B},$$
$$\beta = \frac{2\mathcal{B}_n \cdot \mathcal{E}_n}{\|\mathcal{B}_n\|^2 + \|\mathcal{E}_n\|^2}.$$

定义两个函数如下:

$$\omega_1(\alpha) = \sqrt{1+\alpha}, \quad \omega_2(\alpha) = \sqrt{1-\alpha}, \quad \alpha \in [-1,1].$$

对任意 $M > 1$ 的数, 对函数沿 Kepler 流在时间区间 $[0, M]$ 进行平均并对余项进行截断后, 刻画扰动氢原子的 Kepler 系统被化为发生函数为

$$H(s) = N_0(s) + \epsilon F_{\epsilon, M}(s) \tag{3.2}$$

的两个自由度的 Hamilton 系统. 这里

$$N_0(s) = \omega_1(\beta)s_{13} + \omega_2(\beta)s_{23},$$
$$\epsilon = (\| \mathcal{B}_n \|^2 + \| \mathcal{E}_n \|^2)^{1/2},$$

$s \in S_{n/2}^2 \times S_{n/2}^2, \beta \in [-1,1]$. 相空间的 2-形式是 $\sigma_{n/2} + \sigma_{n/2}$. 这样, 函数 $H : S_{n/2}^2 \times S_{n/2}^2 \to \mathbb{R}$ 的 Hamilton 向量场 $H^\sharp$ 是

$$H^\sharp(s_1, s_2) = -\begin{pmatrix} s_1 \times \operatorname{grad}_{s_1} H(s_1, s_2) \\ s_2 \times \operatorname{grad}_{s_2} H(s_1, s_2) \end{pmatrix}.$$

Hamilton 系统 (3.2) 称为 n-壳法形式.

定理 3.1　令 $\tau > 1$ 是给定常数. 存在依赖于 τ 和 M 的小的正常数 ϵ_0, 使得对于任意 $\epsilon, 0 < \epsilon \leqslant \epsilon_0$, 有 $(-1,1)$ 的开子集 $\mathcal{O}_\epsilon$ 满足

(1) $\operatorname{meas} \mathcal{O}_\epsilon = 2 - O\left(\epsilon^{1/(2\tau+13)}\right)$;

(2) 对于任意 $\beta \in \mathcal{O}_\epsilon$, Hamilton 系统 (3.2) 具有有效稳定性.

3.3.2　在辛图册中的有效稳定性

在证明定理 3.1 之前, 我们引进球面的辛图册. 应用共形辛变换 $s \to 2s/n$ 并对时间进行适当的尺度变换. 不失一般性, 假设系统 (1.2) 的相空间为 $S^2 \times S^2$, 其辛结构为 $\sigma = \sigma_1 + \sigma_1$, 其中 $S^2 \subset \mathbb{R}^3$ 是单位球面. 令 $I = (I_1, I_2) : S^2 \times S^2 \to \mathbb{R}^2, \omega : [-1,1] \to \mathbb{R}^2$,

$$I(s) = (I_1(s), I_2(s)) = (s_{13}, s_{23}), \quad s \in S^2 \times S^2,$$
$$\omega(\beta) = (\omega_1(\beta), \omega_2(\beta)), \quad \beta \in [-1,1].$$

因此,

$$N_0(s) = \omega(\beta) \cdot I(s) =: N_0(I). \tag{3.3}$$

根据 [FFS] 的思路, 构造 (S^2, σ_1) 辛图册, 它包含三个坐标卡:

(1) (U_1, φ_1) 坐标卡. $U_1 = (-1,1) \times S^1$, $\varphi_1 : U_1 \to S^2$, 满足

$$x_1 = \sqrt{1-r^2} \cos\theta, \quad x_2 = \sqrt{1-r^2} \sin\theta, \quad x_3 = r,$$

其中 $(r,\theta) \in U_1, (x_1, x_2, x_3) \in S^2$. 这是一个作用角变量形式的坐标卡, 它覆盖除了南北极 $(0,0,\pm 1)$ 之外的所有球面.

(2) (U_2, φ_2) 坐标卡. $U_2 = \{(p_+, q_+) : p_+^2 + q_+^2 < \delta\}$, 满足

$$x_1 = -p_+\sqrt{1 - \frac{p_+^2 + q_+^2}{4}}, \quad x_2 = q_+\sqrt{1 - \frac{p_+^2 + q_+^2}{4}}, \quad x_3 = 1 - \frac{p_+^2 + q_+^2}{2},$$

其中 $(p_+, q_+) \in U_2, (x_1, x_2, x_3) \in S^2$. 这里 $\delta > 0$ 是一个小的正常数. 这是一个覆盖北极的坐标卡.

(3) (U_3, φ_3) 坐标卡. $U_3 = \{(p_-, q_-) : p_-^2 + q_-^2 < \delta\}$, $\varphi_3 : U_3 \to S^2$, 满足

$$x_1 = p_-\sqrt{1 - \frac{p_-^2 + q_-^2}{4}}, \quad x_2 = q_-\sqrt{1 - \frac{p_-^2 + q_-^2}{4}}, \quad x_3 = -1 + \frac{p_-^2 + q_-^2}{2},$$

其中 $(p_-, q_-) \in U_3, (x_1, x_2, x_3) \in S^2$. 这是一个覆盖南极的坐标卡.

显然, 这三个坐标卡是相容的, 其上的 2-形式分别为 $\sigma_1 = \mathrm{d}\theta \wedge \mathrm{d}r$, $\sigma_1 = \mathrm{d}q_+ \wedge \mathrm{d}p_+$, $\sigma_1 = \mathrm{d}q_- \wedge \mathrm{d}p_-$. 因此, 对于线性 Hamilton 系统 $H(x) = x_3$, 它的 Hamilton 向量场 $H^\sharp$ 分别为

$$\frac{\partial}{\partial\theta}, \quad -p_+\frac{\partial}{\partial q_+} + q_+\frac{\partial}{\partial p_+}, \quad p_-\frac{\partial}{\partial q_-} - q_-\frac{\partial}{\partial p_-}.$$

作用函数 $I = (I_1, I_2)$ 在辛图册中被定义为

$$I_j = \begin{cases} p_j, & (p_j, q_j) \in U_1, \\ (p_j^2 + q_j^2)/2, & (p_j, q_j) \in U_2 \bigcup U_3, \end{cases} \quad j = 1, 2. \tag{3.4}$$

本节中, 称函数 $F : S^2 \to \mathbb{R}$ 是 S^2 上实解析的, 是指在三个坐标卡局部变换的函数是实解析的.

命题 3.1[FFS] 任意实解析函数 $F : S^2 \to \mathbb{R}$ 可以表示为绝对收敛级数

$$F = \sum_{\upsilon \in \mathbb{Z}} F_\upsilon,$$

其中, 对于每个 $\upsilon \in \mathbb{Z}, F_\upsilon : S^2 \to \mathbb{R}$ 是实解析函数, 满足

$$\{x_3, F_\upsilon\} = i\upsilon F_\upsilon.$$

并且, F 的局部表示为

$$f^n = \sum_{\upsilon \in \mathbb{Z}} f_\upsilon^n, \qquad n = 1, 2, 3,$$

其中 f^n 和 f_υ^n 分别为 F 和 F_υ 的局部表示,

$$f_\upsilon^1 = \tilde{f}_\upsilon^1(r) e^{i\upsilon\theta},$$

$$f_\upsilon^2 = \tilde{f}_\upsilon^2(izw) E_\upsilon(z, w), \quad z = \frac{p_+ + iq_+}{\sqrt{2}}, \quad w = \frac{p_+ - iq_+}{i\sqrt{2}},$$

$$f_\upsilon^3 = \tilde{f}_\upsilon^3(izw)E_\upsilon(z,w), \quad z = \frac{p_- + iq_-}{\sqrt{2}}, \quad w = \frac{p_- - iq_-}{i\sqrt{2}},$$

$$E_\upsilon(z,w) = \begin{cases} z^\upsilon, & \upsilon \geqslant 0, \\ w^{|\upsilon|}, & \upsilon < 0. \end{cases}$$

下面, 我们仍然用 U_1, U_2, U_3 分别表示作用角变量卡和复极坐标卡. 利用上述方法我们获得相空间 $S^2 \times S^2$ 上的有九个坐标卡的辛图册 $(U_{m,n}, \varphi_{m,n})$, $m, n = 1, 2, 3$, 其中 $U_{m,n} = U_m \times U_n$, $\varphi_{m,n} = (\varphi_m, \varphi_n)$. 根据命题 3.1, 实解析函数 $F : S^2 \times S^2 \to \mathbb{R}^2$ 可以表示为绝对收敛的级数

$$F = \sum_{\upsilon \in \mathbb{Z}^2} F_\upsilon,$$

每个函数 F_υ 对 $\omega = (\omega_1, \omega_2)$, $I = (I_1, I_2)$, 满足

$$\{\omega \cdot I, F_\upsilon\} = i\omega \cdot \upsilon F_\upsilon.$$

并且, F 的局部表示 $f^{m,n}$ 和 $f_\upsilon^{m,n}$ 满足

$$f^{m,n} = \sum_{\upsilon \in \mathbb{Z}^2} f_\upsilon^{m,n}, \quad m, n = 1, 2, 3,$$

这里, 对于任意 $\upsilon = (\upsilon_1, \upsilon_2) \in \mathbb{Z}^2$,

$$\begin{cases} f_\upsilon^{1,1} = f_\upsilon^{1,1}(r_1, \theta_1, r_2, \theta_2) = \tilde{f}_\upsilon^{1,1}(r_1, r_2)e^{i\upsilon \cdot \theta}, \\ f_\upsilon^{1,2} = f_\upsilon^{1,2}(r_1, \theta_1, z_{21}, w_{21}) = \tilde{f}_\upsilon^{1,2}(r_1, iz_{21}w_{21})e^{i\upsilon_1\theta_1}E_{\upsilon_2}(z_{21}, w_{21}), \\ f_\upsilon^{1,3} = f_\upsilon^{1,3}(r_1, \theta_1, z_{22}, w_{22}) = \tilde{f}_\upsilon^{1,3}(r_1, iz_{22}w_{22})e^{i\upsilon_1\theta_1}E_{\upsilon_2}(z_{22}, w_{22}), \\ f_\upsilon^{2,1} = f_\upsilon^{2,1}(z_{11}, w_{11}, r_2, \theta_2) = \tilde{f}_\upsilon^{2,1}(iz_{11}w_{11}, r_2)e^{i\upsilon_2\theta_2}E_{\upsilon_1}(z_{11}, w_{11}), \\ f_\upsilon^{2,2} = f_\upsilon^{2,2}(z_{11}, w_{11}, z_{21}, w_{21}) = \tilde{f}_\upsilon^{2,2}(iz_{11}w_{11}, iz_{21}w_{21})E_{\upsilon_1}(z_{11}, w_{11})E_{\upsilon_2}(z_{21}, w_{21}), \\ f_\upsilon^{2,3} = f_\upsilon^{2,3}(z_{11}, w_{11}, z_{22}, w_{22}) = \tilde{f}_\upsilon^{2,3}(iz_{11}w_{11}, iz_{22}w_{22})E_{\upsilon_1}(z_{11}, w_{11})E_{\upsilon_2}(z_{22}, w_{22}), \\ f_\upsilon^{3,1} = f_\upsilon^{3,1}(z_{12}, w_{12}, r_2, \theta_2) = \tilde{f}_\upsilon^{3,1}(iz_{12}w_{12}, r_2)e^{i\upsilon_2\theta_2}E_{\upsilon_1}(z_{12}, w_{12}), \\ f_\upsilon^{3,2} = f_\upsilon^{3,2}(z_{12}, w_{12}, z_{21}, w_{21}) = \tilde{f}_\upsilon^{3,2}(iz_{12}w_{12}, iz_{21}w_{21})E_{\upsilon_1}(z_{12}, w_{12})E_{\upsilon_2}(z_{21}, w_{21}), \\ f_\upsilon^{3,3} = f_\upsilon^{3,3}(z_{12}, w_{12}, z_{22}, w_{22}) = \tilde{f}_\upsilon^{3,3}(iz_{12}w_{12}, iz_{22}w_{22})E_{\upsilon_1}(z_{12}, w_{12})E_{\upsilon_2}(z_{22}, w_{22}). \end{cases}$$

从现在开始, 用 $(p, q) = (p_1, p_2, q_1, q_2)$ 表示在相空间 $S^2 \times S^2$ 的局部坐标辛图册 $\{(U_{m,n}, \varphi_{m,n})\}$ 下的坐标. 因此, 2-形式可以表示为

$$\sigma = \mathrm{d}q_1 \wedge \mathrm{d}p_1 + \mathrm{d}q_2 \wedge \mathrm{d}p_2.$$

定义两个作用变量 I_1 和 I_2,

$$I_1 = \begin{cases} p_1, & (p_1,q_1) \in U_1, \\ ip_1q_1, & (p_1,q_1) \in U_2 \bigcup U_3, \end{cases}$$

$$I_2 = \begin{cases} p_2, & (p_2,q_2) \in U_1, \\ ip_2q_2, & (p_2,q_2) \in U_2 \bigcup U_3. \end{cases}$$

记 $I = (I_1, I_2)$. 因此, Hamilton 函数 (3.2) 在辛图册 $\{(U_{m,n}, \varphi_{m,n})\}$ 被化成

$$H(p,q) = \xi(\beta) \pm \omega(\beta) \cdot I + \epsilon f_{\epsilon,M}(p,q).$$

不失一般性, 记 $\xi(\beta) = 0$, 改写 $\pm\omega(\beta)$ 为 $\omega(\beta)$, 得到

$$H(p,q) = N_0(I) + \epsilon f_{\epsilon,M}(p,q),$$
$$N_0(I) = \omega I. \tag{3.5}$$

令 $\rho, 0 < \rho < \delta < 1$ 是一给定常数. 令

$$\triangle_\rho = B_\rho(0) \times B_\rho(0),$$
$$K_\rho = J_\rho \times S_\rho^1,$$

其中 $B_\rho(0)$ 以 ρ 为半径的复圆盘,

$$J_\rho = \bigcup_{p \in (-1,1), |p| < 1 - \rho^2/4} B_{\rho^2/4}(p),$$
$$S_\rho^1 = \{q \in \mathbb{C} : \mathrm{Re}\, q \in S^1, |\mathrm{Im}\, q| < \rho\}.$$

这样, 我们给出复域 $D_\rho^{m,n}, m,n = 1,2,3$, 它是 $\triangle_\rho$ 和 K_ρ 的可能的积, $\bigcup_{m,n=1}^{3} \varphi_{m,n}(\mathrm{Re} D_\rho^{m,n})$ 覆盖整个 $S^2 \times S^2$. 这些记号来源于 [FFS]. 令 D_ρ 表示对应坐标卡上的域 $D_\rho^{m,n}$ 中的一个.

对于给定 $\beta \in (-1,1)$, 如果

$$|\omega(\beta) \cdot \upsilon| \geq \alpha |\upsilon|^{-\tau}, \quad \forall \upsilon \in \mathbb{Z}^2 \setminus \{0\},$$

$\alpha > 0$ 是常数, 则称 $\omega(\beta)$ 是 Diophantus 的. 对参数 $\kappa > 0$, 令

$$L(\kappa) = \left[\frac{\ln 8}{\kappa}\right] + 1,$$
$$T(\kappa) = \left[\frac{\rho}{10\kappa}\right],$$

其中 $[\cdot]$ 表示实数的整数部分. 令

$$\sup_{(p,q) \in D_{\rho,\epsilon}} |f_{\epsilon,M}(p,q)| = c_*,$$
$$\sup_{(p,q) \in D_\rho} |N_0(I)| = c_\natural, \tag{3.6}$$

这里 c_* 和 $c_{\natural}$ 是两个正常数. 不失一般性, 设 $c_* \geqslant 1$, 否则, 取 $c_* = 1$ 代替 $f_{\epsilon,M}$ 的界, 使得

$$\sup_{(p,q)\in D_\rho} |f_{\epsilon,M}(p,q)| \leqslant c_*.$$

对于固定的 $\beta \in (-1,1)$, 假设

(H) 对任意 $\upsilon \in \mathbb{Z}^2, 0 < |\upsilon| \leqslant L(\kappa), \omega(\beta)$ 满足不等式

$$|\omega(\beta) \cdot \upsilon| \geqslant \alpha |\upsilon|^{-\tau},$$

这里 $\alpha > 0$ 是一个参数.

定理 3.2　假设 (H) 成立. 如果参数 $\alpha, \kappa, \epsilon < 1$ 满足条件

$$\frac{2^{12} c_5 c_4^2 c_*}{\rho^4} \cdot \frac{\epsilon}{\kappa^{2\tau+10} \alpha^2} < \frac{1}{8}, \tag{A}$$

c_4 和 c_5 在证明中定义, 那么存在定义在 $D_{\rho/4}, 0 < \rho < 1$ 上的坐标变换 Ψ, 化 Hamilton 函数 (3.5) 成

$$H \circ \Psi = N_* + \epsilon f_{*,\epsilon},$$

其中

$$N_*(J,\epsilon) = N_0(J) + O(\epsilon),$$

$$|f_{*,\epsilon}|_{\rho/4} \leqslant c_1 \exp\left(-\frac{c_2}{\kappa}\right),$$

c_1 和 c_2 是正常数, $J = I \circ \Psi$. 并且, 对所有 $(p(0),q(0)) \in \mathrm{Re}D_{\rho/4}$, 辛图册上 Hamilton 系统 (3.5) 的初值为 $(p(0),q(0))$ 的轨道 $(p(t),q(t))$, 当

$$|t| \leqslant \exp\left(\frac{c_2}{2\kappa}\right)$$

时, 满足估计

$$|I(t) - I(0)| < c_3 \kappa,$$

c_3 为常数. 为方便起见, 用 $c_1, c_2, \cdots$ 表示仅依赖于 $c_*, c_{\natural}, \rho, \tau$ 和 M 的正常数.

3.3.3　定理 3.2 的证明

为证明定理 3.2, 需要某些技术引理. 对于定义在 $S^2 \times S^2$ 上的实解析函数 F, 根据命题 3.1 及其到 $S^2 \times S^2$ 上的延拓, 它的局部表示 f 可以表示为

$$f(p,q) = \sum_{\upsilon \in \mathbb{Z}^2} f_\upsilon(p,q),$$

该级数在 D_ρ 上一致收敛, 并且

$$\{\omega \cdot I, f_\upsilon\} = i\omega \cdot \upsilon f_\upsilon.$$

定义

$$|F|_\rho := \sum_{\upsilon \in \mathbb{Z}^2} |F_\upsilon|_\rho^\infty,$$

对于 $\upsilon \in \mathbb{Z}^2$,

$$|F_\upsilon|_\rho^\infty := \max_{m,n=1,2,3} \sup_{(p,q) \in D_\rho^{m,n}} |f_\upsilon^{m,n}(p,q)|.$$

引理 3.1[FFS] 假设 F 是实解析的. 则存在常数 $\rho, 0 < \rho < 1$, 使得对于任意 $\upsilon \in \mathbb{Z}^2$ 和任意 $\sigma, 0 < \sigma < \rho$, 下列不等式成立:

$$|F_\upsilon|_{\rho-\sigma}^\infty \leqslant e^{-|\upsilon|\sigma} |F_\upsilon|_\rho^\infty.$$

继续考虑 Hamilton 系统 (3.5). 表示

$$\bar{f}(I) := f_0(p,q) = \tilde{f}_0(I),$$

$$[f]_L(p,q) := \sum_{\upsilon \in \mathbb{Z}^2, 0 < |\upsilon| \leqslant L} f_\upsilon(p,q),$$

$$R_L f(p,q) := \sum_{\upsilon \in \mathbb{Z}^2, |\upsilon| > L} f_\upsilon(p,q).$$

我们需要估计 Hamilton 函数的截断和向量场. 对于任意 σ, $0 < \sigma < \rho$, 利用引理 3.1, 我们有

$$
\begin{aligned}
|R_L f|_{\rho-\sigma} &= \sum_{\upsilon \in \mathbb{Z}^2, |\upsilon| > L} |f_\upsilon|_{\rho-\sigma}^\infty \\
&\leqslant \sum_{\upsilon \in \mathbb{Z}^2, |\upsilon| > L} e^{-\sigma|\upsilon|} |f_\upsilon|_\rho^\infty \\
&\leqslant e^{-\sigma L} |R_L f|_\rho \\
&\leqslant e^{-\sigma L} |f|_\rho.
\end{aligned}
\tag{3.7}
$$

为了估计向量场, 需要考虑作用变量函数 I 的两种情况, 即, $I \neq p$ 和 $I = p$. 如果作用变量函数 $I \neq p$, 由 Cauchy 公式, 我们有

$$\max\left\{\sup_{D_{\rho-\sigma}^{m,n}}\left|\frac{\partial f_\upsilon}{\partial p}\right|, \sup_{D_{\rho-\sigma}^{m,n}}\left|\frac{\partial f_\upsilon}{\partial q}\right|\right\} \leqslant \frac{1}{\sigma} \sup_{D_\rho^{m,n}} |f_\upsilon|. \tag{3.8}$$

如果 $I = p$, 则由 Cauchy 公式直接得到

$$\sup_{D_{\rho-\sigma}^{m,n}}\left|\frac{\partial f_\upsilon}{\partial p}\right| \leqslant \left(\frac{\rho^2}{4} - \frac{(\rho-\sigma)^2}{4}\right)^{-1} \sup_{D_\rho^{m,n}} |f_\upsilon| < \frac{2}{\rho\sigma} \sup_{D_\rho^{m,n}} |f_\upsilon|, \tag{3.9}$$

$$\sup_{D_{\rho-\sigma}^{m,n}} \left| \frac{\partial f_\upsilon}{\partial q} \right| \leqslant \frac{1}{\sigma} \sup_{D_\rho^{m,n}} |f_\upsilon|. \tag{3.10}$$

根据 (3.8) — (3.10)，我们得到

$$\max \left\{ \left| \frac{\partial f_\upsilon}{\partial p} \right|_{\rho-\sigma}^\infty, \left| \frac{\partial f_\upsilon}{\partial q} \right|_{\rho-\sigma}^\infty \right\} \leqslant \frac{2}{\rho\sigma} |f_\upsilon|_\rho^\infty, \tag{3.11}$$

它蕴含

$$\max \left\{ \left| \frac{\partial f}{\partial p} \right|_{\rho-\sigma}, \left| \frac{\partial f}{\partial q} \right|_{\rho-\sigma} \right\} \leqslant \frac{2}{\rho\sigma} |f|_\rho. \tag{3.12}$$

引理 3.2　假设 $\omega(\beta)$ 满足条件 (H). 则调和方程

$$\{\omega(\beta) \cdot I, S(p,q)\} + [f]_{L(\kappa)}(p,q) = 0 \tag{3.13}$$

有唯一的实解析解 S 满足 $\overline{S} = 0$. 并且，对于任意 $\sigma, 0 < \sigma < \rho$,

$$|S|_{\rho-\sigma} \leqslant \frac{c_4}{\alpha\sigma^{\tau+3}} |[f]_{L(\kappa)}|_\rho,$$

其中

$$c_4 := 4(\tau+3)^{\tau+3} e^{-(\tau+3)} \sum_{n=1}^\infty \frac{1}{n^2} > 1.$$

证明　根据 $[f]_{L(\kappa)}$ 的定义，方程 (3.13) 有唯一解满足

$$S_\upsilon = \begin{cases} -\dfrac{f_\upsilon}{i\omega \cdot \upsilon}, & 0 < |\upsilon| \leqslant L(\kappa), \\ 0, & |\upsilon| > L(\kappa), \end{cases}$$

$$\overline{S} = S_0 = 0.$$

根据引理 3.1，我们获得

$$\begin{aligned}
|S|_{\rho-\sigma} &= \sum_{\upsilon \in \mathbb{Z}^2, 0 < |\upsilon| \leqslant L(\kappa)} \left| \frac{f_\upsilon}{i\omega(\beta) \cdot \upsilon} \right|_{\rho-\sigma}^\infty \\
&\leqslant \sum_{\upsilon \in \mathbb{Z}^2, 0 < |\upsilon| \leqslant L(\kappa)} \frac{|\upsilon|^\tau}{\alpha} e^{-\sigma|\upsilon|} |f_\upsilon|_\rho^\infty \\
&\leqslant \frac{1}{\alpha} \sum_{n=1}^{L(\kappa)} \frac{2^2 n^{\tau+1}}{e^{\sigma n}} |[f]_{L(\kappa)}|_\rho \\
&\leqslant \frac{4}{\alpha} \left(\frac{\tau+3}{\sigma} \right)^{\tau+3} e^{-(\tau+3)} \sum_{n=1}^{L(\kappa)} \frac{1}{n^2} |[f]_{L(\kappa)}|_\rho \\
&\leqslant \frac{c_4}{\alpha\sigma^{\tau+3}} |[f]_{L(\kappa)}|_\rho,
\end{aligned}$$

这里用到不等式

$$n^{\tau+3}e^{-\sigma n} \leqslant \left(\frac{\tau+3}{\sigma}\right)^{\tau+3} e^{-(\tau+3)}.$$

这个不等式是通过找函数

$$h(x) = x^{\tau+3}e^{-\sigma x}, \quad 0 < x < \infty,$$

的最大值获得的. 引理 3.2 证毕.

定理 3.2 的证明　应用含有两个小参数的快速 Newton 迭代程序证明定理 3.2. 选择迭代序列

$$D_k = D_{\rho_k},$$
$$\rho_k = \rho - 5k\kappa,$$
$$k = 0, 1, 2, \cdots, T(\kappa).$$

这说明迭代是 "等步长". 表示

$$H_0(p,q) := H(p,q),$$
$$f_{0,\epsilon}(p,q) := f_{\epsilon,M}(p,q),$$
$$N_0(I,\epsilon) := N_0(I) = \omega(\beta) \cdot I.$$

假设, 在第 k 步, 在 D_k 上, Hamilton 函数 (3.12) 被化成

$$H_k(p,q) = N_k(I,\epsilon) + \epsilon f_{k,\epsilon}(p,q), \tag{3.14}$$

$$N_k(I,\epsilon) = N_0(I) + \tilde{N}_k(I,\epsilon), \tag{3.15}$$

$$\tilde{N}_k(I,\epsilon) = \epsilon \sum_{n=0}^{k-1} \overline{f}_{n,\epsilon}(p,q), \tag{3.16}$$

$$|f_{k,\epsilon}|_{\rho_k} \leqslant \frac{1}{2^k} c_*, \tag{3.17}$$

其中 $f_{k,\epsilon}$ 将在后面给出.

为了证明在 $k+1$ 步 (3.14) — (3.17) 成立, 引进辛坐标变换 $\Phi_{k+1}: D_{k+1} \to D_k$, $\Phi_{k+1} = \phi_{k+1}^1$. 这里 ϕ_{k+1}^t 是 Hamilton 系统

$$\frac{\mathrm{d}}{\mathrm{d}t} \phi_{k+1}^t = \epsilon S_k^{\#}(\phi_{k+1}^t)$$

初值为 (p,q) 的流, S_k 将在下面确定. 由于

$$\frac{\mathrm{d}}{\mathrm{d}t} H_k \circ \phi_{k+1}^t = \epsilon \{H_k, S\} \circ \phi_{k+1}^t,$$

并且注意到 $N_k(p,q)$ 仍可表示为 $N_k(I,\epsilon)$, 我们得到

$$
\begin{aligned}
H_{k+1}(p,q) &:= H_k \circ \Phi_{k+1}(p,q) \\
&= N_k \circ \phi_{k+1}^1(p,q) + \epsilon f_{k,\epsilon} \circ \phi_{k+1}^1(p,q) \\
&= N_k(I,\epsilon) + \epsilon\{N_k, S_k\}(p,q) \\
&\quad + \epsilon^2 \int_0^1 (1-t)\{\{N_k, S_k\}, S_k\} \circ \phi_{k+1}^t(p,q)\mathrm{d}t \\
&\quad + \epsilon f_{k,\epsilon}(p,q) + \epsilon^2 \int_0^1 \{f_{k,\epsilon}, S_k\} \circ \phi_{k+1}^t(p,q)\mathrm{d}t \\
&= N_k(I,\epsilon) + \epsilon \overline{f}_{k,\epsilon}(p,q) + \epsilon^2 \int_0^1 (1-t)\{\{N_k, S_k\}, S_k\} \circ \phi_{k+1}^t(p,q)\mathrm{d}t \\
&\quad + \epsilon R_{L(\kappa)} f_{k,\epsilon}(p,q) + \epsilon\{\tilde{N}_k, S_k\}(p,q) \\
&\quad + \epsilon^2 \int_0^1 \{f_{k,\epsilon}, S_k\} \circ \phi_{k+1}^t(p,q)\mathrm{d}t \\
&\quad + \epsilon\big(\{N_0, S_k\}(p,q) + [f_k]_{L(\kappa)}(p,q)\big).
\end{aligned}
$$

根据 $\overline{f}$ 的定义,

$$
N_{k+1}(I,\epsilon) = N_0(I) + \tilde{N}_{k+1}(I,\epsilon),
$$

$$
\tilde{N}_{k+1}(I,\epsilon) = \epsilon \sum_{n=0}^{k} \overline{f}_{n,\epsilon}(I,\epsilon).
$$

令

$$
f_{k+1,\epsilon}^1(p,q) = \epsilon \int_0^1 (1-t)\{\{N_k, S_k\}, S_k\} \circ \phi_{k+1}^t(p,q)\mathrm{d}t, \tag{3.18}
$$

$$
f_{k+1,\epsilon}^2(p,q) = R_{L(\kappa)} f_{k,\epsilon}(p,q), \tag{3.19}
$$

$$
f_{k+1,\epsilon}^3(p,q) = \{\tilde{N}_k, S_k\}(p,q), \tag{3.20}
$$

$$
f_{k+1,\epsilon}^4(p,q) = \epsilon \int_0^1 \{f_{k,\epsilon}, S_k\} \circ \phi_{k+1}^t(p,q)\mathrm{d}t, \tag{3.21}
$$

$$
f_{k+1,\epsilon}(p,q) = f_{k+1}^1(p,q) + f_{k+1}^2(p,q) + f_{k+1}^3(p,q) + f_{k+1}^4(p,q). \tag{3.22}
$$

定义 S_k 使之满足

$$
\{N_0, S_k\} + [f_{k,\epsilon}]_{L(\kappa)} = 0. \tag{3.23}
$$

由 (3.23) 和 (3.22),

$$
H_{k+1}(p,q) = N_{k+1}(I,\epsilon) + \epsilon f_{k+1,\epsilon}(p,q).
$$

由于 $\Phi_{k+1} = \phi_{k+1}^1$, 我们得到

$$
\Phi_{k+1} = \mathrm{id} + \epsilon \int_0^1 S_k^{\#}(\phi_{k+1}^t)\mathrm{d}t. \tag{3.24}
$$

这样, 结合 (3.12), 得到

$$\begin{aligned}
|\Phi_{k+1} - \mathrm{id}|_{\rho_{k+1}} &\leqslant \epsilon |S_k^{\#}|_{\rho_k - 4\kappa} \\
&\leqslant \frac{4\epsilon}{(\rho_k - 3\kappa)\kappa} |S_k|_{\rho_k - 3\kappa} \\
&\leqslant \frac{8\epsilon}{\rho\kappa} |S_k|_{\rho_k - 3\kappa},
\end{aligned} \tag{3.25}$$

这里用到 $\rho_k - 3\kappa \geqslant \rho/2$, $k = 0, 1, \cdots, T(\kappa)$.

接下来估计 $f_{k+1,\epsilon}^l$, $l = 1, 2, 3, 4$. 由 (3.25), 我们有

$$|S_k^{\#}|_{\rho_k - 4\kappa} \leqslant \frac{8}{\rho\kappa} |S_k|_{\rho_k - 3\kappa},$$

它蕴含

$$\begin{aligned}
|f_{k+1,\epsilon}^1|_{\rho_{k+1}} &\leqslant \epsilon |\{\{N_k, S_k\}, S_k\}|_{\rho_k - 4\kappa} \\
&\leqslant \epsilon \left(\frac{8}{\rho\kappa}\right)^2 |\{N_k, S_k\}|_{\rho_k - 3\kappa} |S_k|_{\rho_k - 3\kappa} \\
&\leqslant \epsilon \left(\frac{8}{\rho\kappa}\right)^4 |N_k|_{\rho_k - 2\kappa} |S_k|_{\rho_k - 2\kappa}^2 .
\end{aligned} \tag{3.26}$$

归纳地, 基于 (3.15), (3.17) 和 (3.6), 我们得到

$$\begin{aligned}
|N_k|_{\rho_k - 2\kappa} &\leqslant |N_0|_{\rho_k - 2\kappa} + \epsilon \sum_{n=0}^{k} |f_{n,\epsilon}|_{\rho_k - 2\kappa} \\
&\leqslant |N_0|_{\rho} + \epsilon \sum_{n=0}^{k} |f_{n,\epsilon}|_{\rho_n} \\
&\leqslant c_{\natural} + \epsilon \sum_{n=0}^{\infty} \frac{1}{2^n} c_* \\
&\leqslant c_{\natural} + 2\epsilon c_* \\
&< c_{\natural} + 2c_* =: c_5.
\end{aligned} \tag{3.27}$$

利用 (3.26), (3.27) 和引理 3.2, 有

$$\begin{aligned}
\left|f_{k+1,\epsilon}^1\right|_{\rho_{k+1}} &\leqslant \epsilon \frac{2^{12} c_5}{\rho^4 \kappa^4} \cdot \frac{c_4^2}{\alpha^2 \kappa^{2(\tau+3)}} \left|f_{k,\epsilon}\right|_{\rho_k - \kappa}^2 \\
&\leqslant \frac{2^{12} c_5 c_4^2 c_* \epsilon}{\rho^4 \kappa^{2\tau+10} \alpha^2} \left|f_{k,\epsilon}\right|_{\rho_k} \\
&< \frac{1}{8} \left|f_{k,\epsilon}\right|_{\rho_k},
\end{aligned} \tag{3.28}$$

其中, 我们用到了假设

$$|f_{k,\epsilon}|_{\rho_k} \leqslant \frac{1}{2^k} c_* < c_*$$

和条件 (A). 从 (3.7) 和 L 的定义, 我们有

$$|f_{k+1,\epsilon}^2|_{\rho_{k+1}} \leqslant e^{-L(\kappa)\kappa} |R_{L(\kappa)} f_{k,\epsilon}|_{\rho_k - 4\kappa}$$
$$< \frac{1}{8} |f_{k,\epsilon}|_{\rho_k}. \tag{3.29}$$

类似于 (3.27), 我们能获得估计 $\tilde{N}_k$, 即

$$|\tilde{N}_k|_{\rho_k - 2\kappa} \leqslant 2 c_* \epsilon, \tag{3.30}$$

这和 (3.16) 导出

$$|f_{k+1,\epsilon}^3|_{\rho_{k+1}} \leqslant \left(\frac{8}{\rho\kappa}\right)^2 |\tilde{N}_k|_{\rho_k - 4\kappa} |S_k|_{\rho_k - 4\kappa}$$
$$\leqslant \epsilon \frac{2^7 c_*}{\rho^2 \kappa^2} \cdot \frac{c_4}{\alpha \kappa^{\tau+3}} |f_{k,\epsilon}|_{\rho_k - 3\kappa}$$
$$< \frac{1}{8} |f_{k,\epsilon}|_{\rho_k}. \tag{3.31}$$

不等式 (3.31) 最后一步的证明用到了结论 $\rho, \alpha, \kappa < 1, 1 \leqslant c_* < c_5, c_4 > 1$, (A) 和不等式

$$\epsilon \frac{2^7 c_*}{\rho^2 \kappa^2} \cdot \frac{c_4}{\alpha \kappa^{\tau+3}} \leqslant \frac{2^7 c_4^2 c_5 c_*}{\rho^4} \cdot \frac{\epsilon}{\alpha^2 \kappa^{2\tau+10}} < \frac{1}{8}. \tag{B}$$

基于 (3.21), 我们得到

$$|f_{k+1,\epsilon}^4|_{\rho_{k+1}} \leqslant \epsilon |\{f_{k,\epsilon}, S_k\}|_{\rho_k - 4\kappa}$$
$$\leqslant \left(\frac{8}{\rho\kappa}\right)^2 \cdot \epsilon |f_{k,\epsilon}|_{\rho_k - 3\kappa} |S_k|_{\rho_k - 3\kappa}$$
$$\leqslant \frac{2^6}{\rho^2 \kappa^2} \cdot \frac{c_4 \epsilon}{\alpha \kappa^{\tau+3}} |f_{k,\epsilon}|_{\rho_k - 3\kappa} |f_{k,\epsilon}|_{\rho_k - 2\kappa}$$
$$\leqslant \frac{2^6 c_4 c_*}{\rho^2} \cdot \frac{\epsilon}{\alpha \kappa^{\tau+5}} |f_{k,\epsilon}|_{\rho_k}$$
$$< \frac{1}{8} |f_{k,\epsilon}|_{\rho_k}. \tag{3.32}$$

这里我们使用了不等式

$$\frac{2^6 c_4 c_*}{\rho^2} \cdot \frac{\epsilon}{\alpha \kappa^{\tau+5}} < \frac{1}{8}.$$

这个不等式也是由 (A) 得到的. 最后, 由 (3.28), (3.29), (3.31), (3.32) 和 (3.22), 我们得到

$$| f_{k+1,\epsilon} |_{\rho_{k+1}} \leqslant | f_{k+1,\epsilon}^1 |_{\rho_{k+1}} + | f_{k+1,\epsilon}^2 |_{\rho_{k+1}} + | f_{k+1,\epsilon}^3 |_{\rho_{k+1}} + | f_{k+1,\epsilon}^4 |_{\rho_{k+1}}$$

$$\leqslant \frac{1}{2} | f_{k,\epsilon} |_{\rho_k}. \tag{3.33}$$

令 $\Psi = \Phi_1 \circ \cdots \circ \Phi_{T(\kappa)}$. 则 $\Psi : D_{T(\kappa)} \to D_\rho$, $D_{T(\kappa)} := D_{\rho_{T(\kappa)}} \supset D_{\rho/2}$, $\rho/2 \leqslant \rho_{T(\kappa)} \leqslant \rho$. 表示 $\Psi(y,x) = (p,q)$. 于是,

$$H_{T(\kappa)}(y,x) = H \circ \Psi(y,x) = N_{T(\kappa)}(J,\epsilon) + \epsilon f_{T(\kappa),\epsilon}(y,x), \tag{3.34}$$

这里 $J = I \circ \Psi(y,x)$,

$$| N_{T(\kappa)} |_{\rho_{T(\kappa)}} \leqslant c_\natural + 2\epsilon c_*, \tag{3.35}$$

$$| f_{T(\kappa),\epsilon} |_{\rho_{T(\kappa)}} \leqslant \frac{1}{2^{T(\kappa)}} c_* \leqslant c_1 \exp\left(-\frac{c_2}{\kappa}\right), \tag{3.36}$$

其中 $c_1 = c_*, c_2 = \rho \ln 2/10$. 则

$$\max\left\{\left|\frac{\partial f_{T(\kappa),\epsilon}}{\partial y}\right|_{\rho/4}, \left|\frac{\partial f_{T(\kappa),\epsilon}}{\partial x}\right|_{\rho/4}\right\} \leqslant \frac{16}{\rho^2} | f_{T(\kappa),\epsilon} |_{\rho/2}. \tag{3.37}$$

根据 (3.4), 如果 $J = y$, 当

$$| t | \leqslant \exp\left(\frac{c_2}{2\kappa}\right)$$

时, 有

$$| J(t) - J(0) | = \epsilon \left|\int_0^t \frac{\partial f_{T(\kappa),\epsilon}}{\partial x}(x(s),y(s))\mathrm{d}s\right| \leqslant \frac{16c_1}{\rho^2} \epsilon \exp\left(-\frac{c_2}{2\kappa}\right).$$

如果 $J \neq y$, 当

$$| t | \leqslant \exp\left(\frac{c_2}{2\kappa}\right)$$

时, 则有

$$| J(t) - J(0) | = \epsilon \left|\int_0^t \left(x(s)\frac{\partial f_{T(\kappa),\epsilon}}{\partial y}(x(s),y(s)) - y(s)\frac{\partial f_{T(\kappa),\epsilon}}{\partial x}(x(s),y(s))\right)\mathrm{d}s\right|$$

$$\leqslant 2\epsilon \left|\int_0^t J(s)\left(\left(\frac{\partial f_{T(\kappa),\epsilon}}{\partial y}\right)^2(x(s),y(s)) + \left(\frac{\partial f_{T(\kappa),\epsilon}}{\partial x}(x(s),y(s))\right)^2\right)^{1/2}\mathrm{d}s\right|$$

$$\leqslant \frac{16\sqrt{2}c_2 c_1}{\rho^2} \epsilon \exp\left(-\frac{c_2}{2\kappa}\right).$$

对于固定的 $0 < \rho < 1$，由 c_2 的定义，$\sqrt{2}c_2 < 1$. 取 $c_3 = 16c_1/\rho^2$，则由上面的不等式得到

$$|J(t) - J(0)| \leqslant c_3 \exp\left(-\frac{c_2}{2\kappa}\right), \quad \forall t, \quad |t| \leqslant \exp\left(\frac{c_2}{2\kappa}\right). \tag{3.38}$$

由 (B)，当 $2^7 c_4 c_*/\rho^2 > 1$ 和 $\epsilon/\alpha\kappa^{\tau+5} < 1$ 时，我们也能得到

$$\frac{\epsilon}{\alpha\kappa^{\tau+4}} \leqslant \kappa.$$

这和 (3.25)，以及引理 3.2 一起可导出

$$\begin{aligned}
|\Psi - \mathrm{id}|_{\rho_{T(\kappa)}} &\leqslant \sum_{n=1}^{T(\kappa)} |\Phi_n - \mathrm{id}|_{D_n} \\
&\leqslant \frac{8\epsilon}{\rho\kappa} \cdot \frac{c_4}{\alpha\kappa^{\tau+3}} \sum_{n=1}^{T(\kappa)} |f_{n,\epsilon}|_{\rho_n - 2\kappa} \\
&\leqslant \frac{16 c_* c_4}{\rho} \cdot \frac{\epsilon}{\alpha\kappa^{\tau+4}} \sum_{n=1}^{\infty} \frac{1}{2^{n+1}} \\
&\leqslant c_5 \kappa.
\end{aligned} \tag{3.39}$$

从而，

$$|\Psi|_{\rho_{T(\kappa)}} \leqslant 1 + c_5 \kappa. \tag{3.40}$$

如果 $I = p$，则从 (3.39) 得到

$$|I - J| \leqslant |\Pi \circ (\Psi - \mathrm{id})|_{\rho_{T(\kappa)}} \leqslant c_5 \kappa. \tag{3.41}$$

这里 Π 表示到第一个分量的正交投影. 如果 $I \neq p$，只要 κ 充分小，由 (3.39) 和 (3.40) 可证明

$$\begin{aligned}
|I - J| &\leqslant \frac{1}{2}\left(|p^2 - y^2|_{\rho_{T(\kappa)}} + |q^2 - x^2|_{\rho_{T(\kappa)}}\right) \\
&\leqslant (2 + c_5\kappa)c_5\kappa \\
&\leqslant 3c_5\kappa.
\end{aligned} \tag{3.42}$$

基于 (3.38)，(3.39)，(3.41) 和 (3.42)，我们获得，如果

$$|t| \leqslant \exp\left(\frac{c_2}{2\kappa}\right),$$

则

$$\begin{aligned}
|I(t) - I(0)| &\leqslant |I(t) - J(t)| + |I(0) - J(0)| + |J(t) - J(0)| \\
&\leqslant 6c_5\kappa + c_3 \exp\left(-\frac{c_2}{2\kappa}\right)
\end{aligned}$$

$$\leqslant c_6 \kappa. \tag{3.43}$$

定理 3.2 证毕.

3.3.4 定理 3.1 的证明

现在证明定理 3.1. 由于相空间辛图册上变换函数是实解析的, 定理 3.1 的有效稳定性可由定理 3.2 直接得到. 选择 κ 和 α 满足

$$\kappa = \alpha = \epsilon^{1/(2\tau+13)}, \tag{3.44}$$

它蕴含条件 (A). 定义

$$\mathcal{D}_\alpha = \{\beta \in (-1,1) : |\omega(\beta) \cdot \upsilon| \geqslant 2\alpha |\upsilon|^{-\tau}, 0 \neq \upsilon \in \mathbb{Z}^2\}.$$

由于

$$\det \begin{pmatrix} \omega_1 & \dfrac{\mathrm{d}\omega_1}{\mathrm{d}\beta} \\[2mm] \omega_2 & \dfrac{\mathrm{d}\omega_2}{\mathrm{d}\beta} \end{pmatrix} = -\frac{1}{\sqrt{1-\beta^2}}, \quad \beta \in (-1,1),$$

这样有

$$\mathrm{rank}\left\{\omega, \frac{\mathrm{d}\omega}{\mathrm{d}\beta}\right\} = 2, \quad \beta \in (-1,1).$$

利用 KAM 理论中的测度估计技术, 我们获得

$$\mathrm{meas}\,\mathcal{D}_\alpha = 2 - O(\alpha), \tag{3.45}$$

其中的细节见 [XYQ]. 由于 (3.44), 我们定义,

$$\mathcal{O}_\epsilon = \bigcup_{\beta \in \mathcal{D}_\alpha \cap (-1+\alpha, 1-\alpha)} B_{\alpha^{\tau+3}}(\beta).$$

因此, $\mathcal{O}_\epsilon$ 是一个开子集, 并且 $\mathrm{meas}\,\mathcal{O}_\epsilon = 2 - O(\alpha)$. 这表明定理 3.1 的结论 (1) 成立.

定义任意 $\beta \in \mathcal{O}_\epsilon$, 存在 $\beta_0 \in \mathcal{D}_\alpha$, 使得 $\beta \in B_{\alpha^{\tau+3}}(\beta_0)$. 因此, 对于任意 $\upsilon \in \mathbb{Z}^2$, $0 < |\upsilon| \leqslant L(\kappa)$, 有

$$|\omega(\beta) \cdot \upsilon| \geqslant |\omega(\beta_0) \cdot \upsilon| - |(\omega(\beta_0) - \omega(\beta)) \cdot \upsilon|$$

$$\geqslant 2\alpha |\upsilon|^{-\tau} - c_7 \cdot \frac{1}{\sqrt{\alpha}} \cdot \alpha^{\tau+3} \left(\frac{\ln 8}{\kappa} + 1\right)^{\tau+1} |\upsilon|^{-\tau}$$

$$\geqslant 2\alpha |\upsilon|^{-\tau} - c_8 \alpha^{3/2} |\upsilon|^{-\tau}$$

$$\geqslant \alpha |\upsilon|^{-\tau}.$$

这证明 β 满足假设 (H). 这样, 由定理 3.2 可以得到定理 3.1.

注记 3.1 由于 $\beta \in [-1,1]$, 取 $|\beta|$ 充分接近于 1, 这需要 $\|\mathcal{E}_n\|$ 和 $\|\mathcal{B}_n\|$ 是同阶无穷小. 令

$$\frac{\|\mathcal{E}_n\|}{\|\mathcal{B}_n\|} = \gamma.$$

由 (3.1), 以及 $\mathcal{E}_n$ 和 $\mathcal{B}_n$ 的定义, 可得

$$\frac{\|\mathcal{E}\|}{\|\mathcal{B}\|} = \frac{\gamma}{3}(-2E)^{1/2}.$$

这证明当 $-E \to 0$ 时, $\|\mathcal{E}\| / \|\mathcal{B}\| \to 0$.

注记 3.2 考虑一般的含有多参数的近可积 Hamilton 系统

$$H(I, \theta, \beta) = \omega(\beta) \cdot I + \epsilon f_\epsilon(I, \theta, \beta), \tag{3.46}$$

其中 Hamilton 函数关于作用角变量 $I \in G \subset \mathbb{R}^m, \theta \in \mathbb{T}^m = \mathbb{R}^m / \pi \mathbb{Z}^m$ 是实解析的, 并且依赖于扰动参数 ϵ 和其他的 l 维参数 $\beta, l \leqslant m$. 假设 $\omega : \mathbb{R}^l \to \mathbb{R}^m$ 满足

$$\text{rank}\left\{ \omega, \frac{\partial^\alpha \omega}{\partial \beta^\alpha} : |\alpha| \leqslant m-1 \right\} = m, \tag{3.47}$$

这里 $\alpha \in \mathbb{Z}_+^l$ 是多重指标. 用同样的方法可以证明下面的定理.

定理 3.3 假设 (3.47) 成立. 则对于充分小的 $\epsilon > 0$, 存在 G 的一个开子集 $\mathcal{G}_\epsilon$ 使得

(1) $\text{meas}\mathcal{G}_\epsilon = \text{meas}G - O\left(\epsilon^{1/(2(\tau+m)+9)}\right)$;

(2) 对于任意 $\beta \in \mathcal{G}_\epsilon$, Hamilton 系统 (3.46) 具有有效稳定性.

3.4 近扭转映射的拟有效稳定性

本节研究近扭转映射 KAM 定理和 Nekhoroshev 稳定性之间的联系, 在某些 KAM 型非退化条件下, 考虑的映射将具有某些 "弱" 的有效稳定性, 即拟有效稳定性.

3.4.1 问题和结果

考虑近扭转映射

$$\begin{cases} \hat{y} = y + \epsilon g(y, x), \\ \hat{x} = x + \omega(y) + \epsilon f(y, x), \end{cases} \tag{4.1}$$

其中 $\mathbb{T}^n = \mathbb{R}^n / \mathbb{Z}^n$，$G \subset \mathbb{R}^m$ 是一有界域，$\epsilon > 0$ 是一个小参数，$f(y,x)$ 和 $g(y,x)$ 是关于变量 x 的 1 周期函数.

对于 $(y_0, x_0) \in G \times \mathbb{T}^n$，称 $(y_0^{(r)}, x_0^{(r)})$ 为系统 (4.1) 初值为 (y_0, x_0) 的轨道，其中 $r \in \mathbb{Z}$，$(y_0^{(r+1)}, x_0^{(r+1)}) = \mathcal{F}(y_0^{(r)}, x_0^{(r)})$，$(y_0^{(0)}, x_0^{(0)}) = (y_0, x_0)$.

令 $|\cdot|$ 表示向量按分量的最大模，$\|\cdot\|$ 表示给定函数在其定义域上的上确界模. 对于定义在 D 上的 $m \times n$ 矩阵函数 $A(u)$，

$$\| A \| = \sup_{u \in D} \sup_{|z|=1} \| A(u)z \|.$$

定义 4.1[HLW]　映射 $\mathcal{F}$ 称为在 $G \times \mathbb{T}^n$ 上是有效稳定的，如果存在正常数 a, b, c 和 ϵ_0 使得对所有 $(y_0, x_0) \in G \times \mathbb{T}^n$，当 $0 < \epsilon < \epsilon_0$，且 $r \in [0, \exp(c\epsilon^{-a})]$ 时，

$$\| y_0^{(r)} - y_0 \| \leqslant c\epsilon^b.$$

a 和 b 称为稳定指数，$T(\epsilon) = \exp(c\epsilon^{-a})$ 称为稳定时间，$R(\epsilon) = c\epsilon^b$ 称为稳定半径.

定义 4.2　映射 $\mathcal{F}$ 称为拟有效稳定的，如果存在正常数 a, b, c, d 和 ϵ_0，使得对于任意 $0 < \epsilon < \epsilon_0$，可以找到 G 的开子集 E_ϵ 满足下列条件:

(1) $\mathrm{meas}E_\epsilon = \mathrm{meas}G - O(\epsilon^d)$;

(2) 对于所有 $(y_0, x_0) \in E_\epsilon \times \mathbb{T}^n$，当 $r \in [0, \exp(c\epsilon^{-a})]$ 时，轨道 $(y_0^{(r)}, x_0^{(r)})$ 满足估计

$$\| y_0^{(r)} - y_0 \| \leqslant c\epsilon^b,$$

a 和 b 称为稳定指数，$T(\epsilon) = \exp(c\epsilon^{-a})$ 称为稳定时间，$R(\epsilon) = c\epsilon^b$ 称为稳定半径.

现在建立本节的主要结果. 假设

(H1) 解析性　函数 ω，f 和 g 是 $G \times \mathbb{T}^n$ 上的实解析映射，即，存在 $\delta > 0$，使得这些函数在复邻域 $(G \times \mathbb{T}^n) + \delta$ 上是解析的，并且当取实变量时函数取实值.

(H2) 正则性　存在正常数 M，下列不等式成立:

$$\max \left\{ \| f \| + \| g \|, \| \omega \|, \left\| \frac{\partial \omega}{\partial y} \right\| \right\} \leqslant \frac{1}{2} M. \tag{4.2}$$

(H3) 相交性质　映射 $\mathcal{F}$ 在 $G \times \mathbb{T}^n$ 上具有相交性质，即，映射 $\mathcal{F}$ 在任意的 n 维环面的像和环面本身交集非空.

(H4) 非退化性　频率映射 $\omega(p)$ 满足 Rüssmann 非退化条件，

$$\mathrm{rank} \left\{ \omega, \frac{\partial^\alpha \omega}{\partial y^\alpha} : \forall \alpha \in \mathbb{Z}_+^n, |\alpha| < n - 1 \right\} = n, \quad \forall y \in \mathrm{Re}(G + \delta),$$

其中 $\mathbb{Z}_+^n$ 表示 $\mathbb{Z}^n$ 的带有非负整数分量的集合,

$$\frac{\partial^\alpha \omega}{\partial y^\alpha} = \frac{\partial^{|\alpha|} \omega}{\partial y_1^{\alpha_1} \cdots \partial p_n^{\alpha_n}}, \quad |\alpha| = \alpha_1 + \cdots + \alpha_n.$$

定理 4.1　假设 (H1) — (H4) 成立, 则系统 (4.1) 是拟有效稳定的.

3.4.2　近不变环面性质

为了陈述主要结果方便, 需要 Arnold 在 [Ar] 中的某些记号. 对于任意给定 $\mathbb{R}^r$ 中的子集 D, 用 $D + \delta$ 表示 D 在 $\mathbb{C}^r$ 中的复邻域, 其中 $\delta > 0$ 是常数, 即

$$D + \delta = \{x \in \mathbb{C}^r : \operatorname{dist}(x, D) < \delta\}.$$

本节探讨映射 (4.1) 轨道的近不变环面性质, 给出的结论是证明定理 4.1 的关键. 取定 $y_0 \in G$ 和正常数 κ,

$$\kappa < \min\left\{\frac{\delta}{4}, 1\right\}. \tag{4.3}$$

定义

$$N(\kappa) = \left[\frac{\delta}{4\kappa}\right],$$

$$L(\kappa) = \left[\frac{4}{3\kappa} \ln \frac{7 \cdot 2^{3n+3} \cdot n^n}{e^n \kappa^{n+1}}\right] + 1,$$

其中 $[\cdot]$ 表示实数的整数部分. 令

$$\mathcal{O}(y_0, \epsilon) = \{y \in G : |y - y_0| < (K_1 + \delta)\sqrt{\epsilon}\}, \quad K_1 > 0.$$

定义 4.3　对于映射 $\mathcal{F}$, 如果当 $0 < \epsilon < \epsilon_0, r \in [0, \exp(c\epsilon^{-a})]$ 时, 存在正常数 a, b, c, ϵ_0 和 $d \geqslant 0$, 以及定义在 G 上的函数 ω_*, 使得

$$\|y_0^{(r)} - y_0\| \leqslant c\epsilon^b, \quad \text{且} \quad \|x_0^{(r)} - x_0 - r\omega_*(y_0)\| \leqslant c\epsilon^d,$$

则称轨道 $(y_0^{(r)}, x_0^{(r)})$ 是在指数长时间内近不变环面的.

假设下列条件成立:

(H4*)　对于给定的常数 $\alpha > 0$ 和 $\tau > 0$, $\omega(y_0)$ 满足下面有限不等式:

$$\left|e^{2\pi i \langle k, \omega(y_0)\rangle} - 1\right| \geqslant \alpha |k|^{-\tau}, \quad \forall k \in \mathbb{Z}^n, \quad 0 < |k| \leqslant L(\kappa).$$

定理 4.2　如果条件 (H4*) 对某 $y_0 \in G$ 成立, 则在假设 (H1) — (H3) 成立的条件下, 存在正常数依赖于 $M, n, \alpha, K_1, \tau, \delta$ 和 κ 的正常数 ϵ_0, 使得对于所有的 ϵ, $0 \leqslant \epsilon \leqslant \epsilon_0$, 下列结论成立:

(1) 存在变量变换 $\mathcal{E}$ 和近恒等坐标变换 $(y,x) = \mathcal{T}_j(Y,X)$,

$$\begin{cases} y = Y + \sqrt{\epsilon}v_j(X,Y), \\ x = X + \sqrt{\epsilon}u_j(X,Y), \end{cases} \quad j = 1,\cdots,N(\kappa),$$

其定义域为 $\{y \in \mathbb{R}^m : |y| < K_1\} \times \mathbb{T}^n$, 满足, 变换 $\mathcal{E} \circ \mathcal{T}_1 \circ \cdots \circ \mathcal{T}_{N(\kappa)}$ 化 (4.1) 成

$$\begin{cases} \hat{Y} = Y + \sqrt{\epsilon}g_*(Y,X,\sqrt{\epsilon}), \\ \hat{X} = X + \omega(y_0) + \Omega_*(Y,\sqrt{\epsilon}) + \sqrt{\epsilon}f_*(Y,X,\sqrt{\epsilon}), \end{cases} \tag{4.4}$$

并且,

$$\| \Omega_* \| \leqslant 2M\sqrt{\epsilon}, \quad \| f_* \| + \| g_* \| \leqslant c_0 \exp\left(-\frac{c_1}{\kappa}\right),$$

其中 c_0 和 c_1 是正常数.

(2) 轨道 $(y_0^{(r)}, x_0^{(r)})$ 是在指数长时间内近不变环面的. 若 κ 是满足 (4.3) 的小常数, 记

$$T(\kappa) = c_0 \exp\left(-\frac{c_1}{2\kappa}\right), \quad (y^{(r)}, x^{(r)}) = \mathcal{F}^r(y,x).$$

对所有 $(y,x) \in \mathcal{O}(y_0,\epsilon) \times \mathbb{T}^n$, 则存在不变环面

$$\hat{y} = y, \quad \hat{x} = x + \omega_*(y,\sqrt{\epsilon}),$$

使得当整数 $r \in [0, T(\kappa)]$ 时,

$$|y^{(r)} - y| \leqslant c_2 \kappa \sqrt{\epsilon},$$
$$|x^{(r)} - x - r\omega_*(y,\sqrt{\epsilon})| \leqslant c_2 \kappa.$$

我们分六步证明定理 4.2.

1. 法化

为了实现在给定邻域上的 KAM 迭代, 引进仿射变换

$$\mathcal{A} : (\{y \in \mathbb{R}^m : |y - y_0| < K_1\} \times \mathbb{T}^n) + \delta \to (\{Y \in \mathbb{R}^m : |Y| < K_1\} \times \mathbb{T}^n) + \delta,$$

$$\begin{cases} y = y_0 + \sqrt{\epsilon}Y, \\ x = X. \end{cases} \tag{4.5}$$

在 $(\{Y \in \mathbb{R}^m : |Y| < K_1\} \times \mathbb{T}^n) + \delta$ 上定义映射 $\widetilde{\mathcal{F}}(Y,X) = (\tilde{Y}, \tilde{X})$:

$$\begin{cases} \tilde{Y} = \dfrac{\hat{y} - y_0}{\sqrt{\epsilon}} = Y + \sqrt{\epsilon}\tilde{g}(Y,X,y_0,\sqrt{\epsilon}), \\ \tilde{X} = \hat{x} = X + \omega(y_0) + \sqrt{\epsilon}\tilde{f}(Y,X,y_0,\sqrt{\epsilon}), \end{cases} \tag{4.6}$$

其中

$$\tilde{f} = \frac{\omega(\sqrt{\epsilon}Y + y_0) - \omega(y_0)}{\sqrt{\epsilon}} + \sqrt{\epsilon}f(\sqrt{\epsilon}Y + y_0, X),$$

$$\tilde{g} = g(\sqrt{\epsilon}Y + y_0, X). \tag{4.7}$$

这保证变换后的映射摄动项仍然小. 令 $\varepsilon = \sqrt{\epsilon}$, 分别改记 $\tilde{f}$ 和 $\tilde{g}$ 为 f_0 和 g_0. 于是, (4.6) 变为 $\mathcal{F}_0(y, x) = (\hat{y}, \hat{x})$,

$$\begin{cases} \hat{y} = y + \varepsilon g_0(y, x), \\ \hat{x} = x + \omega(y_0) + \Omega_0(y, \varepsilon) + \varepsilon f_0(y, x), \end{cases} \tag{4.8}$$

其中 $(y, x) \in (\{y \in \mathbb{R} : |y| < K_1\} \times \mathbb{T}^n) + \delta$. 显然, f_0 和 g_0 是实解析的, 并且由 (4.2),

$$\max\{\| f_0 \| + \| g_0 \|, |\omega(y_0)|\} < M. \tag{4.9}$$

2. 求解差分方程

为了确定快速 Newton 迭代中的坐标变换, 我们需要求解差分方程, 在这一过程中要用到小除数条件.

考虑定义在 $\mathbb{R}^m \times \mathbb{T}^n$ 上的实解析函数 h, 其 Fourier 展开式为

$$h(y, x) = \sum_{k \in \mathbb{Z}^n} h_k(y) e^{2\pi i \langle k, x \rangle}.$$

令

$$\overline{h}(y) = h_0(y),$$

$$[h]_L(y, x) = \sum_{k \in \mathbb{Z}^n, 0 < |k| \leqslant L} h_k(y) e^{2\pi i \langle k, x \rangle},$$

$$R_L h(y, x) = \sum_{k \in \mathbb{Z}^n, |k| > L} h_k(y) e^{2\pi i \langle k, x \rangle}$$

分别表示函数 h 关于 x 的平均、L 阶截断和尾项. 考虑差分方程

$$\varphi(y, x + \omega(y_0)) - \varphi(y, x) = [h]_L(y, x), \tag{4.10}$$

其中 h 是 $(\{y \in \mathbb{R}^m : |y| < K_1\} \times \mathbb{T}^n) + \sigma$ 上的实解析函数. 我们有下面的小除数引理.

引理 4.1　在假设 (H4) 下, (4.10) 有唯一解 φ, $\overline{\varphi} = 0$, 并且在 $(\{y \in \mathbb{R}^m : |y| < K_1\} \times \mathbb{T}^n) + (\sigma - \gamma)$ 上,

$$\| \varphi \| \leqslant C(\alpha, \gamma) \| h \|,$$

其中 γ, $0 < \gamma < \sigma$,

$$C(\alpha, \gamma) = \frac{\pi^2}{3 \cdot 2^{\tau+2}} \left(\frac{\tau + n + 1}{e\pi} \right)^{\tau+n+1} \cdot \frac{1}{\alpha \gamma^{\tau+n+1}}.$$

证明　根据 φ 和 h 的 Fourier 表示,

$$\varphi(y,x) = \sum_{k \in \mathbb{Z}^n, 0 < |k| \leqslant L} \frac{h_k(y)}{e^{2\pi i \langle k, \omega(y_0) \rangle} - 1} e^{2\pi i \langle k, x \rangle} \tag{4.11}$$

是 (4.10) 的唯一解, $\overline{\varphi} = 0$.

根据 Cauchy 公式, 我们有

$$\| h_k \| \leqslant \| h \| e^{-2\pi \sigma |k|}.$$

由 (4.10), 在 $(\{ y \in \mathbb{R}^m : | y | < K_1 \} \times \mathbb{T}^n) + (\sigma - \gamma)$ 上,

$$\begin{aligned}
\| \varphi \| &\leqslant \sum_{k \in \mathbb{Z}^n, 0 < |k| \leqslant L} \frac{\| h_k \|}{| e^{2\pi i \langle k, \omega(y_0) \rangle} - 1 |} | e^{2\pi i \langle k, x \rangle} | \\
&\leqslant \frac{\| h \|}{\alpha} \sum_{j=1}^{L} \frac{2^n j^{n+\tau-1}}{e^{2\pi \gamma j}} \\
&\leqslant \frac{1}{2^{\tau+1}} \left(\frac{\tau + n + 1}{e\pi} \right)^{\tau+n+1} \sum_{j=1}^{\infty} \frac{1}{j^2} \cdot \frac{1}{\alpha \gamma^{\tau+n+1}} \| h \| \\
&:= C(\alpha, \gamma) \| h \|.
\end{aligned} \tag{4.12}$$

引理 4.2[Ar1] 假设 $l(x)$ 是 $\mathbb{T}^n + \rho$ 上的实解析函数. 则, 当 $0 < 2\sigma_0 < \gamma$, 并且 $\sigma_0 + \nu < \rho < 1$ 时, 在 $\mathbb{T}^n + (\rho - \sigma_0 - \nu)$ 上, 有

$$\| R_L l \| < \left(\frac{2n}{e} \right)^n \frac{\| l \|}{\sigma_0^{n+1}} e^{-L\nu}. \tag{4.13}$$

3. 快速 Newton 迭代

定理 4.2 将通过快速 Newton 迭代程序证明. 迭代涉及一系列坐标变换. 在迭代过程中, 每一次迭代的坐标变换在一个相对变小相空间开子集上被化为扰动项逐次减小的映射.

考虑映射 (4.8). 令

$$D_k = (\mathbb{T}^n \times \{ y \in \mathbb{R}^m : | y | < K_1 \}) + \left(\frac{3}{4} \delta - 2k\kappa \right),$$

$$\hat{D}_k = (\mathbb{T}^n \times \{ y \in \mathbb{R}^m : | y | < K_1 \}) + \left(\frac{3}{4} \delta - 2k\kappa \right) + \kappa, \quad k = 1, 2, \cdots, N(\kappa).$$

一般地, 假设, 对 k, $k = 0, 1, \cdots, j$, 在 D_k 上, $\mathcal{F}_k$ 有形式 $(\hat{y}, \hat{x}) = \mathcal{F}_k(y, x)$,

$$\begin{cases}
\hat{y} = y + \varepsilon g_k(y, x), \\
\hat{x} = x + \omega(y_0) + \Omega_k(y, \varepsilon) + \varepsilon f_k(y, x),
\end{cases} \tag{4.14}$$

并且在 D_k 上,

$$\|f_k\| + \|g_k\| \leqslant \frac{1}{2^k}M,$$
$$\|\Omega_k\| < 2\varepsilon M. \tag{4.15}$$

注意 (4.8) 定义的 $\mathcal{F}_0$ 和 (4.14) 具有同样的形式, 并且 f_0, g_0 和 Ω_0 满足 (4.15). 这样, 迭代可以继续.

在第 j 步迭代中, 引进近恒等坐标变换 $\mathcal{T}_j : (Y,X) \to (y,x)$,

$$\begin{cases} y = Y + \varepsilon v_j(Y,X), \\ x = X + \varepsilon u_j(Y,X), \end{cases} \tag{4.16}$$

其中 u_j 和 v_j 将在下面确定. 我们要求 $\mathcal{T}_j$ 化 $\mathcal{F}_j$ 成 $\mathcal{F}_{j+1} = \mathcal{T}_j^{-1} \circ \mathcal{F}_j \circ \mathcal{T}_j$, 对于 $j+1$, 它也满足 (4.14). 由 (4.15) 和 (4.16), 我们有

$$\hat{Y} + \varepsilon v_j(\hat{Y},\hat{X}) = Y + \varepsilon v_j(Y,X) + \varepsilon g_j(y,x),$$
$$\hat{X} + \varepsilon u_j(\hat{Y},\hat{X}) = X + \varepsilon u_j(Y,X) + \omega(y_0) + \Omega_k(y,\varepsilon) + \varepsilon f_j(y,x),$$

进而得到

$$\begin{aligned} \hat{Y} &= Y + \varepsilon v_j(Y,X) - \varepsilon v_j(\hat{Y},\hat{X}) + \varepsilon \overline{g}_j(Y) \\ &\quad + \varepsilon[g_j]_L(Y,X) + \varepsilon R_L g_j(Y,X) - \varepsilon g_j(Y,X) \\ &= Y + \varepsilon[g_j]_L(Y,X) + \varepsilon v_j(Y,X) - \varepsilon v_j(X+\omega(y_0),Y) \\ &\quad + \varepsilon v_j(Y, X+\omega(y_0)) + \varepsilon \overline{g}_j(Y) + \varepsilon R_L g_j(Y,X) \\ &\quad + \varepsilon g_j(y,x) - \varepsilon g_j(Y,X) - \varepsilon v_j(\hat{Y},\hat{X}), \end{aligned} \tag{4.17}$$

$$\begin{aligned} \hat{X} &= X + \varepsilon u_j(Y,X) - \varepsilon u_j(\hat{Y},\hat{X}) + \omega(y_0) \\ &\quad + \Omega_j(y,\varepsilon) + \varepsilon \overline{f}_j(Y) + \varepsilon[f_j]_L(Y,X) + \varepsilon R_L f_j(Y,X) \\ &= X + \omega(y_0) + \Omega_{j+1}(Y,\varepsilon) + \varepsilon[f_j]_L(Y,X) + \varepsilon \frac{\mathrm{d}\Omega_{j+1}}{\mathrm{d}Y} v_j(Y,X) \\ &\quad + \varepsilon u_j(Y,X) - \varepsilon u_j(Y, X+\omega(y_0)) \\ &\quad + \varepsilon u_j(Y, X+\omega(y_0)) - \varepsilon u_j(\hat{Y},\hat{X}) - \Omega_{j+1}(Y,\varepsilon) \\ &\quad + \varepsilon f_k(y,x) - \varepsilon f_j(Y,X) + \varepsilon R_L f_j(Y,X) \\ &\quad - \varepsilon \frac{\mathrm{d}\Omega_{j+1}}{\mathrm{d}Y} v_j(Y,X) + \Omega_j(y,\varepsilon) + \varepsilon \overline{f}_j(Y). \end{aligned} \tag{4.18}$$

令

$$\Omega_{j+1}(y) = \Omega_j(y) + \varepsilon \overline{f}_j(Y). \tag{4.19}$$

为确定 (4.16), 我们需要在 D_j 解下面的差分方程,

$$v_j(y, x + \omega(y_0)) - v_j(y, x) = [g_j]_L(y, x), \tag{4.20}$$

基于 (4.17) — (4.20),

$$
\begin{aligned}
f_{j+1} = & \frac{1}{\varepsilon}\left[\Omega_{j+1}(y, \varepsilon) - \Omega_{j+1}(Y, \varepsilon) - \frac{\partial \Omega_{i+1}}{\partial Y}\varepsilon \cdot v_j\right] \\
& + [f_j(y, x) - f_j(Y, X)] \\
& + [u_j(Y, X + \omega(y_0)) - u_j(Y, X + \omega(y_0) + \Omega_{j+1})] \\
& + [u_j(Y, X + \omega(y_0) + \Omega_{j+1}) - u_j(\hat{Y}, \hat{X})] \\
& + R_L f_j(Y, X) \\
:= & F_1 + F_2 + F_3 + F_4 + F_5, \tag{4.21} \\
g_{j+1} = & [v_j(Y, X + \omega(y_0)) - v_j(Y, X + \omega(y_0) + \Omega_{j+1})] \\
& + [v_j(Y, X + \omega(y_0) + \Omega_{j+1}) - v_j(\hat{Y}, \hat{X})] \\
& + [g_j(y, x) - g_j(Y, X)] \\
& + R_L g_j(Y, X) \\
& + \bar{g}_j(Y) \\
:= & G_1 + G_2 + G_3 + G_4 + \bar{g}_j(Y). \tag{4.22}
\end{aligned}
$$

4. 坐标估计

根据 (4.19), 在 D_{j+1} 上, 有

$$\|\Omega_{j+1}\| \leqslant \varepsilon \sum_{k=0}^{j} \|\bar{f}_k\|_{D_k} \leqslant 2\varepsilon M < 2M. \tag{4.23}$$

这说明, 对于 $j+1$ 步, (4.15) 成立.

选取

$$\sigma_0 = \frac{1}{4}\kappa, \quad \nu = \frac{3}{4}\kappa. \tag{4.24}$$

在 D_{j+1} 上, 根据引理 4.2 和 L 的定义,

$$
\begin{aligned}
\|R_L f_j\| &\leqslant \frac{1}{56}\|f_j\|, \\
\|R_L g_j\| &\leqslant \frac{1}{56}\|g_j\|.
\end{aligned}
\tag{4.25}
$$

利用 (4.20), (4.21), (4.23), (4.25), 引理 4.1 和 Cauchy 公式, 在 $\hat{D}_{j+1}$ 上, 得到

$$\| v_j \| \leqslant 2C(\alpha,\kappa)\| g_j \|_{D_j}$$

$$\leqslant \frac{c_3}{\alpha\kappa^{\tau+n+1}} \cdot \frac{1}{2^j} M, \tag{4.26}$$

$$\| u_j \| \leqslant C(\alpha,\kappa)\left(\left\|\frac{\mathrm{d}\Omega_{j+1}}{\mathrm{d}y}\right\|_{\hat{D}_{j+1}} \| v_j \|_{\hat{D}_{j+1}} +\|[f_j]_L \|_{D_j}\right)$$

$$\leqslant 2C(\alpha,\kappa)\left(\frac{2M\varepsilon}{\alpha\kappa^{\tau+n+2}} \cdot \frac{1}{2^j} M + \frac{1}{2^j} M\right)$$

$$\leqslant \frac{3c_4}{\alpha\kappa^{\tau+n+1}} \cdot \frac{1}{2^j} M. \tag{4.27}$$

上式中用到不等式

$$0<\varepsilon<\min\left\{\frac{\alpha\kappa^{\tau+n+2}}{2M+1}, \frac{\alpha\kappa^{\tau+n+2}}{42Mc_3}, \frac{\alpha\kappa^{\tau+n+2}}{180Mc_4}\right\}, \tag{4.28}$$

其中 c_3 和 c_4 是和 ε 无关的正常数. 后面, $c_5,c_6,\cdots,$ 类似理解. 由 (4.26) 和 (4.27) 获得 $\mathcal{T}_j$ 映 D_{j+1} 到 D_j 中.

5. 新扰动项估计

首先在 D_{j+1} 上估计 f_{j+1}. 应用 (4.27) , (4.24) , Taylor 公式和 Cauchy 公式, 得到

$$\| F_1\|_{D_{j+1}} \leqslant \left\|\frac{\partial^2\Omega_{j+1}}{\partial y^2}\right\|_{\hat{D}_{j+1}} \| v_j \|^2_{D_{j+1}}\varepsilon$$

$$\leqslant \frac{c_5^2 M^2}{\alpha^2\kappa^{2\tau+2n+4}}\varepsilon^2 \cdot \frac{1}{2^{2j}} M$$

$$\leqslant \frac{1}{7} \cdot \frac{1}{2^{j+2}} M, \tag{4.29}$$

其中用到不等式

$$0<\varepsilon<\frac{\alpha\kappa^{\tau+n+2}}{6c_5 M}. \tag{4.30}$$

类似地, 由 (4.26) , (4.27) , (4.23) , (4.28) 和 Cauchy 公式, 下面的估计成立:

$$\| F_2 \|_{D_{j+1}} \leqslant \varepsilon\left\|\frac{\partial f_j}{\partial x}\right\|_{D_{j+1}} \| u_j\|_{D_{j+1}} + \varepsilon\left\|\frac{\partial f_j}{\partial y}\right\|_{D_{j+1}} \| v_j\|_{D_{j+1}}$$

$$\leqslant \frac{1}{\kappa} \cdot \frac{3c_4+c_3}{\alpha\kappa^{\tau+n+1}}\varepsilon \cdot M \cdot \frac{1}{2^j} M$$

$$\leqslant \frac{1}{7} \cdot \frac{1}{2^{j+2}} M; \tag{4.31}$$

$$\| F_3 \|_{D_{j+1}} \leqslant \left\| \frac{\partial u_j}{\partial x} \right\|_{D_{j+1}} \| \Omega_{j+1} \|_{D_{j+1}}$$

$$\leqslant \frac{1}{\kappa} \cdot \frac{3c_4 + c_3}{\alpha \kappa^{\tau+n+1}} \varepsilon \cdot 4M \cdot \frac{1}{2^i} M$$

$$\leqslant \frac{1}{7} \cdot \frac{1}{2^{j+2}} M; \tag{4.32}$$

$$\| F_4 \|_{D_{j+1}} \leqslant \varepsilon \left(\left\| \frac{\partial u_j}{\partial x} \right\|_{D_{j+1}} \| f_{j+1} \|_{D_{j+1}} + \left\| \frac{\partial u_j}{\partial y} \right\|_{D_{j+1}} \| g_{j+1} \|_{D_{i+1}} \right)$$

$$\leqslant \frac{1}{\kappa} \cdot \frac{3c_4 + c_3}{\alpha \kappa^{\tau+n+1}} \varepsilon \cdot M \left(\| f_{j+1} \|_{D_{j+1}} + \| g_{j+1} \|_{D_{j+1}} \right)$$

$$\leqslant \frac{1}{4} \left(\| f_{j+1} \|_{D_{j+1}} + \| g_{j+1} \|_{D_{j+1}} \right). \tag{4.33}$$

由引理 4.2 和 (4.26)，我们得到

$$\| F_5 \|_{D_{j+1}} \leqslant \frac{1}{7} \cdot \frac{1}{2^{j+2}} M. \tag{4.34}$$

类似于 f_{j+1} 的估计，在 D_{j+1} 上，根据 (4.28)，我们有

$$\max \left\{ \| G_1 \|_{D_{j+1}}, \| G_3 \|_{D_{j+1}} \right\} \leqslant \frac{1}{14} \cdot \frac{1}{2^{j+2}} M, \tag{4.35}$$

$$\| G_2 \|_{D_{j+1}} \leqslant \frac{1}{8} \left(\| f_{j+1} \|_{D_{j+1}} + \| g_{j+1} \|_{D_{j+1}} \right). \tag{4.36}$$

根据引理 4.2, 有

$$\| G_4 \|_{D_{j+1}} \leqslant \frac{1}{14} \cdot \frac{1}{2^{j+2}} M. \tag{4.37}$$

从假设 (H1)，我们有 $\mathcal{F}_j$ 和 $\mathcal{F}_{j+1} = \mathcal{T}_j^{-1} \circ \mathcal{F}_j \circ \mathcal{T}_j$ 具有相交性质. 则对于每个 Y^0，存在 X^0 使得 $g_{j+1}(Y^0, X^0) = 0$. 因此,

$$\sup_X | g_{j+1}(Y^0, X) | \leqslant \operatorname*{osc}_X g_{j+1}(Y, X) \leqslant 2 \sup_X \| g_{j+1}(Y^0, X) - h(Y^0) \|,$$

这里 $h(y)$ 是 y 的函数，" $\operatorname*{osc}_X$ " 表示在 X 方向的振幅. 选择 $h(y) = \bar{g}_{j+1}(y)$，进而得到

$$\frac{1}{2} \| g_{j+1} \|_{D_{j+1}} \leqslant \| g_{j+1} - \bar{g}_{j+1} \|_{D_{j+1}}$$

$$\leqslant \| G_1 \|_{D_{j+1}} + \| G_2 \|_{D_{j+1}} + \| G_3 \|_{D_{j+1}} + \| G_4 \|_{D_{j+1}}. \tag{4.38}$$

在条件 (4.28) 和 (4.30) 下，由 (4.29)，(4.31) — (4.38)，在 D_{j+1} 上，最终得到

$$\| f_{j+1} \| + \| g_{j+1} \| \leqslant \frac{1}{2^{j+1}} M. \tag{4.39}$$

6. 定理 4.2 的证明

令

$$\mathcal{T}_* = \mathcal{T}_1 \circ \cdots \circ \mathcal{T}_N,$$

$$D_* = D_N,$$

$$\mathcal{F}_* = \mathcal{T}_*^{-1} \circ \mathcal{F}_+ \circ \mathcal{T}_*,$$

则在 $D_* \supset \{ y \in \mathbb{R} : |y| < K_1 \} \times \mathbb{T}^n$ 上，$\mathcal{F}_*$ 有形式 $(\hat{Y}, \hat{X}) = \mathcal{F}_*(Y, X)$，

$$\begin{cases} \hat{Y} = Y + \varepsilon g_*(Y, X), \\ \hat{X} = X + \omega(y_0) + \Omega_*(Y, \varepsilon) + \varepsilon f_*(Y, X), \end{cases} \tag{4.40}$$

其中 $\Omega_* = \Omega_N$，$f_* = f_N$，$g_* = g_N$，并且在 $(\mathbb{T}^n \times \{ y \in \mathbb{R} : |y| < K_1 \}) + \delta/4$ 上，满足

$$\| f_* \| + \| g_* \| \leqslant \frac{1}{2^N} M \leqslant c_6 \exp \left(-c_7^{-1} \frac{1}{\kappa} \right). \tag{4.41}$$

这样，我们证明了定理 4.2 的第一个结论.

根据 (4.26)，

$$\varepsilon \sum_{j=0}^{N} \| v_j \| \leqslant \varepsilon \cdot \frac{c_4}{\alpha \kappa^{\tau+n+1}} \sum_{j=0}^{N} \frac{1}{2^j} M \leqslant \varepsilon \cdot \frac{2Mc_4}{\alpha \kappa^{\tau+n+1}},$$

它和 (4.28) 蕴含估计

$$|Y - y| \leqslant c_8 \kappa. \tag{4.42}$$

选择 $\epsilon_0 = \varepsilon_0^2$，这里 ε_0 是一个满足 (4.29) 和 (4.31) 的常数.

首先，在 D_* 上，把 (4.8) 化成 (4.40). 用 (Y, X) 表示新坐标变量. 由 (4.41) 和 (4.42)，对于任意 $(y, x) \in \{ y \in \mathbb{R} : |y| < K_1 \} \times \mathbb{T}^n$，当 $r \in \left[0, \exp \left(c_7^{-1}/2\kappa \right) \right]$ 时，

$$|y - Y| \leqslant c_8 \kappa,$$

$$|y^{(r)} - Y^{(r)}| \leqslant c_8 \kappa,$$

$$|Y^{(r)} - Y| \leqslant c_6 \varepsilon \exp \left(-\frac{1}{2} c_7^{-1} \frac{1}{\kappa} \right).$$

这说明，如果 κ 充分小，

$$|y^{(r)} - y| \leq |y - Y| + |y^{(r)} - Y^{(r)}| + |Y^{(r)} - Y| \leq c_2 \kappa.$$

类似地, 根据 (4.27), (4.28), (4.30) 和 (4.41), 我们获得

$$|x^{(r)} - x - r\omega_*(y, \sqrt{\epsilon})| \leq c_2 \kappa,$$

这里 $\omega_*(y, \sqrt{\epsilon}) = \omega(y) + \Omega_*(y, \sqrt{\epsilon})$.

在上面的讨论中, 在 ε, α 和 κ 之间存在着联系, 即, ε, α 和 κ 满足不等式 (4.28) 和 (4.30). 如果对于给定的充分大的常数 K, 取 $\kappa = K\epsilon^{1/2(\tau+n+2)}$, 则上面的不等式成立 (注意 $\varepsilon^2 = \epsilon$). 这样, 对于所有 $(y, x) \in \mathcal{O}(y_0, \epsilon) \times \mathbb{T}^n$, 轨道 $(y^{(r)}, x^{(r)})$ 是近不变环面的, 即, 对所有整数 $r \in [0, T(\epsilon)]$, $T(\epsilon) = c_1 \exp(c_2 \epsilon^{-1/2(\tau+n+2)})$, 当 ϵ 充分小时, 有

$$|y^{(r)} - y| \leq c_3 \epsilon^{1/2 + 1/2(\tau+n+2)},$$
$$|x^{(r)} - x - r\omega_*(y, \sqrt{\epsilon})| \leq c_3 \epsilon^{1/2(\tau+n+2)}.$$

定理 4.2 需要相交性质支持. 在 [Co3] 中, 作者研究了比较一般没有相交性质的近扭转映射

$$\hat{I} = I + \epsilon l(\theta, I), \tag{4.43}$$
$$\hat{\theta} = \theta + \varpi(I) + \epsilon h(\theta, I),$$

其中 $\varpi(I)$ 在 I_0 满足通常的 Diophantus 条件. 他们证明, 存在一个定义在 I_0 的某邻域的坐标变换, 化 (4.43) 成

$$\hat{J} = J + \sqrt{\epsilon}(L_*(J, \sqrt{\epsilon}) + l_*(\vartheta, J, \sqrt{\epsilon})), \tag{4.44}$$
$$\hat{\vartheta} = \vartheta + \varpi(I_0) + \Omega_{**}(J, \sqrt{\epsilon}) + \sqrt{\epsilon} h_*(\vartheta, J, \sqrt{\epsilon}),$$

其中

$$\Omega_{**} = O(\sqrt{\epsilon}),$$
$$L_* = O(1),$$
$$\|h_*\| + \|l_*\| \leq c \exp(-c\epsilon^{-1/2(n+\tau+2)}),$$

c 是正常数. 这里 τ 是 Diophantus 指数. 在 (4.44) 中, 非线性项 $L_*(J, \sqrt{\epsilon})$ 可导致映射 (4.43) 的轨道不具有近不变环面的性质.

3.4.3 定理 4.1 的证明

现在证明定理 4.1. 令 $\tau = n^2 + n$, 表示

$$G_{\alpha,\kappa}^{\tau} = \{y \in G : |e^{2\pi i \langle k, \omega(y) \rangle} - 1| \leqslant \alpha |k|^{-\tau}\},$$
$$G_{\alpha}^{\tau} = \bigcup_{0 \neq k \in \mathbb{Z}^n} G_{\alpha,\kappa}^{\tau}.$$

根据 (H4) 和在 [XYQ] 中的测度估计,
$$\mathrm{meas}(G_{\alpha,\kappa}^{\tau}) = O(\alpha^{1/n} |k|^{-(\tau+1)/n}),$$
$$\mathrm{meas}(G_{\alpha}^{\tau}) = O(\alpha^{1/n}).$$

将 κ 和 α 分别取为 ϵ 的函数,
$$\alpha = \kappa = \epsilon^{1/2(\tau+n+3)}.$$

根据 (4.29), 我们得到
$$\epsilon_0 = \left(\min\left\{ \frac{1}{6Mc_5}, \frac{1}{42Mc_3}, \frac{1}{180Mc_4} \right\} \right)^{2(\tau+n+3)}.$$

定义
$$G_{\epsilon} = G - G_{\alpha}^{\tau},$$
$$G_* = \bigcup_{\epsilon > 0} G_{\epsilon}.$$

则由 KAM 理论知, 当 $\tau = n^2 + n > n(n-1)$ 时,
$$\mathrm{meas} G_{\epsilon} = \mathrm{mesa} G - O(\alpha^{1/n}),$$

G_* 是 $\mathbb{R}^m$ 的满测度子集. 对于任意 $y_0 \in G_*$, 令
$$\alpha(y_0) = \max\{\alpha : 0 < \alpha \leqslant 1, |e^{2\pi i \langle k, \omega(y_0) \rangle} - 1| \geqslant \alpha |k|^{-\tau}, 0 \neq k \in \mathbb{Z}^n\},$$
$$\epsilon(y_0) = \min\{\alpha(y_0)^{2(\tau+n+3)}, \epsilon_0\}.$$

记 $O_{\epsilon}(y_0) = \mathcal{O}(y_0, \epsilon)$, 如果 $0 < \epsilon < \epsilon(y_0)$, 由定理 4.2, 对于所有 $(y,x) \in O_{\epsilon}(y_0) \times \mathbb{T}^n$, 当正整数
$$r \leqslant c_0 \exp(-c_1/2\kappa)$$

时, 得到
$$|y^{(r)} - y| \leqslant c_2 \kappa \sqrt{\epsilon},$$
$$|x^{(r)} - x - r\omega_*(y, \sqrt{\epsilon})| \leqslant c_2 \kappa.$$

对于任意 $\epsilon \in (0, \epsilon_0]$, 定义
$$E_{\epsilon} = \bigcup_{y_0 \in \{y \in G_*, \epsilon(y) \geqslant \epsilon\}} O_{\epsilon}(y_0). \tag{4.45}$$

这是 G 的一个开子集, 并且

$$\text{meas} E_\epsilon = \text{meas} G - O(\epsilon^{1/2n(\tau+n+3)}),$$

$$\lim_{\epsilon \to 0_+} E_\epsilon = G_*.$$

对于任意 $(y(0), x(0)) \in E_\epsilon \times \mathbb{T}^n$, 存在 $y_0 \in G_*$ 和常数 $\epsilon(p_0) \geqslant \epsilon$ 满足 $y(0) \in O_\epsilon(p_0)$. 应用定理 4.2 到 y_0 和 $O_\epsilon(y_0)$, 我们得到, 初值为 $(y(0), x(0))$ 的轨道 $\{(y(t), x(t))\}$ 是有效稳定的. 至此, 我们完成了定理 4.1 的证明.

3.4.4　ABC-映射

本节考虑定理 4.1 对 ABC 映射的应用. 众所周知, 下列映射

$$\begin{cases} \hat{x}_1 = x_1 + A \sin x_3 + C \cos x_2, \\ \hat{x}_2 = x_2 + B \sin x_1 + A \cos x_3, \\ \hat{x}_3 = x_3 + C \sin \hat{x}_2 + B \cos \hat{x}_1 \end{cases} \tag{4.46}$$

是 Arnold-Beltrami-Childress 在 [Ar4] 中讨论的模型. 这里 $(x_1, x_2, x_3) \in \mathbb{R}^3$; A, B 和 C 是常数. 映射 (4.46) 称为 ABC 映射.

考虑一类近扭转型的 ABC 映射

$$\begin{cases} \hat{x}_1 = x_1 + A \sin y + \epsilon C \cos x_2, \\ \hat{x}_2 = x_2 + A \cos y + \epsilon B \sin x_1, \\ \hat{y} = y + \epsilon(C \sin \hat{x}_2 + B \cos \hat{x}_1), \end{cases} \tag{4.47}$$

这里 $(y, x_1, x_2) \in (-a, a) \times \mathbb{T} \times \mathbb{T}$; A, B 和 C 是常数, $A \neq 0$; ϵ 是小参数. 映射 (4.47) 是保体积映射, 它含有一个作用变量和两个角变量. 注意 $\omega^{\mathrm{T}} = (A \sin y, A \cos y)$, 我们有

$$\text{rank}\left\{\frac{\mathrm{d}\omega}{\mathrm{d}y}, \frac{\mathrm{d}^2\omega}{\mathrm{d}y^2}\right\} = 2, \quad \forall y \in (-a - \delta, a + \delta).$$

假设 (H4) 显然成立. 这样, 由定理 4.1 得到

定理 4.3　ABC 映射在 $J \times \mathbb{T}^n$ 上是处处有效稳定的. 这里 J 是 $(-a, a)$ 的开子集, $\text{meas} J = 2a$.

3.5　具有相交性质的小扭转映射的拟有效稳定性

在 1.4 节中我们给出了近可积小扭转映射的 KAM 定理. 本节继续讨论该类映射的拟有效稳定性问题, 在映射满足相交性条件下, 建立含有多维作用变量小扭转映射的拟有效稳定性定理.

3.5.1　主要结果

考虑如下小扭转映射：$\mathfrak{F}_t : G \times \mathbb{T}^n \to \mathbb{R}^m \times \mathbb{T}^n$，

$$\begin{cases} \hat{y} = y + tg_\epsilon(y,x), \\ \hat{x} = x + t\omega(y) + tf_\epsilon(y,x), \end{cases} \tag{5.1}$$

其中，G 为 $\mathbb{R}^m$ 中的有界开集，$\mathbb{T}^n = \mathbb{R}^n / \mathbb{Z}^n$ 为通常的 n 维不变环面，

$$f_\epsilon(y,x) = \epsilon f(y,x), \quad g_\epsilon(y,x) = \epsilon g(y,x)$$

为关于 x 的 1 周期函数，$t \in (0,1]$ 为小扭转参数，$\epsilon > 0$ 为扰动参数.

取相空间 $G \times \mathbb{T}^n$ 中任意一点 (y_0, x_0)，记

$$(y_0^{(0)}, x_0^{(0)}) = (y_0, x_0), \quad (y_0^{(r+1)}, x_0^{(r+1)}) = \mathfrak{F}_t(y_0^{(r)}, x_0^{(r)}), \quad r \in \mathbb{Z},$$

称 $\{(y_0^{(r)}, x_0^{(r)})\}$ 为映射 (5.1) 以 (y_0, x_0) 为起点的轨道.

定理 5.1　如果 (5.1) 满足如下条件：

(H1) (解析性) ω, f_ϵ 和 g_ϵ 为 $G \times \mathbb{T}^n$ 上的实解析函数，即存在 $\delta > 0$，使得 ω, f_ϵ 和 g_ϵ 在 $(G \times \mathbb{T}^n) + \delta$ 上解析，并且自变量取实值时，函数取实值.

(H2) (正则性) 存在某正常数 M，使得

$$\max\left\{ \|f\| + \|g\|, \|\omega\|, \left\|\frac{\partial \omega}{\partial y}\right\| \right\} \leq \frac{1}{2} M. \tag{5.2}$$

(H3) (相交性) $\mathfrak{F}_t$ 在 $G \times \mathbb{T}^n$ 上具有相交性.

(H4) (非退化性) $\omega(y)$ 满足如下非退化条件：

$$\mathrm{rank}\left\{ \frac{\partial^\alpha \omega}{\partial y^\alpha} : \forall \alpha \in \mathbb{Z}_+^n, 1 \leq |\alpha| \leq l \right\} = n,$$

其中 $l = \max\{m, n\}$，

$$\frac{\partial^\alpha \omega}{\partial y^\alpha} = \left(\frac{\partial^\alpha \omega_1}{\partial y^\alpha}, \frac{\partial^\alpha \omega_2}{\partial y^\alpha}, \cdots, \frac{\partial^\alpha \omega_l}{\partial y^\alpha} \right)^{\mathrm{T}}, \quad |\alpha| = \alpha_1 + \cdots + \alpha_l, \quad \forall p \in \overline{G},$$

则小扭转映射 (5.1) 具有拟有效稳定性.

定理 5.1 是一个关于小扭转映射的 Nekhoroshev 型稳定定理. 在 Nekhoroshev 定理中，近可积映射的有效稳定性依赖于可积系统的陡性条件. 在定理 5.1 中，我们在 KAM 型非退化条件下，得到了某种弱于 Nekhoroshev 稳定性的拟有效稳定性结果，即在一个仅依赖于扰动参数的相空间大的正测度子集上保持轨道的某种长时间稳定性.

3.5.2 小扭转映射近不变环面的性质

这一部分, 将在 Diophantus 条件下, 应用 KAM 迭代建立 (5.1) 的一个近不变环面性质定理.

取

$$\mathfrak{O}(y_0,\epsilon) = \{y \in G : |y - y_0| < (K_1 + \delta)\sqrt{\epsilon}\},$$

其中 $K_1 > 0$ 为某常数. 假设

(H4*) 给定 $y_0 \in G$, $\omega(y_0)$ 满足

$$\left|e^{2\pi i \langle k, t\omega(y_0) \rangle} - 1\right| \geqslant t\alpha |k|^{-\tau}, \quad \forall k \in \mathbb{Z}^n, \quad 0 < |k| \leqslant L(\kappa), \quad t \in (0,1],$$

其中 $\alpha, \tau > 0$ 为常数, $L(\kappa)$ 为截断的阶数, κ 为某小常数, 并且满足

$$\kappa < \min\left\{\frac{\delta}{4}, 1\right\}. \tag{5.3}$$

定理 5.2 假设 (H1) — (H3) 成立, 如果对于任给定的 $y_0 \in G$, 以及小参数 κ 有假设 (H4*) 成立, 则存在一个仅依赖于 $M, n, \alpha, K_1, \tau, \delta$ 以及 κ 的正常数 ϵ_0 使得对于所有的 $\epsilon \in [0, \epsilon_0]$, 有如下结论成立:

(i) 存在坐标变换 $\mathfrak{E}$ 以及定义于 $\{y \in G : |y| \leqslant K_1\} \times \mathbb{T}^n$ 上的近恒等坐标变换 $(y,x) = \mathfrak{T}_j(Y,X)$,

$$\begin{cases} y = Y + \sqrt{\epsilon}v_j(Y,X), \\ x = X + \sqrt{\epsilon}u_j(Y,X), \\ \quad j = 1, \cdots, N(\kappa), \end{cases}$$

使得 $\mathfrak{E} \circ \mathfrak{T}_1 \circ \cdots \circ \mathfrak{T}_{N(\kappa)}$ 将 (5.1) 化为

$$\begin{cases} \hat{Y} = Y + t\sqrt{\epsilon}g_*(Y,X,\sqrt{\epsilon}), \\ \hat{X} = X + t\omega(y_0) + t\Omega_*(Y,\sqrt{\epsilon}) + t\sqrt{\epsilon}f_*(Y,X,\sqrt{\epsilon}), \end{cases} \tag{5.4}$$

并且

$$\|\Omega_*\| \leqslant 2M\sqrt{\epsilon},$$

$$\|f_*\| + \|g_*\| \leqslant c_0 \exp\left(-\frac{c_1}{\kappa}\right),$$

其中 c_0, c_1 为某正常数.

(ii) 记

$$T(\kappa) = c_0 \exp\left(-\frac{c_1}{2\kappa}\right),$$

并且，$(y^{(r)}, x^{(r)}) = \mathfrak{F}^r(y, x)$. 对于所有的 $(y, x) \in \mathfrak{O}(y_0, \epsilon) \times \mathbb{T}^n$，当 $r \in [0, T(\kappa)]$ 时，都存在一个不变环面 $\hat{y} = y$，$\hat{x} = x + \omega_*(y, \sqrt{\epsilon})$，使得

$$|y^{(r)} - y| \leqslant c_2 \kappa \sqrt{\epsilon},$$
$$|x^{(r)} - x - rt\omega_*(y, \sqrt{\epsilon})| \leqslant c_2 \kappa,$$

其中 c_2 为某正常数.

化标准形　为了对 (5.1) 进行 KAM 迭代，首先要通过一个仿射变换将 (5.1) 化为标准形. 在区域 $(\{y \in G : |y| \leqslant K_1\} \times \mathbb{T}^n) + \delta$ 上引入变换 $\mathfrak{E}$：

$$\begin{cases} y = y_0 + \sqrt{\epsilon} Y, \\ x = X, \end{cases} \tag{5.5}$$

定义映射 $\mathfrak{F}_+(Y, X) = (\tilde{Y}, \tilde{X})$，

$$\begin{cases} \tilde{Y} = \dfrac{\hat{y} - y_0}{\sqrt{\epsilon}} = Y + t\sqrt{\epsilon} g_0(Y, X, y_0, \sqrt{\epsilon}), \\ \tilde{X} = \hat{x} = X + t\omega(y_0) + t\sqrt{\epsilon} f_0(Y, X, y_0, \sqrt{\epsilon}), \end{cases} \tag{5.6}$$

其中，

$$\begin{aligned} g_0 &= g(\sqrt{\epsilon} Y + y_0, X), \\ f_0 &= \frac{\omega(\sqrt{\epsilon} Y + y_0) - \omega(y_0)}{\sqrt{\epsilon}} + \sqrt{\epsilon} f(\sqrt{\epsilon} Y + y_0, X). \end{aligned} \tag{5.7}$$

记 $\sqrt{\epsilon} = \varepsilon$. 简记 (5.6) 为 $\mathfrak{F}_+(y, x) = (\hat{y}, \hat{x})$，

$$\begin{cases} \hat{y} = y + t\varepsilon g_0(y, x), \\ \hat{x} = x + t\omega(y_0) + t\varepsilon f_0(y, x), \end{cases} \tag{5.8}$$

其中 $(y, x) \in (\{y \in G : |y| \leqslant K_1\} \times \mathbb{T}^n) + \delta$. 显然，根据解析性假设和正则性假设，知 f_0, g_0 是实解析函数，并且

$$\max\{\|f_0\| + \|g_0\|, |\omega(y_0)|\} < M. \tag{5.9}$$

差分方程与小除数引理　为了确定在快速迭代中所作的变换，我们需要证明一类差分方程的可解性. 这里要用到一个小除数引理.

考虑实解析函数 $h(y, x)$，$(y, x) \in \mathbb{R}^m \times \mathbb{T}^n$，设其具有如下 Fourier 级数形式

$$h(y, x) = \sum_{k \in \mathbb{Z}^n} h_k(y) e^{2\pi i \langle k, x \rangle}.$$

记

$$\overline{h}(y) = h_0(y),$$
$$[h]_L(y,x) = \sum_{k\in\mathbb{Z}^n, 0<|k|\leqslant L} h_k(y)e^{2\pi i\langle k,x\rangle},$$
$$R_L h(y,x) = \sum_{k\in\mathbb{Z}^n, |k|>L} h_k(y)e^{2\pi i\langle k,x\rangle}.$$

考虑差分方程

$$\varphi(y, x+t\omega(y_0)) - \varphi(y,x) = t[h]_L(y,x), \tag{5.10}$$

其中 h 是 $(\{y\in G: |y|\leqslant K_1\}\times\mathbb{T}^n)+\sigma$ 上的实解析函数.

引理 5.1 假设 $\omega(y_0)$ 满足 (H4*)，则对于所有 $\gamma, 0<\gamma<\sigma$, 在 $([-K_1,K_1]\times\mathbb{T}^n)+$ $(\sigma-\gamma)$ 上，(5.10) 存在唯一解 φ 满足 $\overline{\varphi}=0$, 并且

$$\|\varphi\| \leqslant \mathfrak{C}(\alpha,\gamma)t\|h\|,$$

其中

$$\mathfrak{C}(\alpha,\gamma) = \frac{\pi^2}{3\cdot 2^{\tau+2}}\left(\frac{\tau+n+1}{e\pi}\right)^{\tau+n+1}\cdot\frac{1}{\alpha\gamma^{\tau+n+1}}.$$

证明 由 Cauchy 积分公式,

$$\|h_k\| \leqslant \|h\| e^{-2\pi\sigma|k|}.$$

显然

$$\varphi(y,x) = \sum_{k\in\mathbb{Z}^n, 0<|k|\leqslant L} \frac{th_k(y)}{e^{2\pi i\langle k,t\omega(y_0)\rangle}-1}e^{2\pi i\langle k,x\rangle} \tag{5.11}$$

为 (5.10) 的唯一解，并且 $\overline{\varphi}=0$.

由 (5.11) 以及 Cauchy 积分公式，在 $(\{y\in G: |y|\leqslant K_1\}\times\mathbb{T}^n)+(\sigma-\gamma)$ 上,

$$\|\varphi\| \leqslant \sum_{k\in\mathbb{Z}^n, 0<|k|\leqslant L} \frac{t\|h_k\|}{|e^{2\pi i\langle k,t\omega(y_0)\rangle}-1|}|e^{2\pi i\langle k,x\rangle}|$$
$$\leqslant \frac{t\|h\|}{\alpha}\sum_{j=1}^{L}\frac{2^n j^{n+\tau-1}}{e^{2\pi\gamma j}}$$
$$\leqslant \frac{1}{2^{\tau+1}}\left(\frac{\tau+n+1}{e\pi}\right)^{\tau+n+1}\sum_{j=1}^{\infty}\frac{1}{j^2}\cdot\frac{1}{\alpha\gamma^{\tau+n+1}}t\|h\|$$
$$:= \mathfrak{C}(\alpha,\gamma)t\|h\|,$$

其中不等式

$$j^{\tau+n+1}e^{-2\pi\gamma j} \leqslant \left(\frac{\tau+n+1}{2\pi\gamma}\right)^{\tau+n+1}e^{-(\tau+n+1)}$$

可以通过求函数

$$h(x) = x^{\tau+n+1} e^{-2\pi\gamma x}, \quad 0 < x < \infty$$

的极值来得到.

引理 5.2[Ar1]　假设 $l(x)$ 在 $\mathbb{T}^n + \rho$ 上实解析, 则当 $0 < 2\sigma_0 < \gamma$, 并且, $\sigma_0 + \nu < \rho < 1$ 时, 在区域 $\mathbb{T}^n + (\rho - \sigma_0 - \nu)$ 上, 其截断满足下面估计:

$$\| R_L l \| < \left(\frac{2n}{e}\right)^n \frac{\| l \|}{\sigma_0^{n+1}} e^{-L\nu}.$$

快速 Newton 迭代　考虑 (5.8), 记 $\mathfrak{F}_0(y,x) = \mathfrak{F}_+(y,x)$. 假设在第 $k, k = 0, 1, \cdots, j$ 步 KAM 迭代中, 在区域 D_k 上, $\mathfrak{F}_k$ 具有如下形式: $(\hat{y}, \hat{x}) = \mathfrak{F}_k(y,x)$,

$$\begin{cases} \hat{y} = y + t\varepsilon g_k(y,x), \\ \hat{x} = x + t\omega(y_0) + t\Omega_k(y,\varepsilon) + t\varepsilon f_k(y,x), \end{cases} \tag{5.12}$$

其中

$$D_k = (\{y \in G : |y| < K_1\} \times \mathbb{T}^n) + \left(\frac{3}{4}\delta - 2k\kappa\right),$$

$$\hat{D}_k = ((-K_1, K_1) \times \mathbb{T}^n) + \left(\frac{3}{4}\delta - (2k-1)\kappa\right),$$

$$k = 1, 2, \cdots, N(\kappa).$$

并且在 D_k 上,

$$\| f_k \| + \| g_k \| \leq \frac{1}{2^k} M, \tag{5.13}$$

$$\| \Omega_k \| < 2\varepsilon M.$$

作变换 $\mathfrak{T}_j : (Y, X) \to (y, x)$,

$$\begin{cases} y = Y + \varepsilon v_j(Y, X), \\ x = X + \varepsilon u_j(Y, X), \end{cases} \tag{5.14}$$

其中 u_j, v_j 待定.

需要利用 $\mathfrak{T}_j$ 将 $\mathfrak{F}_j$ 化成 $\mathfrak{F}_{j+1} = \mathfrak{T}_j^{-1} \circ \mathfrak{F}_j \circ \mathfrak{T}_j$, 使得 $\mathfrak{F}_{j+1}$ 和 $\mathfrak{F}_j$ 具有相同的形式, 即可以通过下标 j 换作 $j+1$ 得到. 将 (5.14) 代入 (5.12) 有

$$\hat{Y} + \varepsilon v_j(\hat{Y}, \hat{X}) = Y + \varepsilon v_j(Y, X) + t\varepsilon g_j(Y, X),$$

$$\hat{X} + \varepsilon u_j(\hat{Y}, \hat{X}) = X + \varepsilon u_j(Y, X) + t\omega(y_0) + t\Omega_k(y,\varepsilon) + t\varepsilon f_j(Y, X).$$

于是

$$\hat{X} = X + \varepsilon u_j(Y,X) - \varepsilon u_j(\hat{Y},\hat{X}) + t\omega(y_0) + t\Omega_j(y,\varepsilon)$$
$$+ t\varepsilon \overline{f}_j(Y) + t\varepsilon [f_j]_L(Y,X) + t\varepsilon R_L f_j(Y,X)$$
$$+ t\varepsilon f_j(y,x) - t\varepsilon f_j(Y,X)$$
$$= X + t\omega(y_0) + t\Omega_{j+1}(Y,\varepsilon)$$
$$+ t\varepsilon [f_j]_L(Y,X) + t\varepsilon \frac{\partial \Omega_{j+1}}{\partial Y} v_j(Y,X)$$
$$+ \varepsilon u_j(Y,X) - \varepsilon u_j(Y,X + t\omega(y_0))$$
$$+ \varepsilon u_j(Y,X + t\omega(y_0)) - \varepsilon u_j(\hat{Y},\hat{X}) - t\Omega_{j+1}(Y,\varepsilon)$$
$$+ t\varepsilon f_j(Y,X) - t\varepsilon f_j(Y,X) + t\varepsilon R_L f_j(Y,X)$$
$$- t\varepsilon \frac{\partial \Omega_{j+1}}{\partial Y} v_j(Y,X) + t\Omega_j(y,\varepsilon) + t\varepsilon \overline{f}_j(Y), \tag{5.15}$$
$$\hat{Y} = Y + \varepsilon v_j(Y,X) - \varepsilon v_j(\hat{Y},\hat{X})$$
$$+ t\varepsilon \overline{g}_j(Y) + t\varepsilon [g_j]_L(Y,X) + t\varepsilon R_L g_j(Y,X) - t\varepsilon g_j(Y,X)$$
$$= Y + t\varepsilon [g_j]_L(Y,X) + \varepsilon v_j(Y,X) - \varepsilon v_j(Y,X + t\omega(y_0))$$
$$+ \varepsilon v_j(Y,X + t\omega(y_0)) + t\varepsilon \overline{g}_j(Y) + t\varepsilon R_L g_j(Y,X)$$
$$+ t\varepsilon g_j(Y,X) - t\varepsilon g_j(Y,X) - \varepsilon v_j(\hat{Y},\hat{X}). \tag{5.16}$$

记
$$\Omega_{j+1} = \Omega_j + \varepsilon \overline{f}_j(y), \tag{5.17}$$
其中 $\Omega_0(y,\varepsilon) = 0$.

为确定 (5.14), 需要在区域 D_j 上解如下差分方程:
$$v_j(y,x + t\omega(y_0)) - v_j(y,x) = t[g_j]_L(y,x),$$
$$u_j(y,x + t\omega(y_0)) - u_j(y,x) = t\frac{\partial \Omega_{j+1}}{\partial y} v_j + t[f_j]_L(y,x). \tag{5.18}$$

由 (5.15) — (5.18),
$$f_{j+1} = \frac{1}{\varepsilon}\left[\Omega_{j+1}(y,\varepsilon) - \Omega_{j+1}(Y,\varepsilon) - \frac{\partial \Omega_{i+1}}{\partial Y}\varepsilon v_j\right]$$
$$+ [f_j(y,x) - f_j(Y,X)]$$
$$+ \frac{1}{t}[u_j(Y,X + t\omega(y_0)) - u_j(Y,X + t\omega(y_0) + t\Omega_{j+1})]$$
$$+ \frac{1}{t}[u_j(Y,X + t\omega(y_0) + t\Omega_{j+1}) - u_j(\hat{Y},\hat{X})]$$
$$+ R_L f_j(Y,X)$$

$$:= F_1 + F_2 + F_3 + F_4 + F_5, \tag{5.19}$$

$$g_{j+1} = \frac{1}{t}[v_j(Y, X + t\omega(y_0)) - v_j(Y, X + t\omega(y_0) + t\Omega_{j+1})]$$

$$+ \frac{1}{t}[v_j(Y, X + t\omega(y_0) + t\Omega_{j+1}) - v_j(\hat{Y}, \hat{X})]$$

$$+ [g_j(y, x) - g_j(Y, X)]$$

$$+ R_L g_j(Y, X) + \overline{g}_j(Y)$$

$$:= G_1 + G_2 + G_3 + G_4 + \overline{g}_j(Y). \tag{5.20}$$

至此, 我们确定了 $\mathfrak{F}_{j+1}$ 中的每一项.

由 (5.17) 知, 在 D_{j+1} 上

$$\| \Omega_{j+1} \| \leqslant \varepsilon \sum_{k=0}^{j} \| \overline{f}_k \|_{D_k} \leqslant 2\varepsilon M < 2M, \tag{5.21}$$

即, 在第 $j+1$ 步中, (5.13) 第二个不等式成立.

坐标变换估计　取

$$L(\kappa) = \left[\frac{4}{3\kappa} \ln \frac{7 \cdot 2^{3n+3} \cdot n^n}{e^n \kappa^{n+1}} \right] + 1,$$

其中 $[\cdot]$ 表示一个实数的整数部分. 取

$$\sigma_0 = \frac{1}{4}\kappa,$$

$$\nu = \frac{3}{4}\kappa.$$

于是, 在 D_{j+1} 上, 由引理 5.2 知

$$\| R_L g_j \| \leqslant \frac{1}{56} \| g_j \|,$$

$$\| R_L f_j \| \leqslant \frac{1}{56} \| f_j \|. \tag{5.22}$$

根据 (5.22), (5.18), (5.21), 引理 5.1 以及 Cauchy 积分公式, 当 ε 满足

$$0 < \varepsilon < \min \left\{ 1, \frac{\alpha\kappa^{\tau+n+2}}{2M+1}, \frac{\alpha\kappa^{\tau+n+2}}{42Mc_3}, \frac{\alpha\kappa^{\tau+n+2}}{180Mc_4} \right\} \tag{5.23}$$

时, 在 $D_{j+1} + \kappa$ 上, 坐标变换有如下估计:

$$\| v_j \| \leqslant 2\mathfrak{C}(\alpha, \kappa)\varepsilon^2 \| g_j \|_{D_j}$$

$$\leqslant \frac{c_3}{\alpha\kappa^{\tau+n+1}} \cdot \frac{t}{2^j} M, \tag{5.24}$$

$$\| u_j \| \leqslant t \mathfrak{C}(\alpha, \kappa) \left(\left\| \frac{\partial \Omega_{j+1}}{\partial y} \right\|_{\hat{D}_{j+1}} \| v_j \|_{\hat{D}_{j+1}} + \| [f_j]_L \|_{D_j} \right)$$

$$\leqslant 2t \mathfrak{C}(\alpha, \kappa) \left(\frac{2M\varepsilon}{\alpha \kappa^{\tau+n+2}} \cdot \frac{t}{2^j} M + \frac{1}{2^j} M \right)$$

$$\leqslant \frac{3c_4}{\alpha \kappa^{\tau+n+1}} \cdot \frac{t}{2^j} M \tag{5.25}$$

成立, 其中 c_3, c_4 为仅依赖于 M, n, K_1, τ 和 δ, 并且独立于 ε, α 和 κ 的正常数. 下面出现的 $c_5, c_6, \cdots$ 类似理解.

新扰动项的估计 首先考虑 f_{j+1} 在 D_{j+1} 上的估计, 由 (5.21), (5.24) 及 Cauchy 积分公式, 当 ε 满足

$$0 < \varepsilon < \frac{\alpha \kappa^{\tau+n+2}}{6c_5 M} \tag{5.26}$$

时,

$$\| F_1 \|_{D_{j+1}} \leqslant \left\| \frac{\partial^2 \Omega_{j+1}}{\partial y^2} \right\|_{\hat{D}_{j+1}} \| v_j \|_{D_{j+1}}^2 \varepsilon$$

$$\leqslant \varepsilon^2 \frac{c_5^2 M^2}{\alpha^2 \kappa^{2\tau+2n+4}} t^2 \cdot \frac{1}{2^{2j}} M$$

$$\leqslant \frac{1}{7} \cdot \frac{1}{2^{j+2}} M. \tag{5.27}$$

类似地, 由 (5.13), (5.21), (5.25), (5.24) 及 Cauchy 积分公式,

$$\| F_2 \|_{D_{j+1}} \leqslant \varepsilon \left\| \frac{\partial f_j}{\partial x} \right\|_{D_{j+1}} \| u_j \|_{D_{j+1}} + \varepsilon \left\| \frac{\partial f_j}{\partial y} \right\|_{D_{j+1}} \| v_j \|_{D_{j+1}}$$

$$\leqslant \frac{t}{\kappa} \cdot \frac{3c_4 + c_3}{\alpha \kappa^{\tau+n+1}} \varepsilon \cdot M \cdot \frac{1}{2^j} M$$

$$\leqslant \frac{1}{7} \cdot \frac{1}{2^{j+2}} M, \tag{5.28}$$

$$\| F_3 \|_{D_{j+1}} \leqslant \frac{1}{t} \left\| \frac{\partial u_j}{\partial x} \right\|_{D_{j+1}} \| \Omega_{j+1} \|_{D_{j+1}}$$

$$\leqslant \frac{1}{\kappa} \cdot \frac{3c_4 + c_3}{\alpha \kappa^{\tau+n+1}} \varepsilon \cdot 4M \cdot \frac{1}{2^j} M$$

$$\leqslant \frac{1}{7} \cdot \frac{1}{2^{j+2}} M, \tag{5.29}$$

$$\| F_4 \|_{D_{j+1}} \leqslant \varepsilon \left(\left\| \frac{\partial u_j}{\partial x} \right\|_{D_{j+1}} \| f_{j+1} \|_{D_{j+1}} + \left\| \frac{\partial u_j}{\partial y} \right\|_{D_{j+1}} \| g_{j+1} \|_{D_{i+1}} \right)$$

$$\leqslant \frac{1}{\kappa} \cdot \frac{3c_4 + c_3}{\alpha \kappa^{\tau+n+1}} t\varepsilon \cdot M (\| f_{j+1} \|_{D_{j+1}} + \| g_{j+1} \|_{D_{j+1}})$$

$$\leqslant \frac{1}{4} (\| f_{j+1} \|_{D_{j+1}} + \| g_{j+1} \|_{D_{j+1}}). \tag{5.30}$$

由引理 5.2, 以及 (5.22) 知

$$\| F_5 \|_{D_{j+1}} \leqslant \frac{1}{7} \cdot \frac{1}{2^{j+2}} M. \tag{5.31}$$

由 (5.27) — (5.31) 得到

$$\| f_{j+1} \| \leqslant \frac{4}{7} \cdot \frac{1}{2^{j+2}} M + \frac{1}{4} (\| f_{j+1} \| + \| g_{j+1} \|). \tag{5.32}$$

下面, 我们在 D_{j+1} 上, 对 g_{j+1} 进行估计. 类似于 f_{j+1} 的估计, 由 (5.23) 得

$$\| G_1 \|_{D_{j+1}} \leqslant \frac{1}{t} \left\| \frac{\partial v_j}{\partial x} \right\|_{D_{j+1}} \| \Omega_{j+1} \|_{D_{j+1}}$$

$$\leqslant \frac{1}{\kappa} \cdot \frac{3c_4 + c_3}{\alpha \kappa^{\tau+n+1}} \varepsilon \cdot 4M \cdot \frac{1}{2^j} M$$

$$\leqslant \frac{1}{14} \cdot \frac{1}{2^{j+2}} M, \tag{5.33}$$

$$\| G_2 \|_{D_{j+1}} \leqslant \varepsilon \left(\left\| \frac{\partial v_j}{\partial x} \right\|_{D_{j+1}} \| f_{j+1} \|_{D_{j+1}} + \left\| \frac{\partial v_j}{\partial y} \right\|_{D_{j+1}} \| g_{j+1} \|_{D_{i+1}} \right)$$

$$\leqslant \frac{1}{\kappa} \cdot \frac{3c_4 + c_3}{\alpha \kappa^{\tau+n+1}} t\varepsilon \cdot M (\| f_{j+1} \|_{D_{j+1}} + \| g_{j+1} \|_{D_{j+1}})$$

$$\leqslant \frac{1}{8} (\| f_{j+1} \|_{D_{j+1}} + \| g_{j+1} \|_{D_{j+1}}), \tag{5.34}$$

$$\| G_3 \|_{D_{j+1}} \leqslant \varepsilon \left\| \frac{\partial g_j}{\partial x} \right\|_{D_{j+1}} \| u_j \|_{D_{j+1}} + \varepsilon \left\| \frac{\partial g_j}{\partial y} \right\|_{D_{j+1}} \| v_j \|_{D_{j+1}}$$

$$\leqslant \frac{1}{\kappa} \cdot \frac{3c_4 + c_3}{\alpha \kappa^{\tau+n+1}} t\varepsilon \cdot M \cdot \frac{1}{2^j} M$$

$$\leqslant \frac{1}{14} \cdot \frac{1}{2^{j+2}} M. \tag{5.35}$$

由引理 5.2,

$$\| G_4 \|_{D_{j+1}} \leqslant \frac{1}{14} \cdot \frac{1}{2^{j+2}} M. \tag{5.36}$$

根据假设 (H1)，$\mathfrak{F}_+, \mathfrak{F}_j$ 和 $\mathfrak{F}_{j+1} = \mathfrak{T}_j^{-1} \circ \mathfrak{F}_j \circ \mathfrak{T}_j$ 具有相交性质. 从而，对每一个 Y^0，都存在 X^0，使得 $g_{j+1}(Y^0, X^0) = 0$. 进而对任意函数 $\xi(Y)$，都有

$$\sup_X | g_{j+1}(Y^0, X)| \leqslant \underset{X}{\mathrm{osc}}\, g_{j+1}(Y, X) \leqslant 2 \sup_X \| g_{j+1}(Y^0, X) + \xi(Y^0)\|$$

成立. 取 $\xi(Y) = -\bar{g}_{j+1}(Y)$. 于是，

$$\begin{aligned}
\| g_{j+1} \|_{D_{j+1}} &\leqslant 2 \| g_{j+1} - \bar{g}_{j+1} \|_{D_{j+1}} \\
&\leqslant 2 (\| G_1 \|_{D_{j+1}} + \| G_2 \|_{D_{j+1}} + \| G_3 \|_{D_{j+1}} + \| G_4 \|_{D_{j+1}}) \\
&\leqslant \frac{3}{7} \cdot \frac{1}{2^{j+2}} M + \frac{1}{4}(\| f_{j+1} \|_{D_{j+1}} + \| g_{j+1} \|_{D_{j+1}}).
\end{aligned} \tag{5.37}$$

由 (5.32) 和 (5.37)，最终在 D_{j+1} 上得到

$$\| f_{j+1} \| + \| g_{j+1} \| \leqslant \frac{1}{2^{j+1}} M. \tag{5.38}$$

定理 5.2 的证明 记 $\mathfrak{T}_* = \mathfrak{T}_1 \circ \cdots \circ \mathfrak{T}_N$，其中 N 待定. 取 $D_* = D_N$. 令 $\mathfrak{F}_* = \mathfrak{T}_*^{-1} \circ \mathfrak{F}_+ \circ \mathfrak{T}_*$. 于是，在 $[-K_1, K_1] \times \mathbb{T}^n$ 的子集 D_* 上，$\mathfrak{F}_*$ 具有如下形式：$(\hat{Y}, \hat{X}) = \mathfrak{F}_*(Y, X)$,

$$\begin{cases} \hat{Y} = Y + t\varepsilon g_*(Y, X), \\ \hat{X} = X + t\omega(y_0) + t\Omega_*(Y, \varepsilon) + t\varepsilon f_*(Y, X), \end{cases} \tag{5.39}$$

其中 $\Omega_* = \Omega_N, f_* = f_N, g_* = g_N$. 取

$$N(\kappa) = \left[\frac{\delta}{4\kappa} \right]. \tag{5.40}$$

于是，在 $(\{y \in G : | y | \leqslant K_1\} \times \mathbb{T}^n) + \delta/4$ 上，

$$\| f_* \| + \| g_* \| \leqslant \frac{1}{2^N} M \leqslant c_6 \exp\left(-c_7^{-1} \frac{1}{\kappa} \right). \tag{5.41}$$

这样，我们得到了定理的第一个结论.

由 (5.24) 得

$$\varepsilon \sum_{j=0}^N \| v_j \| \leqslant \varepsilon \frac{c_4 t}{\alpha \kappa^{\tau+n+1}} \sum_{j=0}^N \frac{1}{2^j} M \leqslant \varepsilon \frac{2 M c_4}{\alpha \kappa^{\tau+n+1}}.$$

由此根据 (5.23) 得到

$$| Y - y | \leqslant c_8 \kappa. \tag{5.42}$$

取 $\epsilon_0 = \varepsilon_0^2$. 在区域 D_* 上，首先将 (5.8) 化成 (5.39) 的形式. 以 (Y, X) 作为新的坐

标, 由 (5.41) 和 (5.42), 对任何 $(y,x) \in \{y \in \mathbb{R}^m : |y| < K_1\} \times \mathbb{T}^n$, 以及所有整数 $r \in [0, \exp(1/2c_7\kappa)]$,　都有

$$|y - Y| \leqslant c_8\kappa,$$

$$|y^{(r)} - Y^{(r)}| \leqslant c_8\kappa,$$

$$|Y^{(r)} - Y| \leqslant c_6\varepsilon \exp\left(-\frac{1}{2}c_7^{-1}\frac{1}{\kappa}\right)$$

成立. 因此, 当 κ 足够小时,

$$|y^{(r)} - y| \leqslant |y - Y| + |y^{(r)} - Y^{(r)}| + |Y^{(r)} - Y| \leqslant c_2\kappa.$$

类似地,

$$|x^{(r)} - x - rt\omega_*(y, \sqrt{\epsilon})| \leqslant c_2\kappa,$$

其中

$$\omega_*(y, \sqrt{\epsilon}) = \omega(y) + \Omega_*(y, \sqrt{\epsilon}).$$

至此, 我们完成了定理 5.2 的证明.

定理 5.1 的证明　不失一般性, 取 $\tau = n^2 + n$. 记

$$G_{\alpha,k}^\tau = \{y \in G : |e^{2\pi i\langle k, t\omega(y)\rangle} - 1| \leqslant \alpha t|k|^{-\tau}\},$$

$$G_\alpha^\tau = \bigcup_{0 \neq k \in \mathbb{Z}^n} G_{\alpha,k}^\tau.$$

显然, 对于某整数 $k_0 \in \mathbb{Z}$,

$$|e^{2\pi i\langle k, t\omega(y)\rangle} - 1| = 2|\sin \pi\langle k, t\omega(y)\rangle| \geqslant 4|\langle k, t\omega(y)\rangle + k_0|.$$

由 $\omega(y)$ 的非退化性质, 可以得到测度估计,

$$\text{meas}(G_{\alpha,k}^\tau) = O(\alpha^{1/n}|k|^{-(\tau+1)/n}).$$

由 $\tau = n^2 + n$ 知, $\sum_{0 \neq k \in \mathbb{Z}^n} |k|^{-(\tau+1)/n}$ 收敛. 从而,

$$\text{meas}(G_\alpha^\tau) = O(\alpha^{1/n}).$$

将 κ 及 α 视为以 ϵ 为变量的函数, $\alpha = \kappa = \epsilon^{1/2(\tau+n+4)}$. 根据 (5.23) 和 (5.26), 取

$$\epsilon_0 = \left(\min\left\{\frac{1}{2M+1}, \frac{1}{6Mc_5}, \frac{1}{42Mc_3}, \frac{1}{180Mc_4}\right\}\right)^{2(\tau+n+4)}.$$

记 $\widehat{G_\epsilon} = \overline{G_\alpha^\tau} = G \setminus G_\alpha^\tau$, 定义

$$G_* = \bigcup_{\epsilon > 0} \widehat{G_\epsilon}.$$

对任意 $y_0 \in G_*$，令

$$\alpha(y_0) = \max\left\{\alpha : 0 < \alpha \leqslant 1, \left| e^{2\pi i\langle k, t\omega(y_0)\rangle} - 1 \right| \geqslant \alpha t \lceil k \rceil^{-\tau}, \forall k, 0 \neq k \in \mathbb{Z}^n \right\},$$

$$\epsilon(y_0) = \alpha(y_0)^{2(\tau+n+4)},$$

$$\mathfrak{D}_\epsilon(y_0) = \mathfrak{D}(y_0, \epsilon).$$

对任意的 $\epsilon \in (0, \epsilon_0]$，若 $0 < \epsilon \leqslant \epsilon(y_0)$，由定理 5.2，对于所有的 $(Y, X) \in \mathfrak{D}_\epsilon(y_0) \times \mathbb{T}^n$，当

$$r \leqslant c_0 \exp(\eta \epsilon^{-\beta})$$

时，

$$|y^{(r)} - y| \leqslant \eta \epsilon^\gamma,$$

其中

$$\beta = \frac{1}{2(\tau + n + 4)},$$

$$\gamma = \frac{1}{2} + \frac{1}{2(\tau + n + 4)},$$

$$\eta = \max\left\{\frac{c_1}{2}, c_2\right\}.$$

定义

$$G_\epsilon = \bigcup_{y_0 \in \{y \in G_* | \epsilon(y) \geqslant \epsilon\}} \mathfrak{D}_\epsilon(y_0)$$

为 G 上的开子集，并且

$$\mathrm{meas}\, G_\epsilon = \mathrm{meas}\, G - O(\epsilon^\zeta),$$

其中 $\zeta = 1/2n(\tau + n + 4)$. 因此，

$$\lim_{\epsilon \to 0_+} \mathrm{meas}\, G_\epsilon = \mathrm{meas}\, G.$$

对任何 $(Y, X) \in G_\epsilon \times \mathbb{T}^n$，由 G_ϵ 的定义，存在 $y_0 \in G_*$ 及常数 $\epsilon(y_0) \geqslant \epsilon$，满足 $y \in O_\lambda(y_0)$. 在 $\mathfrak{D}_\epsilon(y_0)$ 上应用定理 5.2，起始于 (y, x) 的轨道 $\{(y^{(r)}, x^{(r)})\}$ 是有效稳定的. 这样，我们完成了定理 5.1 的证明.

参考文献

[Ar1] Arnold V I. Proof of a theorem of A. N. Kolmogorov's theorem on the preservation of quasi-periodic motions under small perturbations of the Hamiltonian. Usp. Mat. Nauk, 1963, 18(5): 13-40 (Russian); English transl.: Russ. Math. Surv., 1963, 18(5): 9-36.

[Ar2] Arnold V I. Small denominators and problems of stability of motion in classical and celestial mechanics. Usp. Mat. Nauk, 1963, 18(6): 91-192 (Russian); English transl.: Russ. Math. Surv., 1963, 18(6): 85-192.

[Ar3] Arnold V I. 经典力学的数学方法（中译本）. 齐民友, 译. 北京：高等教育出版社，1992.

[Ar4] Arnold V I. Sur la courbure de Riemann des groupes de difféomorphismes. C. R. Acad. Sci. Paris, 1965, 260: 5668-5671.

[AA] Arnold V I, Avez A. Ergodic Problems of Classical Mechanics. Benjamin, New York: Amsterdam, 1968.

[Bo] Bounemoura A. Effective stability for slow time-dependent near-integrable Hamiltonians and application. C. R. Acad. Sci. Paris, Ser. I, 2013, 351: 673-676.

[BF1] Bounemoura A, Fischler S. A Diophantine duality applied to the KAM and Nekhoroshev theorems. Math. Z., 2013, 275: 1135-1167.

[BF2] Bounemoura A, Fischler S. The classical KAM theorem for Hamiltonian systems via rational approximations. Regular and Chaotic Dynamics, 2014, 19(2): 251-265.

[BG1] Benettin G, Gallavotti G. Stability of motions near resonances in quasi-integrable Hamiltonian systems. J. Stat. Phys., 1986, 44: 293-338.

[BGG1]   Benettin G, Galgani L, Giorgilli A. A proof of Nekhoroshev's theorem for the stability times in nearly integrable Hamiltonian systems. Celestial Mech., 1985, 37: 1-25.

[Bi1]   Bibikov Y. On stability of zero solution of essential nonlinear Hamiltonian and resersible systems with one degree of freedon. Difer. Uravn., 2002, 38: 579-584.

[Co1]   从福仲. KAM 方法和系统的 KAM 稳定性. 北京：科学出版社，2013.

[Co2]   从福仲. Stability for a nearly integrable system. 中国科学院数学与系统科学研究院博士后研究报告. 2002 年 11 月.

[Co3]   Cong F Z. The approximate decomposition of exponential order of slow-fast motions in multifrequency systems. J. Differential Equations, 2004, 196: 466-480.

[CCd1]   Calleja R C, Celletti A, de la Llave R. A KAM theory for conformally symplectic systems: Efficient algorithms and their validation. J. Differential Equations, 2013, 255: 978-1049.

[CHH]   Cong F Z, Hong J L, Han Y L. Near-invariant tori on exponentially long time for Poisson systems. J. Mat. Anal. Appl., 2007, 334: 59-68.

[CHL]   Cong F Z, Hong J L, Li H T. Quasi-effective stability for nearly integrable Hamiltonian systems. Discrete and Continuous Dynamical Systems Series B, 2016, 21: 67-80.

[CL1]   Cong F Z, Li Y. Invariant hyperbolic tori for Hamiltonian systems with degeneracy. Discrete and Continuous Dynamical Syetems, 1997, 3(3): 371-382.

[CL2]   Cong F Z, Li Y. A parameterized KAM theorem for volume preserving mappings. Peking University: Institute of Mathematics and School of Mathematical Sciences, No 41, 1996.

[CL3]   Cong F Z, Li H T. Quasi-effective stability for a nearly integrable volume-preserving mapping. Discrete and Continuous Dynamical Systems Series B, 2015, 20: 1959-1970.

[CL4]   Cong F Z, Li Y. Lower dimensional invariant tori for nearly integrable Hamiltonian systems. Peking University: Institute of Mathematics and School of Mathematical Sciences, No 42, 1996.

[CL5]   Cong F Z, Li Y. Existence of higher dimensional invariant tori for Hamiltonian systems. J. Mat. Anal. Appl., 1998, 222: 255-267.

[CLH1] Cong F Z，Li Y, Huang M. Invariant tori for nearly twist mappings with intersection property. Northeast. Math. J., 1996, 12(3): 5-23.

[CLZ1] 从福仲, 李勇, 周钦德. 具有退化性的辛映射的 KAM 定理. 数学年刊, 1997, 18: 781-788.

[CS1]   Cheng C Q, Sun Y S. Existence of invariant tori in three-dimensional measure-preserving mappings. Celest. Mech., 1990, 47: 275-292.

[CS2]   Cheng C Q, Sun Y S. Existence of KAM tori in degenerate Hamiltonian systems. J. Differential Equations, 1994, 114: 288-335.

[D]   Dieudonne J. Trealise on Analysis. New York: Academic Press, 1969.

[DG]   Delshams A, Gutiérrez P. Effective stability and KAM theory. J. Differential Equations, 1996, 128(2): 415-490.

[ES]   Efstathiou K, Sadovskií D A. Normalization and global analysis of perturbations of the hydrogen atom. Rev. Mod. Phys., 2010, 82: 2099-2154.

[El1]   Eliasson L H. Perturbations of stable invariant tori for Hamiltonian systems. Ann. Scuola Norm. Sup. Pisa Cl. Sci. Ser. IV, 1988, 15: 115-147.

[FFS]   Fasso F, Fontanari D, Sadovskií D A. An application of Nekhoroshev theory to the study of the perturbed hydrogen atom. Mat. Phys. Anal. Geom., 2015, 18: 18-40.

[FW]   Fortunati A, Wiggins S. Normal form and Nekhoroshev stability for nearly integrable Hamiltonian systems with unconditionally slow aperiodic time dependence. Regular and Chaotic Dynamics, 2014, 19(3): 363-373.

[G]   Graff S M. On the conservation of hyperbolic invariant tori for Hamiltonian systems. J. Diff. Equa., 1974,15: 1-69.

[GCB]   Guzzo M, Chierchia L, Benettin G. Mathematical analysis: The steep Nekhoroshev's optimal stability exponents. Rend. Lincel. Mat. Appl., 2014, 25: 93-299.

[GFB]   Guzzo M，Fasso F, Benettin G. On the stability of elliptic equilibria. Math. Phys. Electron. J., 1998, 4: 1-16.

[GG1]   Giorgilli A, Galgani L. Rigorous estimates for the series expansions of

Hamiltonian perturbation theory. Celestial Mech., 1985, 37: 95-112.

[GZ]　Giorgilli A, Zehnder E. Exponential stability for time dependent potentials. ZAMP, 1992, 43: 827-855.

[HLW] Hairer E, Lubich C, Wanner G. Geometric Numerical Integration:Structure-Preserving Algorithms for Ordinary Differential Equations. Berlin, Heidelberg, New York: Springer, 2002.

[He1]　Herman M R. Exemples de flots Hamiltoniens dont aucune perturbation en topologie C^∞ n'a d'orbites périodiques sur un ouvert de surfaces d'énergies. C. R. Acad. Sci., Paris. Ser. I Math., 1991, 213: 989-994.

[He2]　Herman M R. Sur les courbes invariantes par les difféomorphismes de l'anneau. Asterisque, 1986: 144.

[JV1]　Jorba À, Villanueva J. On the normal behaviour of partially elliptic lower dimensional tori of Hamiltonian systems. Nonlinearity, 1997, 10: 783-822.

[Ko1]　Kolmogorov A N. On the conservation of conditionally periodic motions under small Pertucrbation of the Hamiltonian. Dokl. Akad. Nauk. SSSR, 1954, 98: 527-530.

[KS]　Kunze M, Stuart D M A. Nekhoroshev type stability results for Hamiltonian systems with an additional transversal component. J. Math. Anal. Appl., 2014, 419: 1351-1386.

[Li1]　Littlewood J E. Unbounded solutions of equation $\ddot{y}+g(y)=p(t)$ with $p(t)$ periodic an bounded, and $yg(y)/y \to \infty$ as $y \to \infty$. J. London Math. Soc., 1996, 41: 197-507.

[Le1]　Levi M. KAM theory for particles in periodic potentials. Ergodic Theory Dynam. Systems, 1990, 10: 777-785.

[LZ1]　Levi M, Zehnder E. Boundedness of solutions for quasiperiodic potentials. SIAM J. Math. Anal., 1995, 26: 1233-1256.

[Lo1]　Lochakr P. Hamiltonian perturbation theory: Periodic orbits, resonances and intermittency. Nonlinearity, 1993, 6: 885-904.

[LN1]　Lochak P, Neishtadt A I. Estimates of stability time for nearly integrable systems with a quasiconvex Hamiltonian. Chaos, 1992, 2(4): 495-499.

[Mo1] Moser J. On invariant curves of area preserving mappings of an annulus. Nachr. Akad. Wiss. Gött. Math. Phys., 1962, K1: 1-20.

[Mo2] Moser J. On the theory of quasiperiodic motions. SIAM Review, 1966, 8: 145-172.

[Mo3] Moser J. Convergent series expansions for quasi-periodic motions. Math. Ann., 1967, 169: 136-176.

[MG] Morbidelli A, Giorgilli A. On a connection between KAM and Nekhoroshev's theorems. Phys. D，1995，86(3): 514-516.

[MG1] Morbidelli A, Giorgilli A. Quantitative perturbation theory by successive elimination of harmonics. Celest. Mech., 1993, 55: 131-159.

[MG2] Morbidelli A, Giorgilli A. Superexponential stability of KAM tori. J. Statist. Phys., 1995, 78: 1607-1617.

[Ne1] Nekhoroshev N N. An Exponential estimate of the time of stability for nearly integrable Hamiltonian systems. Russ. Math. Surveys, 1977, 32: 1-65.

[Ni1] Niederman L. Nonlinear stability around an elliptic equilibrium point in a Hamiltonian system. Nonlinearity, 1998, 11(6): 1465-1479.

[Pa] Pauli W. Über das wasserstoffspektrum vom standpunkt der neuen quantenmechanik. Z. Phys. A, 1926, 36: 336-363.

[Pa1] Parasyuk I O. On preservation of multidimensional invariant tori of Hamiltonian systems. Ukrain. Mat. Zh., 1984, 36: 467-473.

[PW] Perry A D, Wiggins S. KAM tori are very sticky: Rigorous lower bounds on the time to move away from an invariant Lagrangian torus with linear flow. Phys. D, 1994, 71: 102-121.

[Po1] Pöschel J. Integrability of Hamiltonian systems on cantor sets. Commun. Pure Appl. Math., 1982, 35: 653-696.

[Po2] Pöschel J. Nekhoroshev estimates for quasi-convex Hamiltonian systems. Math. Z., 1993, 213: 187-216.

[Po3] Pöschel J. A lecture on the classical KAM theorem. Proc. Symp. Pure Math., 2001, 69: 707-732.

[Po5] Pöschel J. On elliptic lower dimensional tori in Hamiltonian systems. Math. Z.,

1989, 202: 559-608.

[Ru1]   Rüssmann H. On optimal estimates for the solutions of linear partial differential equations of first order with constant coefficients on the torus// Moser J. Dynamical Systems, Theory and Applications. Lecture Notes in Physics 38. New York: Springer, 1975: 598-624.

[Ru2]   Rüssmann H. Non-degeneracy in the perturbation theory of integrable dynamical systems // Dodson M M, Vickers J A G. Number Theory and Dynamical Systems. Cambridge: Cambridge University Press, 1989: 5-18.

[Ru3]   Rüssmann H. On twist Hamiltonians, talk on the Colloque International: Mé canique céleste et systemes hamiltonians. Marseille,1990.

[Sh1]   史济怀. 母函数. 2 版. 合肥：中国科学技术大学出版社，2012.

[Sh2]   Shang Z J. KAM theorem for symplectic mappings with the relevant estimates. Beijing: Computing Center of Chinese Academy of Sciences, 1992.

[Sh3]   Shang Z J. KAM theorem of symplectic algorithms for Hamiltonian systems. Numer. Math., 1999, 83: 477-496.

[SG]   Schirinzi G, Guzzo M. On the formulation of new explicit conditions for steepness from a former result of N. N. Nekhoroshev. J. Math. Phys., 2013, 54: 072702-1.

[Sv1]   Svanidze N V. Small perturbations of an integrable dynamical system with integral invariant. Proceedings of the Steklov Institute of Mathematics, 1980, 147: 124-146.

[Xi1]   Xia Z H. Existence of invariant tori in volume-preserving diffeomorphisms. Ergodic Theory Dynamical Systems, 1992, 12: 621-631.

[XYQ] Xiu J X, You J G, Qiu Q J. Invariant tori for nearly integrable Hamiltonian systems with degeneracy. Math. Z., 1997, 226: 375-387; Preprint, ETH Zurich, 1994.

[Zh1]   Zharnitsky V. Invariant curve theorem for quasiperiodic twist mappings and stability of motion in the Fermi-Ulam problem. Nonlinearity, 2000, 13: 1123-1136.